11G101 平法图集应用系列丛书

混凝土结构平法计价要点解析

许佳琪　主编

中 国 计 划 出 版 社

图书在版编目（CIP）数据

混凝土结构平法计价要点解析/许佳琪主编. —北京：中国计划出版社，2015.8

(11G101 平法图集应用系列丛书)

ISBN 978-7-5182-0228-7

Ⅰ.①混… Ⅱ.①许… Ⅲ.①混凝土结构-结构计算 Ⅳ.①TU370.1

中国版本图书馆 CIP 数据核字（2015）第 197130 号

11G101 平法图集应用系列丛书

混凝土结构平法计价要点解析

许佳琪 主编

中国计划出版社出版

网址：www.jhpress.com

地址：北京市西城区木樨地北里甲 11 号国宏大厦 C 座 3 层

邮政编码：100038 电话：（010）63906433（发行部）

新华书店北京发行所发行

北京天宇星印刷厂印刷

787mm × 1092mm 1/16 13.25 印张 313 千字

2015 年 8 月第 1 版 2015 年 8 月第 1 次印刷

印数 1—3000 册

ISBN 978-7-5182-0228-7

定价：40.00 元

混凝土结构平法计价要点解析
编写组

主　编　许佳琪

参　编　刘珊珊　王　爽　张　进　罗　娜
周　默　杨　柳　宗雪舟　元心仪
宋立音　刘凯旋　张金玉　赵子仪
许　洁　徐书婧　王春乐　马安国

前　言

“平法”是由山东大学陈青来教授发明的“混凝土结构施工图平面整体表示方法制图规则和构造详图”的简称，目前广泛应用于我国建筑工程的结构设计中。

目前，市面上关于工程造价的相关书籍较多，但是涉及混凝土结构平法计价的内容却很少，这就致使混凝土结构平法的造价工作出现困难。工程造价人员在学校没有学习该内容，而在实际工作中还要使用，因此迫切需要一本综合讲述混凝土结构平法计价的书籍，以供实际工作参考使用。为此，我们组织相关技术人员，编写了本书。

本书依据《建设工程工程量清单计价规范》GB 50500—2013、《房屋建筑与装饰工程工程量计算规范》GB 50854—2013及《混凝土结构施工图平面整体表示方法制图规则和构造详图（现浇混凝土框架、剪力墙、梁、板）》11G101—1图集进行编写，在讲解平法制图规则的基础上，结合大量的工程实例，对混凝土结构的平法计价要点进行解析。在内容编排上，本书加大钢筋实例的分析讲解，力求解决理论学习与工程实际脱节的现状，满足读者的工作需要。

由于编者的经验和学识有限，尽管尽心尽力编写，但内容难免有疏漏、错误之处，敬请广大专家、学者批评、指正。

编　者

2014年8月

目　　录

第1章　混凝土结构平法计价基本知识

要点1：平法的含义

“平法”是由山东大学陈青来教授发明的，其最大的功绩就是对结构设计技术方法板块的建构，并使之理论化、系统化，是对传统设计方法的一次深刻变革。“平法”是“混凝土结构施工图平面整体表示方法制图规则和构造详图”的简称，包括制图规则和构造详图两大部分。概括来讲，平法就是把结构构件的尺寸和配筋等要素按照平面整体表示方法制图规则，整体直接表达在各类构件的结构平面布置图上，再与标准构造详图相配合，即构成一套新型完整的结构设计方法。

“平法”是结构设计中的一种科学合理、简洁高效的设计方法。目前，“平法”一词已被全国范围内的结构设计师、建造师、造价师、监理师、预算人员和技术工人普遍采用。

要点2：平法的基本原理

平法的系统科学原理为：视全部设计过程与施工过程为一个完整的主系统，主系统由多个子系统构成，主要包括以下几个子系统：基础结构、柱墙结构、梁结构、板结构。各子系统有明确的层次性、关联性、相对完整性。

1. 层次性

基础结构、柱墙结构、梁结构、板结构，均为完整的子系统。

2. 关联性

柱、墙以基础为支座——柱、墙与基础关联；梁以柱为支座——梁与柱关联；板以梁为支座——板与梁关联。

3. 相对完整性

基础自成体系，仅有自身的设计内容而无柱或墙的设计内容；柱、墙自成体系，仅有自身的设计内容（包括在支座内的锚固纵筋）而无梁的设计内容；梁自成体系，仅有自身的设计内容（包括锚固在支座内的纵筋）而无板的设计内容；板自成体系，仅有板自身的设计内容（包括锚固在支座内的纵筋）。在设计出图的表现形式上其都是独立的板块。

平法是贯穿于工程设计与施工的全过程，平法从应用的角度讲，就是一种有构造详图的制图规则。

要点3：平法结构施工图的表达方式

平法结构施工图的表达方式主要有平面注写方式、列表注写方式和截面注写方式三种。

1. 平面注写方式

平面注写方式是指在结构平面布置图上，相同编号的构件任选一处注写构件编号、截面尺寸和配筋等施工图元素的表达方式。

2. 列表注写方式

列表注写方式是指在结构平面布置图上（布置不下时用多张图纸），相同编号的构件选择一个以表格形式注写构件编号、几何尺寸和配筋等施工图元素的表达方式。

3. 截面注写方式

截面注写方式是指在结构平面布置图上，相同编号的构件任选一个截面以放大绘制断面图的形式直接注写构件编号、截面尺寸和配筋等施工元素的表达方式。

要点4："平法制图"方法与传统的图示方法的区别

"平法制图"是混凝土结构施工图中"平面整体表示方法制图规则"的图示方法的简称，它是目前设计框架、剪力墙等混凝土结构的通用图示方法。"平法制图"方法与传统的图示方法的区别主要有以下几个方面：

1）框架图中的梁和柱，如果用平法制图中的钢筋图示方法，施工图只需绘制梁、柱平面图，无需绘制梁、柱中配置钢筋的立面图（梁不画截面图）；柱在其平面图上，只需按照编号的不同，各取一个在原位放大画出带有钢筋配置的柱截面图即可。

2）传统框架图中的梁和柱，既要画梁、柱平面图，同时还需要绘制梁、柱中配置钢筋的立面图、截面图；而在平法制图中的钢筋配置，省略这些图，只需要查阅《混凝土结构施工图平面整体表示方法制图规则和构造详图》即可。

3）传统的混凝土结构施工图，可以直接从绘制的详图中读取钢筋配置尺寸，而平法制图则需查找《混凝土结构施工图平面整体表示方法制图规则和构造详图》中相应的详图，且钢筋的配置尺寸和大小尺寸，均以"相关尺寸"（跨度、搭接长度、锚固长度、钢筋直径等）为变量的函数来表达，而不是用具体的数字，这体现了标准图的通用性。总体来讲，平法制图简化了混凝土结构施工图的内容。

4）柱与剪力墙的平法制图均用施工图列表注写方式表示其相关规格及尺寸。

5）平法制图中的突出特点表现在梁的"集中标注"及"原位标注"上。"集中标注"是指从梁平面图的梁处引铅垂线至图的上方注写梁的编号、跨数、挑梁类型、截面尺寸、箍筋直径、箍筋间距、箍筋肢数、梁侧面纵向构造钢筋或受扭钢筋的直径和根数、通长筋的直径和根数等。如果"集中标注"中有通长筋，则"原位标注"中的负筋数包含通长筋的数。"原位标注"可分为：

①标注于柱子附近且在梁上方，是承受负弯矩的箍筋直径和根数，它的钢筋布置在梁的上部。

②标注于梁中间且下方的钢筋，是承受正弯矩的，它的钢筋布置在梁下部。

6）在传统混凝土结构施工图中，计算斜截面抗剪强度时，会在梁中配置45°或60°的弯起钢筋。但在"平法制图"中，梁无需配置此种弯起钢筋。平法制图中的斜截面抗剪强度，由加密的箍筋来承受。

要点5：现行的平法系列图集

为了规范使用建筑结构施工图平面整体设计方法，保证按平法设计绘制的结构施工图实现全国的统一，保证设计、施工质量，已将平法制图规则纳入到国家建筑标准设计G101系列图集《混凝土结构施工图平面整体表示方法制图规则和构造详图》中。现行的平法系列图集包括：

1）《混凝土结构施工图平面整体表示方法制图规则和构造详图（现浇混凝土框架、剪力墙、梁、板）》11G101—1适用于非抗震及抗震设防烈度为6度~9度地区的现浇混凝土框架、剪力墙、框架—剪力墙和部分框支剪力墙等主体结构施工图的设计，以及各类结构中的现浇混凝土板（其中包括：有梁楼盖、无梁楼盖）、地下室结构部分现浇混凝土墙体、柱、梁、板结构施工图的设计。

2）《混凝土结构施工图平面整体表示方法制图规则和构造详图（现浇混凝土板式楼梯）》11G101－2适用于非抗震及抗震设防烈度为6度~9度地区的现浇钢筋混凝土板式楼梯。

3）《混凝土结构施工图平面整体表示方法制图规则和构造详图（条形基础、独立基础、筏形基础及桩基承台）》11G101－3适用于各种结构类型的现浇混凝土条形基础、独立基础、筏形基础（分梁板式和平板式）、桩基承台施工图设计。

要点6：混凝土结构的环境类别

影响混凝土结构耐久性最重要的因素就是结构所处的环境，环境分类应根据其对混凝土结构耐久性的影响而确定。混凝土结构的环境类别划分主要适用于混凝土结构正常使用极限状态的验算和耐久性设计，环境类别划分应符合表1－1的要求。

表1－1　混凝土结构的环境类别

环境类别	条　件
一	室内干燥环境； 无侵蚀性静水浸没环境
二a	室内潮湿环境； 非严寒和非寒冷地区的露天环境； 非严寒和非寒冷地区与无侵蚀性的水或土壤直接接触的环境； 严寒和寒冷地区的冰冻线以下与无侵蚀性的水或土壤直接接触的环境
二b	干湿交替环境； 水位频繁变动环境； 严寒和寒冷地区的露天环境； 严寒和寒冷地区冰冻线以上与无侵蚀性的水或土壤直接接触的环境
三a	严寒和寒冷地区冬季水位变动区环境； 受除冰盐影响环境； 海风环境

续表 1－1

环境类别	条　件
三 b	盐渍土环境； 受除冰盐作用环境； 海岸环境
四	海水环境
五	受人为或自然的侵蚀性物质影响的环境

注：1　室内潮湿环境是指构件表面经常处于结露或湿润状态的环境。
2　严寒和寒冷地区的划分应符合国家现行标准《民用建筑热工设计规范》GB 50176—1993 的有关规定。
3　海岸环境和海风环境宜根据当地情况，考虑主导风向及结构所处迎风、背风部位等因素的影响，由调查研究和工程经验确定。
4　受除冰盐影响环境是指受到除冰盐盐雾影响的环境；受除冰盐作用环境是指被除冰盐溶液溅射的环境以及使用除冰盐地区的洗车房、停车楼等建筑。
5　暴露的环境是指混凝土结构表面所处的环境。

要点 7：受力钢筋的混凝土保护层厚度

在混凝土结构中，钢筋被包裹在混凝土内，由受力钢筋外边缘到混凝土构件表面的最小距离称为保护层厚度。

1. 混凝土保护层的作用

1）保证混凝土与钢筋共同工作，确保结构力性能混凝土与钢筋共同工作，是保证结构构件承载能力和结构性能的基本条件。混凝土是抗压性能较好的脆性材料，钢筋是抗拉性能较好的延性材料，将这两种材料各自的抗压、抗拉性能优势相结合，就构成了具有抗压、抗弯、抗剪、抗扭等结构性能的各种结构形式的建筑物或结构物。混凝土与钢筋共同工作的保证条件是混凝土与钢筋之间有足够的握裹力。握裹力主要有三种力构成：黏结力、摩擦力与机械咬合力。

2）保护钢筋不锈蚀，确保结构安全和耐久性。影响钢筋混凝土结构耐久性，造成其结构破坏的因素很多，如氯离子侵蚀、冻融破坏，混凝土不密实、裂缝，混凝土碳化，碱—集反应等，在一定环境条件下都能造成钢筋锈蚀引起结构破坏。钢筋锈蚀后，铁锈体积膨胀，体积一般增加到 2 倍 ~4 倍，致使混凝土保护层开裂，潮气或水分渗入，加快和加重钢筋继续锈蚀，使钢筋锈短，导致建筑物破坏。混凝土保护层对防止钢筋锈蚀具有保护作用，这种保护作用在无有害物质侵蚀下才能有效。但是，保护层混凝土的碳化，给钢筋锈蚀提供了外部条件。因此，混凝土碳化对钢筋锈蚀有很大影响，关系到结构耐久性和安全性。

3）保护钢筋不应受高温（火灾）影响。在建筑物的结构在高温条件下或遇有火灾时，保护层具有一定厚度可以使保护钢筋不因受到高温影响导致结构急剧丧失承载力而倒塌，因此保护层的厚度与建筑物耐火性有关。混凝土和钢筋均属非燃烧体，以砂石为骨料的混凝土一般可耐高温 700℃。钢筋混凝土结构都不能直接接触明火火源，应避免高温辐射，由于施工原因造成保护层过小，一旦建筑物发生火灾，会造成对建筑物耐火等级或耐火极限的影响，如保护层过小，可能会失去缓冲时间，造成生命、财产的更大损失。

2. 混凝土保护层的最小厚度

11G101 图集规定，纵向受力钢筋的混凝土保护层厚度应符合表 1－2 的要求。

表 1－2　混凝土保护层的最小厚度

环境类别	板、墙（mm）	梁、柱（mm）
一	15	20
二 a	20	25
二 b	25	35
三 a	30	40
三 b	40	50

注：1　表中混凝土保护层厚度指最外层钢筋外边缘至混凝土表面的距离，适用于设计使用年限为 50 年的混凝土结构。

2　构建中受力钢筋的保护层厚度不应小于钢筋的公称直径。

3　设计使用年限为 100 年的混凝土结构，一类环境中，最外层钢筋的保护层厚度不应小于表中数值的 1.4 倍；二、三类环境中，应采取专门的有效措施。

4　混凝土强度等级不大于 C25 时，表中保护层厚度数值应增加 5mm。

5　基础地面钢筋的保护层厚度，有混凝土垫层时应从垫层顶面算起，且不应小于 40mm；无垫层时不应小于 70mm。

要点 8：我国现行工程造价的构成

我国现行工程造价的构成主要划分为设备及工器具购置费用、建筑安装工程费用、工程建设其他费用、预备费、建设期贷款利息和固定资产投资方向调节税等几项，具体构成内容如图 1－1 所示。

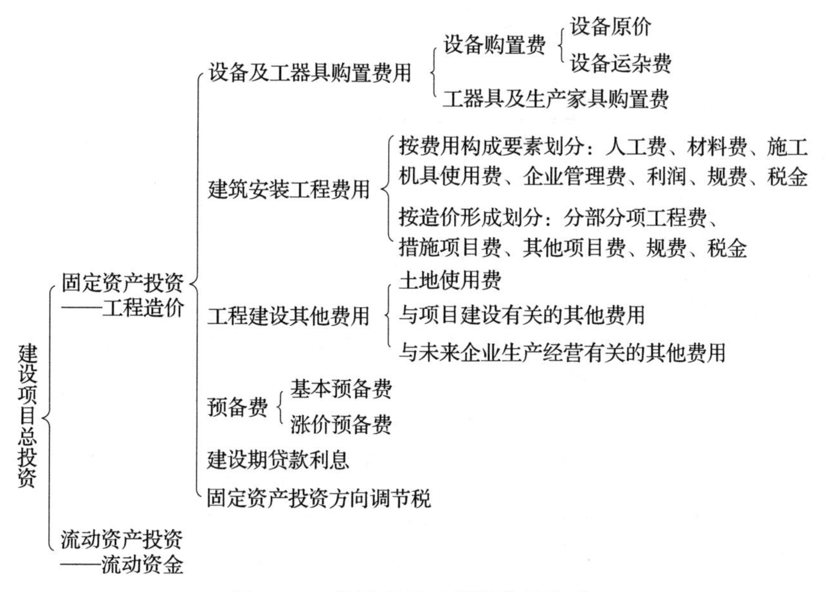

图 1－1　我国现行工程造价的构成

要点9：工程量的计算

1. 工程量的作用和计算依据

计算工程量就是根据施工图、工程量计算规则，按照预算要求列出分部分项工程名称和计算式，最后计算出结果的过程。计算工程量是施工图预算最重要也是工作量最大的一步，其结果的准确性直接影响单位工程造价的确定。

工程量的计算依据主要包括：项目管理规范实施细则或施工组织设计、设计图纸、工程量计算规则、预算工作手册等。

2. 工程量计算的一般要求

1）工程量在计算过程中，一般可保留三位小数。以“t”为单位，应保留小数点后3位，第四位四舍五入；以“m^3”、“m^2”、“m”为单位，应保留小数点后2位，第三位四舍五入；以“个”为单位，应取整数。

2）在工程量计算过程中，计算规则要与计价规范一致。本书主要讲解混凝土结构平法计价，所以重点掌握《房屋建筑与装饰工程工程量计算规范》GB 50854—2013 附录E的计算规则即可。

3）计算工程量时，工作内容必须与计价规范包括的内容和范围一致；计算单位必须与计价规范一致；计算式要简单明了，按一定顺序排列。为了便于工程量的核对，在计算过程中要注明层次、部位、断面、图号等。工程量计算式一般按照长度、宽度、高（厚）度的顺序排列，例如计算体积时按照长度×宽度×高度等。

3. 工程量计算的步骤

1）在工程量计算过程中，离不开几个基数，即“三线一面”。其中，“三线”是指建筑平面图中的外墙中心线（$L_中$）、外墙外边线（$L_外$）、内墙净长线（$L_内$）。“一面”是指底层建筑面积（$S_底$），如图1－2所示。

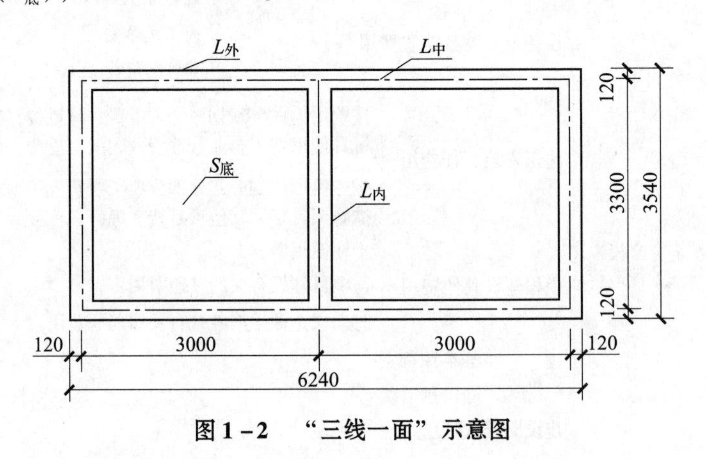

图1－2　“三线一面”示意图

注：所谓基数是指在工程量计算过程中反复使用的基本数据。

$$L_中 = (3.00 \times 2 + 3.30) \times 2 = 18.60\ (m)$$

$$L_外 = (6.24 + 3.54) \times 2 = 19.56\ (m)，或 L_外 = 18.60 + 0.24 \times 4 = 19.56\ (m)$$

$$L_{内}=3.30-0.24=3.06\ (m)$$

$$S_{底}=6.24\times3.54=22.09\ (m^2)$$

2）在土建工程中，统计表主要是指门窗洞口面积统计表和墙体构件体积统计表。在工程量计算过程中，一般会多次用到这些数据，我们可以预先将这些数据计算出来，供以后查阅使用。

3）编制加工构件的加工委托计划。

4）计算工程量。

5）计算其他项目。

6）按计价规范的章节，对工程量进行整理、汇总，核对无误后，为计价做准备。

4. 工程量计算的一般顺序

（1）单位工程计算顺序

单位工程计算顺序一般是按施工顺序计算、按图纸编号顺序进行计算、按照计价规范中规定的章节顺序来计算工程量。

按照施工顺序进行工程量的计算，就是先施工的先算，而后施工的后算，这就要求造价人员对施工过程要非常熟悉，能够掌握施工全过程，否则就会出现漏项的问题。按照图纸编号进行工程量的计算，每个专业图纸由前到后，先计算平面，后计算立面，再计算剖面；先计算基本图，再计算详图。采用这种方法进行计算，也要求造价人员对计价规范的章节内容充分熟悉，否则容易出现项目之间混淆及漏项的问题。按照计价规范的章节顺序，由前到后，逐项对照，计算工程量。这种方法首先要熟悉图纸，其次要熟练掌握计价规范，尤其要注意有些设计采用的新工艺、新材料或有些零星项目不能套用计价规范的，要做补充项，不能因计价规范缺项而漏项。这种方法比较适合初学者和缺乏一定的施工经验的造价人员采用。

（2）分项工程量计算顺序

分项工程量计算顺序有以下四种：

1）从图的左上角开始，顺时针方向计算，如图1－3所示。按顺时针方向计算法，就是先从平面图的左上角开始，自左到右，然后再由上到下，最后转回到左上角为止，按照顺时针方向依次进行工程量计算。

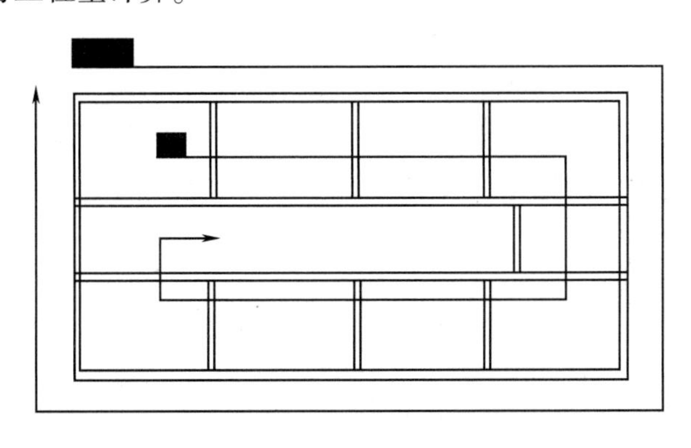

图1－3　顺时针方向计算示意图

2）按照横竖分割计算，即按照“先横后竖、先上后下、先左后右”的计算方法计算，如图1-4所示。先计算横向，先上后下有D、C、B、A四道；后计算竖向，先左后右有1、2、3、4、5、6、7共7道轴线。一般用于计算内墙、内墙基础、各种隔墙等工程的工程量。

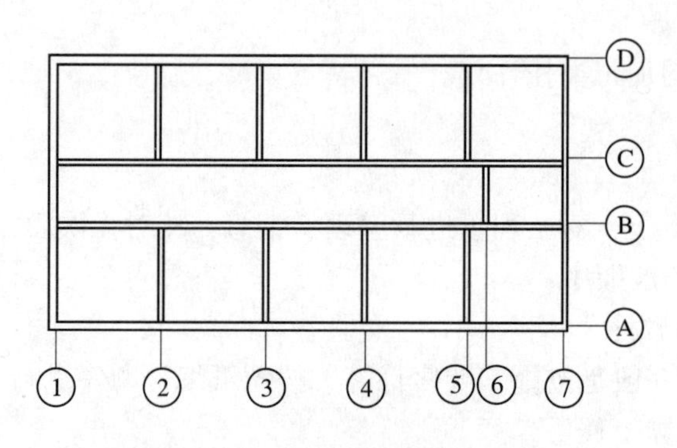

图1-4　横竖分割计算示意图

3）按照轴线编号顺序计算法计算。这种方法适合于计算内外墙基槽、内外墙基础、内外墙砌体、内外墙装饰等工程。

4）按图纸上的构配件编号进行分类计算法。按照图纸结构形式特点，适合于计算梁、板、柱、框架、刚架等结构。

总之，工程量的计算方法多种多样，在实际工作中，造价人员应当根据自己的工作经验、习惯，采取各种形式和方法，同时要做到计算准确，不漏项、不错项。

要点10：工程量清单的编制

工程量清单应当由具有编制能力的招标人或受其委托、具有相应资质的工程造价咨询人编制。从广义上讲，工程量清单作为招标文件的组成部分，其准确性和完整性应当由招标人负责，它是工程量清单计价的基础，应作为编制招标控制价、投标报价、计算或调整工程量、索赔等内容的依据之一。

1. 工程量清单的编制要求

工程量清单应反映拟建工程的全部工程内容，以及为实现这些工程内容而进行的其他工作。结合我国当前的实际情况，我国的工程量清单应以单位（项）工程为单位编制，应由分部分项工程项目清单、措施项目清单、其他项目清单、规费和税金项目清单组成，具体要求如下：

（1）分部分项工程项目

1）分部分项工程项目清单必须载明项目编码、项目名称、项目特征、计量单位和工程量。

2）分部分项工程项目清单必须根据相关工程现行国家计量规范规定的项目编码、项目名称、项目特征、计量单位和工程量计算规则进行编制。

（2）措施项目

1）措施项目清单必须根据相关工程现行国家计量规范的规定编制。

2）措施项目清单应根据拟建工程的实际情况列项。

（3）其他项目

1）其他项目清单应按照下列内容列项：

①暂列金额。

②暂估价，包括材料暂估单价、工程设备暂估单价、专业工程暂估价。

③计日工。

④总承包服务费。

2）暂列金额应根据工程特点按有关计价规定估算。

3）暂估价中的材料、工程设备暂估单价应根据工程造价信息或参照市场价格估算，列出明细表；专业工程暂估价应分不同专业，按有关计价规定估算，列出明细表。

4）计日工应列出项目名称、计量单位和暂估数量。

5）总承包服务费应列出服务项目及其内容等。

6）出现第1）项未列的项目，应根据工程实际情况补充。

（4）规费项目

1）规费项目清单应按照下列内容列项：

①社会保险费：包括养老保险费、失业保险费、医疗保险费、工伤保险费、生育保险费。

②住房公积金。

③工程排污费。

2）出现第1）项未列的项目，应根据省级政府或省级有关部门的规定列项。

（5）税金项目

1）税金项目清单应包括下列内容：

①营业税。

②城市维护建设税。

③教育费附加。

④地方教育附加。

2）出现第1）项未列的项目，应根据税务部门的规定列项。

2. 工程量清单的编制依据

在编制工程量清单时，应当依据下列资料：

1）《建设工程工程量清单计价规范》GB 50500—2013 和相关工程的国家计量规范。

2）国家或省级、行业建设主管部门颁发的计价定额和办法。

3）建设工程设计文件及相关资料。

4）与建设工程有关的标准、规范、技术资料。

5）拟定的招标文件。

6）施工现场情况、地勘水文资料、工程特点及常规施工方案。

7）其他相关资料。

要点11：工程量清单计价的规定

1. 计价方式

1）使用国有资金投资的建设工程发承包，必须采用工程量清单计价。

2）非国有资金投资的建设工程，宜采用工程量清单计价。

3）不采用工程量清单计价的建设工程，应执行《建设工程工程量清单计价规范》GB 50500—2013除工程量清单等专门性规定外的其他规定。

4）工程量清单应采用综合单价计价。

5）措施项目中的安全文明施工费必须按国家或省级、行业建设主管部门的规定计算，不得作为竞争性费用。

6）规费和税金必须按国家或省级、行业建设主管部门的规定计算，不得作为竞争性费用。

2. 发包人提供材料和工程设备

1）发包人提供的材料和工程设备（以下简称甲供材料）应在招标文件中按照表1－3的规定填写《发包人提供材料和工程设备一览表》，写明甲供材料（工程设备）的名称、规格与型号、单位、数量、单价、交货方式、交货地点等。

承包人投标时，甲供材料单价应计入相应项目的综合单价中，签约后，发包人应按合同约定扣除甲供材料款，不予支付。

2）承包人应根据合同工程进度计划的安排，向发包人提交甲供材料交货的日期计划。发包人应按计划提供。

3）发包人提供的甲供材料如规格、数量或质量不符合合同要求，或由于发包人的原因发生交货日期延误、交货地点及交货方式变更等情况的，发包人应承担由此增加的费用和（或）工期延误，并应向承包人支付合理利润。

4）发承包双方对甲供材料的数量发生争议不能达成一致的，应按照相关工程的计价定额同类项目规定的材料消耗量计算。

5）若发包人要求承包人采购已在招标文件中确定为甲供材料的，材料价格应由发承包双方根据市场调查确定，并应另行签订补充协议。

表1－3 发包人提供材料和工程设备一览表

工程名称：　　　　　　　　标段：　　　　　　　　第　页　共　页

序号	材料（工程设备）名称、规格、型号	单位	数量	单价（元）	交货方式	送达地点	备　注

续表 1－3

序号	材料（工程设备）名称、规格、型号	单位	数量	单价（元）	交货方式	送达地点	备　注

注：此表由招标人填写，供投标人在投标报价、确定总承包服务费时参考。

3. 承包人提供材料和工程设备

1）除合同约定的发包人提供的甲供材料外，合同工程所需的材料和工程设备应由承包人提供，承包人提供的材料和工程设备均应由承包人负责采购、运输和保管。

2）承包人应按合同约定将采购材料和工程设备的供货人及品种、规格、数量和供货时间等提交发包人确认，并负责提供材料和工程设备的质量证明文件，满足合同约定的质量标准。

3）承包人提供的材料和工程设备经检测不符合合同约定的质量标准，发包人应立即要求承包人更换，由此增加的费用和（或）工期延误应由承包人承担。对发包人要求检测承包人已具有合格证明的材料、工程设备，但经检测证明该项材料、工程设备符合合同约定的质量标准，发包人应承担由此增加的费用和（或）工期延误，并向承包人支付合理利润。

4. 计价风险

1）建设工程发承包必须在招标文件、合同中明确计价中的风险内容及其范围，不得采用无限风险、所有风险或类似语句规定计价中的风险内容及范围。

2）由于下列因素出现，造成合同价款调整的，应由发包人承担：

①国家法律、法规、规章和政策发生变化。

②省级或行业建设主管部门发布的人工费调整，但承包人对人工费或人工单价的报价高于发布的除外。

③由政府定价或政府指导价管理的原材料等价格进行了调整。

3）由于市场物价波动影响合同价款的，应由发承包双方合理分摊，按表 1－4 或表 1－5 填写《承包人提供主要材料和工程设备一览表》作为合同附件；当合同中没有约定，发承包双方发生争议时，应按物价变化的相关规定调整合同价款。

4）由于承包人使用的机械设备、施工技术以及组织管理水平等自身原因造成施工费用增加的，应由承包人全部承担。

表 1-4　承包人提供主要材料和工程设备一览表（适用于造价信息差额调整法）

工程名称：　　　　　　　　　　　　　　标段：　　　　　　　　　　　　　　第　页　共　页

序号	名称、规格、型号	单位	数量	风险系数（%）	基准单价（元）	投标单价（元）	发承包人确认单价（元）	备　注

注：1　此表由招标人填写除"投标单价"栏的内容，投标人在投标时自主确定投标单价；

2　招标人应优先采用工程造价管理机构发布的单价作为基准单价，未发布的，通过市场调查确定其基准单价。

表 1-5　承包人提供主要材料和工程设备一览表（适用于价格指数差额调整法）

工程名称：　　　　　　　　　　　　　　标段：　　　　　　　　　　　　　　第　页　共　页

序号	名称、规格、型号	变值权重 B	基本价格指数 F_0	现行价格指数 F_t	备　注
	定值权重 A		—	—	
合　计		1	—	—	

注：1　"名称、规格、型号"、"基本价格指数"栏由招标人填写，基本价格指数应首先采用工程造价管理机构发布的价格指数，没有时，可采用发布的价格代替。如人工、机械费也采用本法调整，由招标人在"名称"栏填写。

2　"变值权重"栏由投标人根据该项人工、机械费和材料、工程设备价值在投标总报价中所占的比例填写，1减去其比例为定值权重。

3　"现行价格指数"按约定的付款证书相关周期最后一天的前 42 天的各项价格指数填写，该指数应首先采用工程造价管理机构发布的价格指数，没有时，可采用发布的价格代替。

要点 12：工程计量

1. 一般规定

1）工程量必须按照现行国家相关工程计量规范规定的工程量计算规则计算。

2）工程计量可选择按月或按工程形象进度分段计量，具体计量周期应在合同中约定。

3）因承包人原因造成的超出合同工程范围的施工或返工的工程量，发包人不予计量。

2. 单价合同的计量

1）工程量必须以承包人完成合同工程应予计量的工程量确定。

2）施工中进行工程计量，当发现招标工程量清单中出现缺项、工程量偏差，或因工程变更引起工程量增减时，应按承包人在履行合同义务中完成的工程量计算。

3）承包人应当按照合同约定的计量周期和时间向发包人提交当期已完工工程量报告。发包人应在收到报告后7天内核实，并将核实计量结果通知承包人。发包人未在约定时间内进行核实的，承包人提交的计量报告中所列的工程量应视为承包人实际完成的工程量。

4）发包人认为需要进行现场计量核实时，应在计量前24小时通知承包人，承包人应为计量提供便利条件并派人参加。当双方均同意核实结果时，双方应在上述记录上签字确认。承包人收到通知后不派人参加计量，视为认可发包人的计量核实结果。发包人不按照约定时间通知承包人，致使承包人未能派人参加计量，计量核实结果无效。

5）当承包人认为发包人核实后的计量结果有误时，应在收到计量结果通知后的7天内向发包人提出书面意见，并应附上其认为正确的计量结果和详细的计算资料。发包人收到书面意见后，应在7天内对承包人的计量结果进行复核后通知承包人。承包人对复核计量结果仍有异议的，按照合同约定的争议解决办法处理。

6）承包人完成已标价工程量清单中每个项目的工程量并经发包人核实无误后，发承包双方应对每个项目的历次计量报表进行汇总，以核实最终结算工程量，并应在汇总表上签字确认。

3. 总价合同的计量

1）采用经审定批准的施工图纸及其预算方式发包形成的总价合同，除按照工程变更规定的工程量增减外，总价合同各项目的工程量应为承包人用于结算的最终工程量。

2）总价合同约定的项目计量应以合同工程经审定批准的施工图纸为依据，发承包双方应在合同中约定工程计量的形象目标或时间节点进行计量。

3）承包人应在合同约定的每个计量周期内对已完成的工程进行计量，并向发包人提交达到工程形象目标完成的工程量和有关计量资料的报告。

4）发包人应在收到报告后7天内对承包人提交的上述资料进行复核，以确定实际完成的工程量和工程形象目标。对其有异议的，应通知承包人进行共同复核。

要点13：工程造价鉴定

1. 一般规定

1）在工程合同价款纠纷案件处理中，需作工程造价司法鉴定的，应委托具有相应资质的工程造价咨询人进行。

2）工程造价咨询人接受委托时提供工程造价司法鉴定服务，应按仲裁、诉讼程序和要求进行，并应符合国家关于司法鉴定的规定。

3）工程造价咨询人进行工程造价司法鉴定时，应指派专业对口、经验丰富的注册造价工程师承担鉴定工作。

4）工程造价咨询人应在收到工程造价司法鉴定资料后10天内，根据自身专业能力和证据资料判断能否胜任该项委托，如不能，应辞去该项委托。工程造价咨询人不得在鉴定期满后以上述理由不作出鉴定结论，影响案件处理。

5）接受工程造价司法鉴定委托的工程造价咨询人或造价工程师如是鉴定项目一方当事人的近亲属或代理人、咨询人以及可能影响鉴定公正的其他关系，应当自行回避；未自行回避，鉴定项目委托人以该理由要求其回避的，必须回避。

6）工程造价咨询人应当依法出庭接受鉴定项目当事人对工程造价司法鉴定意见书的质询。如确因特殊原因无法出庭的，经审理该鉴定项目的仲裁机关或人民法院准许，可以书面形式答复当事人的质询。

2. 取证

1）工程造价咨询人进行工程造价鉴定工作时，应自行收集以下（但不限于以下）鉴定资料：

①适用于鉴定项目的法律、法规、规章、规范性文件以及规范、标准、定额。

②鉴定项目同时期、同类型工程的技术、经济指标及其各类要素价格等。

2）工程造价咨询人收集鉴定项目的鉴定依据时，应向鉴定项目委托人提出具体书面要求，其内容包括：

①与鉴定项目相关的合同、协议及其附件。

②相应的施工图纸等技术、经济文件。

③施工过程中的施工组织、质量、工期和造价等工程资料。

④存在争议的事实及各方当事人的理由。

⑤其他有关资料。

3）工程造价咨询人在鉴定过程中要求鉴定项目当事人对缺陷资料进行补充的，应征得鉴定项目委托人同意，或者协调鉴定项目各方当事人共同签认。

4）根据鉴定工作需要现场勘验的，工程造价咨询人应提请鉴定项目委托人组织各方当事人对被鉴定项目所涉及的实物标的进行现场勘验。

5）勘验现场应制作勘验记录、笔录或勘验图表，记录勘验的时间、地点、勘验人、在场人、勘验经过、结果，由勘验人、在场人签名或者盖章确认。绘制的现场图应注明绘制的时间、测绘人姓名、身份等内容。必要时应采取拍照或摄像取证，留下影像资料。

6）鉴定项目当事人未对现场勘验图表或勘验笔录等签字确认的，工程造价咨询人应提请鉴定项目委托人决定处理意见，并在鉴定意见书中作出表述。

3. 鉴定

1）工程造价咨询人在鉴定项目合同有效的情况下应根据合同约定进行鉴定，不得任意改变双方合法的合意。

2）工程造价咨询人在鉴定项目合同无效或合同条款约定不明确的情况下应根据法律法规、相关国家标准和《建设工程工程量清单计价规范》GB 50500—2013的规定，选择相应专业工程的计价依据和方法进行鉴定。

3）工程造价咨询人出具正式鉴定意见书之前，可报请鉴定项目委托人向鉴定项目各方当事人发出鉴定意见书征求意见稿，并指明应书面答复的期限及其不答复的相应法律责任。

4）工程造价咨询人收到鉴定项目各方当事人对鉴定意见书征求意见稿的书面复函后，应对不同意见认真复核，修改完善后再出具正式鉴定意见书。

5）工程造价咨询人出具的工程造价鉴定书应包括下列内容：

①鉴定项目委托人名称、委托鉴定的内容。

②委托鉴定的证据材料。

③鉴定的依据及使用的专业技术手段。

④对鉴定过程的说明。

⑤明确的鉴定结论。

⑥其他需说明的事宜。

⑦工程造价咨询人盖章及注册造价工程师签名盖执业专用章。

6）工程造价咨询人应在委托鉴定项目的鉴定期限内完成鉴定工作，如确因特殊原因不能在原定期限内完成鉴定工作时，应按照相应法规提前向鉴定项目委托人申请延长鉴定期限，并应在此期限内完成鉴定工作。

经鉴定项目委托人同意等待鉴定项目当事人提交、补充证据的，质证所用的时间不应计入鉴定期限。

7）对于已经出具的正式鉴定意见书中有部分缺陷的鉴定结论，工程造价咨询人应通过补充鉴定作出补充结论。

要点14：工程计价资料与档案

1．工程计价资料

1）发承包双方应当在合同中约定各自在合同工程中现场管理人员的职责范围，双方现场管理人员在职责范围内签字确认的书面文件是工程计价的有效凭证，但如有其他有效证据或经实证证明其是虚假的除外。

2）发承包双方不论在何种场合对与工程计价有关的事项所给予的批准、证明、同意、指令、商定、确定、确认、通知和请求，或表示同意、否定、提出要求和意见等，均应采用书面形式，口头指令不得作为计价凭证。

3）任何书面文件送达时，应由对方签收，通过邮寄应采用挂号、特快专递传送，或以发承包双方商定的电子传输方式发送，交付、传送或传输至指定的接收人的地址。如接收人通知了另外地址时，随后通信信息应按新地址发送。

4）发承包双方分别向对方发出的任何书面文件，均应将其抄送现场管理人员，如系复印件应加盖合同工程管理机构印章，证明与原件相同。双方现场管理人员向对方所发任何书面文件，也应将其复印件发送给发承包双方，复印件应加盖合同工程管理机构印章，证明与原件相同。

5）发承包双方均应当及时签收另一方送达其指定接收地点的来往信函，拒不签收的，送达信函的一方可以采用特快专递或者公证方式送达，所造成的费用增加（包括被迫采用特殊送达方式所发生的费用）和延误的工期由拒绝签收一方承担。

6）书面文件和通知不得扣压，一方能够提供证据证明另一方拒绝签收或已送达的，应视为对方已签收并应承担相应责任。

2. 计价档案

1）发承包双方以及工程造价咨询人对具有保存价值的各种载体的计价文件，均应收集齐全，整理立卷后归档。

2）发承包双方和工程造价咨询人应建立完善的工程计价档案管理制度，并应符合国家和有关部门发布的档案管理相关规定。

3）工程造价咨询人归档的计价文件，保存期不宜少于五年。

4）归档的工程计价成果文件应包括纸质原件和电子文件，其他归档文件及依据可为纸质原件、复印件或电子文件。

5）归档文件应经过分类整理，并应组成符合要求的案卷。

6）归档可以分阶段进行，也可以在项目竣工结算完成后进行。

7）向接受单位移交档案时，应编制移交清单，双方应签字、盖章后方可交接。

第2章　钢筋的平法计价

要点1：钢筋的锚固

1. 受力钢筋的机械锚固形式

受力钢筋的机械锚固形式，如图2－1所示。

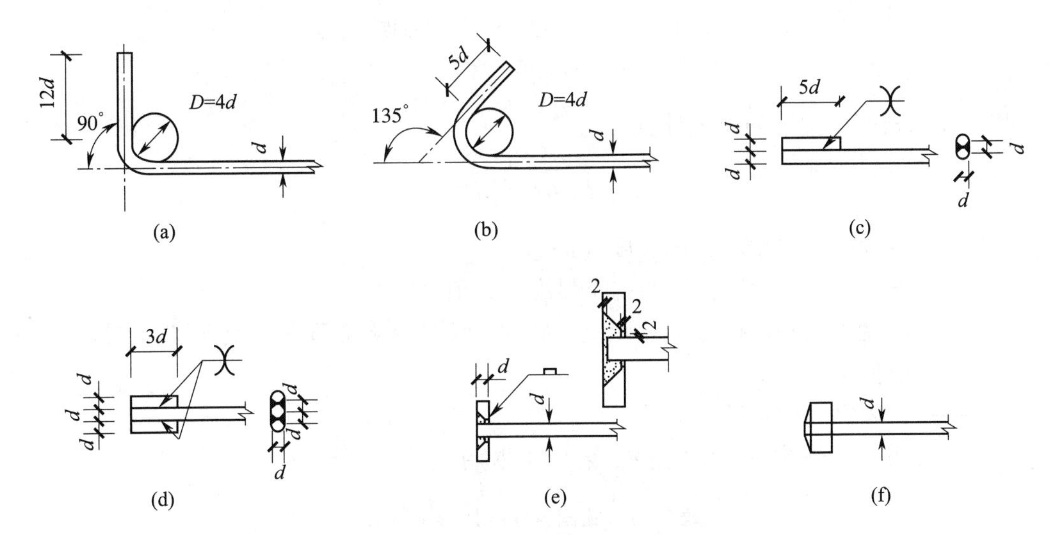

图2－1　受力钢筋的机械锚固形式

（a）末端带90°弯钩；（b）末端带135°弯钩；（c）末端一侧贴焊锚筋；
（d）末端两侧贴焊锚筋；（e）末端与钢板穿孔塞焊；（f）末端带螺栓锚头

注：1　当纵向受拉普通钢筋末端采用弯钩或机械锚固措施时，包括弯钩或锚固端头在内的锚固长度（投影长度）可取为基本锚固长度的60%。

2　焊缝和螺纹长度应满足承载力的要求；螺栓锚头的规格应符合相关标准的要求。

3　螺栓锚头和焊接钢板的承压面积不应小于锚固钢筋截面积的4倍。

4　螺栓锚头和焊接锚板的钢筋净距小于4d时应考虑群锚效应的不利影响。

5　截面角部的弯钩和一侧贴焊锚筋的布筋方向宜向截面内侧偏置。

6　受压钢筋不应采用末端弯钩和一侧贴焊的锚固形式。

2. 受拉钢筋锚固长度计算

钢筋锚固长度（l_{aE}、l_a）是指钢筋伸入支座内的长度，如图2－2所示。

当计算中充分利用钢筋的抗拉强度时，受拉钢筋的锚固应符合下列要求：

（1）普通钢筋

基本锚固长度应按下列公式计算：

$$l_{ab}=\alpha\frac{f_y}{f_t}d \qquad (2-1)$$

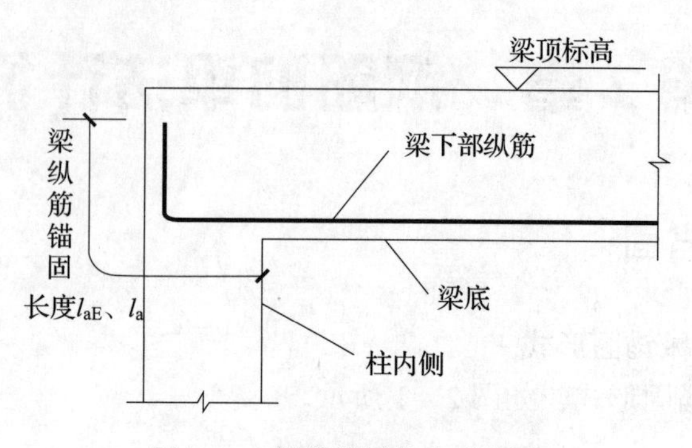

图 2－2　钢筋锚固长度示意图

（2）预应力筋

基本锚固长度应按下列公式计算：

$$l_{ab}=\alpha\frac{f_{py}}{f_t}d \tag{2-2}$$

式中　l_{ab}——受拉钢筋的基本锚固长度（mm）；

f_y、f_{py}——普通钢筋、预应力筋的抗拉强度设计值（MPa）；

f_t——混凝土轴心抗拉强度设计值，MPa，当混凝土强度等级高于 C60 时，按 C60 取值；

d——锚固钢筋的直径（mm）；

α——锚固钢筋的外形系数，按表 2－1 取用。

表 2－1　锚固钢筋的外形系数 α

钢筋类型	光圆钢筋	带肋钢筋	螺旋肋钢丝	三股钢绞线	七股钢绞线
α	0.16	0.14	0.13	0.16	0.17

注：光面钢筋末端应做 180°弯钩，弯后平直段长度不应小于 $3d$，但作受压钢筋时可不做弯钩。

受拉钢筋的锚固长度应根据具体锚固条件按下列公式计算，且不应小于 200mm：

$$l_a=\zeta_a l_{ab} \tag{2-3}$$

抗震锚固长度的计算公式为：

$$l_{aE}=\zeta_{aE} l_a \tag{2-4}$$

式中　l_a——受拉钢筋的锚固长度（mm）；

ζ_a——锚固长度修正系数，按表 2－2 的规定取用，当多于一项时，可按连乘计算，但不应小于 0.6；

ζ_{aE}——抗震锚固长度修正系数，对一、二级抗震等级取 1.15，对三级抗震等级取 1.05，对四级抗震取 1.00。

表 2-2　受拉钢筋锚固长度修正系数 ζ_a

锚 固 条 件		ζ_a
带肋钢筋的公称直径大于 25mm		1.10
环氧树脂涂层带肋钢筋		1.25
施工过程中易受扰动的钢筋		1.10
锚固区保护层厚度	3*d*	0.80
	5*d*	0.70

注：1　锚固区保护层厚度中间时按内插值，*d* 为锚固钢筋直径。

2　当锚固钢筋的保护层厚度不大于 5*d* 时，锚固钢筋长度范围内应设置横向构造钢筋，其直径不应小于 *d*/4（*d* 为锚固钢筋的最大直径）；对梁、柱等构件间距不应小于 5*d*，对板、墙构件间距不应大于 10*d*，且均不应大于 100mm（*d* 为锚固钢筋的最小直径）。

为了方便施工人员使用，11G101 图集将混凝土结构中常用的钢筋和各级混凝土强度等级组合，将受拉钢筋锚固长度值计算得钢筋直径的整倍数形式，编制成表格，见表 2-3。

表 2-3　受拉钢筋基本锚固长度 l_{ab}、l_{abE}

钢筋种类	抗震等级	混凝土强度等级								
		C20	C25	C30	C35	C40	C45	C50	C55	≥C60
HPB300	一、二级（l_{abE}）	45*d*	39*d*	35*d*	32*d*	29*d*	28*d*	26*d*	25*d*	24*d*
	三级（l_{abE}）	41*d*	36*d*	32*d*	29*d*	26*d*	25*d*	24*d*	23*d*	22*d*
	四级（l_{abE}） 非抗震（l_{ab}）	39*d*	34*d*	30*d*	28*d*	25*d*	24*d*	23*d*	22*d*	21*d*
HRB335 HRBF335	一、二级（l_{abE}）	44*d*	38*d*	33*d*	31*d*	29*d*	26*d*	25*d*	24*d*	24*d*
	三级（l_{abE}）	40*d*	35*d*	31*d*	28*d*	26*d*	24*d*	23*d*	22*d*	22*d*
	四级（l_{abE}） 非抗震（l_{ab}）	38*d*	33*d*	29*d*	27*d*	25*d*	23*d*	22*d*	21*d*	21*d*
HRB400 HRBF400 RRB400	一、二级（l_{abE}）	—	46*d*	40*d*	37*d*	33*d*	32*d*	31*d*	30*d*	29*d*
	三级（l_{abE}）	—	42*d*	37*d*	34*d*	30*d*	29*d*	28*d*	27*d*	26*d*
	四级（l_{abE}） 非抗震（l_{ab}）	—	40*d*	35*d*	32*d*	29*d*	28*d*	27*d*	26*d*	25*d*
HRB500 HRBF500	一、二级（l_{abE}）	—	55*d*	49*d*	45*d*	41*d*	39*d*	37*d*	36*d*	35*d*
	三级（l_{abE}）	—	50*d*	45*d*	41*d*	38*d*	36*d*	34*d*	33*d*	32*d*
	四级（l_{abE}） 非抗震（l_{ab}）	—	48*d*	43*d*	39*d*	36*d*	34*d*	32*d*	31*d*	30*d*

要点2：钢筋的连接

1. 绑扎搭接

纵向钢筋的绑扎搭接是纵向钢筋连接最常见的连接方式之一。搭接连接施工比较方便，但也有其适用范围和限制条件。《混凝土结构设计规范》GB 50010—2010 中做出如下规定：

轴心受拉及小偏心受拉杆件的纵向受力钢筋不得采用绑扎搭接；其他构件中的钢筋采用绑扎搭接时，受拉钢筋直径不宜大于25mm，受压钢筋直径不宜大于28mm。

1）纵向受拉钢筋绑扎搭接接头的搭接长度，应根据位于同一连接区段内的钢筋搭接接头面积百分率按下列公式计算，且不应小于300mm。

$$l_1 = \zeta_1 l_a \qquad (2-5)$$

纵向抗震受拉钢筋绑扎搭接长度的计算公式为：

$$l_{1E} = \zeta_1 l_{aE} \qquad (2-6)$$

式中 l_1——纵向受拉钢筋的搭接长度（mm）；

l_a——受拉钢筋的锚固长度（mm）；

l_{1E}——纵向抗震受拉钢筋的搭接长度（mm）；

l_{aE}——抗震锚固长度（mm）；

ζ_1——纵向受拉钢筋搭接长度的修正系数，按表2-4取用。当纵向搭接钢筋接头面积百分率为表的中间值时，修正系数可按内插取值。

表2-4 纵向受拉钢筋搭接长度修正系数

纵向搭接钢筋接头面积百分率（%）	≤25	50	100
ζ_l	1.2	1.4	1.6

2）同一构件中相邻纵向受力钢筋的绑扎搭接接头宜互相错开。钢筋绑扎搭接接头连接区段的长度为1.3倍搭接长度，凡搭接接头中点位于该连接区段长度内的搭接接头均属于同一连接区段（图2-3）。同一连接区段内纵向受力钢筋搭接接头面积百分率为该区段内有搭接接头的纵向受力钢筋与全部纵向受力钢筋截面面积的比值。当直径不同的钢筋搭接时，按直径较小的钢筋计算。

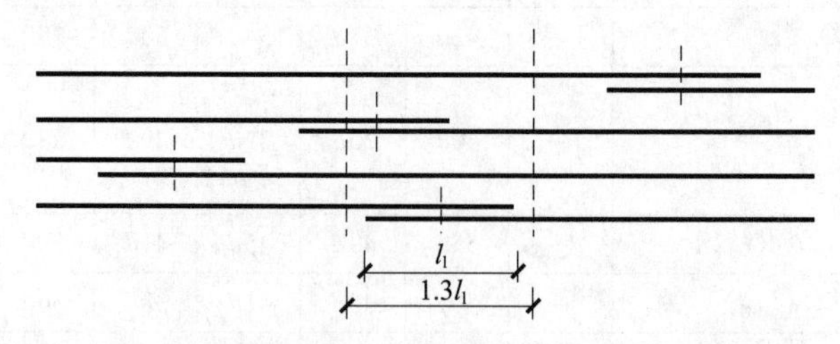

图2-3 同一连接区段内纵向受拉钢筋的绑扎搭接接头

注：图中所示同一连接区段内的搭接接头钢筋为两根，当钢筋直径相同时，钢筋搭接接头面积百分率为50%。

位于同一连接区段内的受拉钢筋搭接接头面积百分率：对梁类、板类及墙类构件，不宜大于 25%；对柱类构件，不宜大于 50%。当工程中确有必要增大受拉钢筋搭接接头面积百分率时，对梁类构件，不宜大于 50%；对板、墙、柱及预制构件的拼接处，可根据实际情况放宽。

并筋采用绑扎搭接连接时，应按每根单筋错开搭接的方式连接。接头面积百分率应按同一连接区段内所有的单根钢筋计算。并筋中钢筋的搭接长度应按单筋分别计算。

3）构件中的纵向受压钢筋当采用搭接连接时，其受压搭接长度不应小于纵向受拉钢筋搭接长度的 70%，且不应小于 200mm。

4）纵向受力钢筋搭接长度范围内应配置加密箍筋。在梁、柱类构件的纵向受力钢筋搭接长度范围内的构造钢筋应符合相关规定。当受压钢筋直径大于 25mm 时，尚应在搭接接头两个端面外 100mm 的范围内各设置两道箍筋。

5）纵向钢筋的非接触搭接连接，其实质是两根钢筋在其搭接范围混凝土内的分别锚固，以混凝土为介质，实现搭接钢筋应力的传递。采用非接触搭接方式，可实现混凝土对钢筋的完全握裹，能使混凝土对钢筋产生足够高的锚固效应，进而实现受拉钢筋的可靠锚固，完成可靠的钢筋搭接连接。

2. 机械连接

钢筋的机械连接是通过连贯于两根钢筋外的套筒来实现传力。套筒与钢筋之间力的过渡是通过机械咬合力。其形式包括：钢筋横肋与套筒的咬合；在钢筋表面加工出螺纹与套筒的螺纹之间的传力；在钢筋与套筒之间贯注高强的胶凝材料，通过中间介质来实现应力传递。机械连接的主要型式有挤压套筒连接、锥螺纹套筒连接、镦粗直螺纹连接、滚轧直螺纹连接等。

纵向受力钢筋的机械连接接头宜相互错开。钢筋机械连接区段的长度为 $35d$（d 为连接钢筋的较小直径）。凡接头中点位于该连接区段长度内的机械连接接头均属于同一连接区段，如图 2－4 所示。

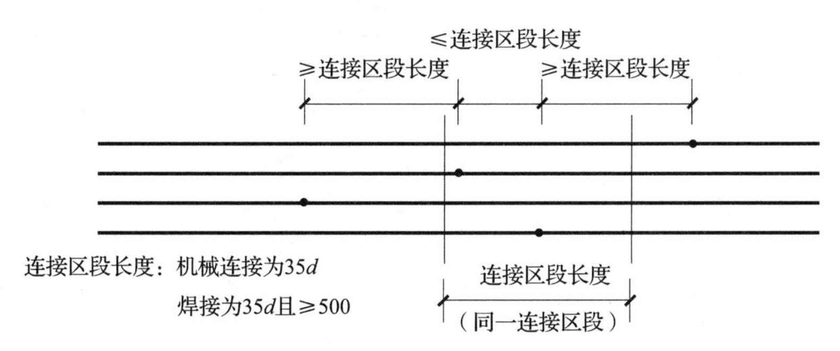

图 2－4　同一连接区段内纵向受拉钢筋机械连接、焊接接头

位于同一连接区段内的纵向受拉钢筋接头面积百分率不宜大于 50%；但对板、墙、柱及预制构件的拼接处，可根据实际情况放宽。纵向受压钢筋的接头百分率可不受限制。

机械连接套筒的保护层厚度宜满足有关钢筋最小保护层厚度的规定。机械连接套筒的横向净间距不宜小于 25mm；套筒处箍筋的间距仍应满足构造要求。

直接承受动力荷载结构构件中的机械连接接头，除应满足设计要求的抗疲劳性能外，位于同一连接区段内的纵向受力钢筋接头面积百分率不应大于 50%。

3. 焊接连接

钢筋的焊接接头是利用电阻、电弧或者燃烧的气体加热钢筋端头使之熔化，并采用加压或填加熔融金属焊接材料，使之连成一体的连接方式。

钢筋焊接有多种方法，具体方法分类见表 2－5。

表 2－5　钢筋焊接方法

序号	名　称	接头形式	标注方法
1	单面焊接的钢筋接头	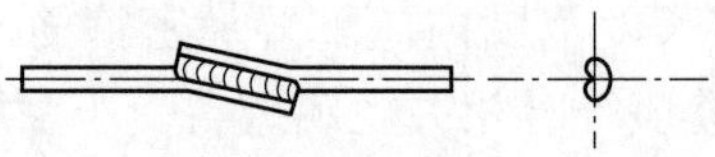	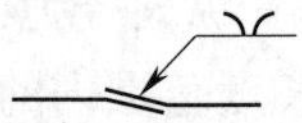
2	双面焊接的钢筋接头	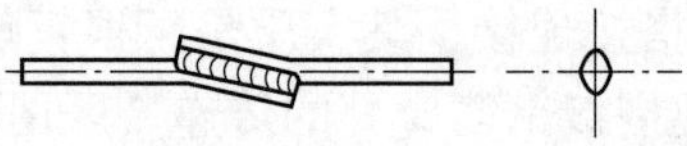	
3	用帮条单面焊接的钢筋接头	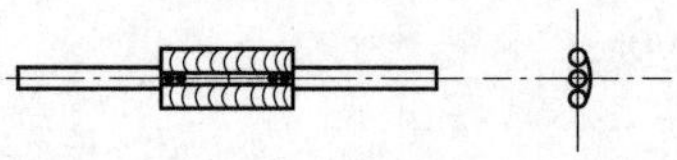	
4	用帮条双面焊接的钢筋接头	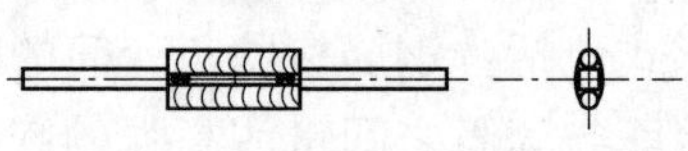	
5	接触对焊的钢筋接头（闪光焊、压力焊）	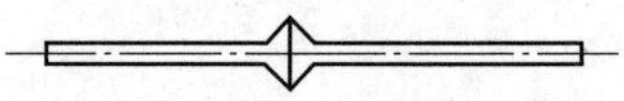	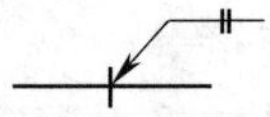
6	坡口平焊的钢筋接头	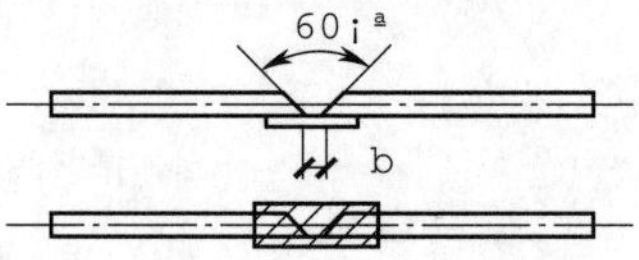 60¡ª b	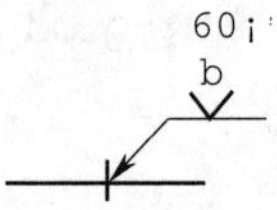 60¡ b
7	坡口立焊的钢筋接头	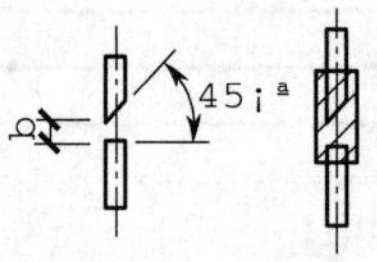 b 45¡ª	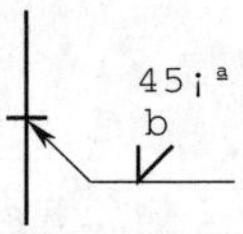 45¡ª b
8	用角钢或扁钢做连接板焊接的钢筋接头	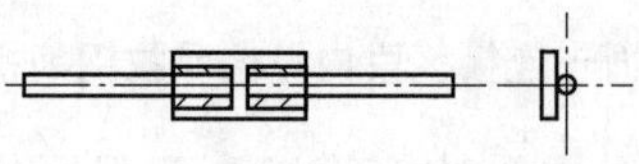	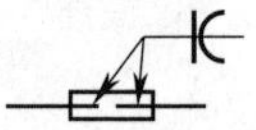
9	钢筋或螺（锚）栓与钢板穿孔塞焊的接头		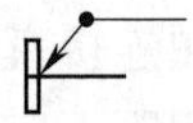

注：*b* 为焊缝宽度 mm。

（1）闪光对焊

闪光对焊又称镦粗头。它是将两根相同直径钢筋安放成对接形式，两根钢筋分别接通电流，通电后两根钢筋接触点产生高弧高热，使接触点金属熔化，产生强烈的火花飞溅形成闪光，同时迅速施加顶锻力使其熔化的金属融合为一体，达到对接目的。

闪光对焊主要适用于直径为 14mm ~ 40mm 的钢筋焊接，常见于预应力构件中的预应力粗钢筋焊接。

（2）电阻点焊

电阻点焊又称点焊。它是将两根钢筋安放成交叉叠接形式，压紧于两电极之间，利用电阻热熔化两钢筋接触点，再施加压力使两钢筋熔化的金属连接为一体，达到焊接的目的。

电阻点焊主要用于直径为 4mm ~ 14mm 的小钢筋焊接，常见于钢筋网片的焊接。

（3）电弧焊

钢筋电弧焊是利用通电后产生电弧热熔化的电焊条来连接两根钢筋的焊接方式。钢筋电弧焊使用于各种钢筋的焊接。钢筋电弧焊包括帮条焊、搭接焊、溶槽帮条焊以及剖口焊等形式。

1）帮条焊。帮条焊是在两根被连接钢筋的端部，另加两根短钢筋，将其焊接在被连接的钢筋上，使之达到连接的目的。短钢筋的直径与被连接钢筋直径相同，长度分别为：单面焊为 $5d$，双面焊为 $10d$。

2）搭接焊。搭接焊又称错焊，是先将两根待连接的钢筋预弯，并使两根钢筋的中心线在同一直线上，再用电焊条焊接，使之达到连接的目的。预弯长度分别为：单面焊为 $10d$，双面焊为 $5d$。

3）溶槽帮条焊。溶槽帮条焊，是在焊接时加角钢作垫板模。角钢的边长宜为 40mm ~ 60mm，长度为 80mm ~ 100mm。

4）剖口焊。剖口焊是先将两根待连接的钢筋端部切口，再在剖口处垫一钢板，焊接剖口使两根钢筋连接。剖口焊包括平焊和立焊，平焊用于梁主筋的焊接，立焊用于柱子主筋的焊接。

（4）电渣压力焊

电渣压力焊又称为竖焊。它是将两根钢筋安放成竖向对接形式，利用焊接电流通过两根钢筋端面间隙，在焊剂的作用下形成电弧过程和电渣过程，产生电弧热和电阻热，熔化钢筋，加压使之达到钢筋连接的一种压焊方法。

电渣压力焊主要用于直径为 14mm ~ 40mm 的柱子主筋的焊接，是目前较为常用的方法。

要点 3：钢筋弯曲调整值与下料长度计算

1. 钢筋弯曲调整值

钢筋弯曲调整值又称钢筋“弯曲延伸率”和“度量差值”。这主要是由于钢筋在弯曲过程中，外侧表面受到张拉而伸长，内侧表面受压缩而缩短，钢筋中心线长度基本保持不变。钢筋弯曲后，在弯曲点两侧外包尺寸与中心线之间有一个长度差值，我们称之为钢筋弯曲调整值，也叫度量差值。

2. 钢筋标注长度与下料长度

钢筋在图纸中标注显示的图示长度与钢筋的下料长度是两个不同的概念，钢筋图示尺寸（如图2－5所示）是构件截面长度减去钢筋混凝土保护层后的长度；钢筋下料长度（如图2－6所示）是钢筋图示尺寸减去钢筋弯曲调整值后的长度。

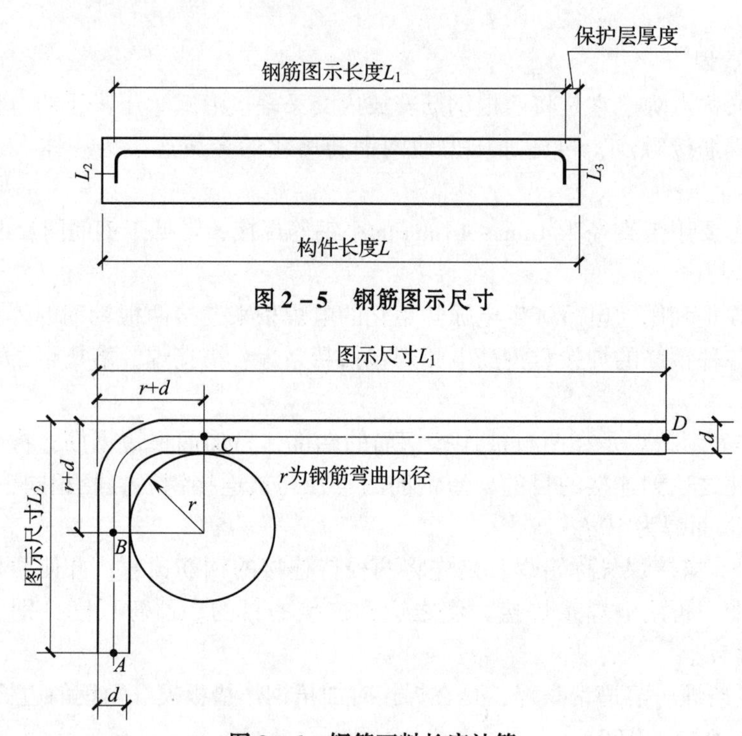

图2－5 钢筋图示尺寸

图2－6 钢筋下料长度计算

钢筋弯曲调整值是钢筋外皮延伸的值，即为：

$$\text{钢筋调整值}=\text{钢筋弯曲范围内外皮尺寸}-\text{钢筋弯曲范围内钢筋中心圆弧长} \tag{2-7}$$

$$L_1=\text{构件长度}\ L-2\times\text{保护层厚度} \tag{2-8}$$

$$\text{钢筋弯曲范围内外皮尺寸}=L_1+L_2+L_3 \tag{2-9}$$

$$\text{钢筋下料长度}=L_1+L_2+L_3-2\times\text{弯曲调整值} \tag{2-10}$$

钢筋长度一般按照钢筋图示尺寸计算，所以钢筋的图示尺寸就是钢筋的预算长度。由于通常按钢筋外皮标注，所以钢筋下料时需减去钢筋弯曲后的外皮延伸长度。

根据钢筋中心线不变的原理，图2－6中，钢筋下料长度$=AB+BC$弧长$+CD$。

设钢筋弯曲90°，$r=2.5d$时，则有：

$$AB=L_2-(r+d)=L_2-3.5d$$

$$CD=L_1-(r+d)=L_1-3.5d$$

$$BC\text{弧长}=2\times\pi\times(r+d/2)\times90°/360°=4.71d$$

$$\text{钢筋下料长度}=L_2-3.5d+L_1-3.5d+4.71d=L_1+L_2-2.29d。$$

3. 钢筋弯曲内径

钢筋弯曲调整值的大小取决于钢筋弯曲内径。钢筋弯曲内径与平直部分长度应符合以下规定：

1）HPB300 钢筋为受拉时，末端应做 180°弯钩，其弯弧内直径不应小于钢筋直径的 2.5 倍，弯钩弯折后平直部分长度不应小于钢筋直径的 3 倍，但作为受压钢筋时，可不做弯钩。

2）钢筋末端为 135°弯钩时，HRB335 级、HRB400 级钢筋的弯弧内直径不应小于钢筋直径的 4 倍，弯钩的平直部分长度应符合设计要求。

3）钢筋做不大于 90°弯折时，弯折处的弯弧内直径不应小于钢筋直径的 5 倍。

4）框架顶层端节点处，框架梁上部纵筋与柱外侧纵向钢筋在节点角部的弯弧内半径，当钢筋直径 $d \leqslant 25$mm 时不宜小于 $6d$；当钢筋直径 $d > 25$mm 时，不宜小于 $8d$。

由此可见，不同规格、不同直径甚至不同部位的钢筋弯曲调整值是不同的。在软件计算钢筋工程量中，可以实现精细化计算。而用手工精确计算的钢筋弯曲调整值存在较大的计算难度，耗时耗力，就不必要这样精确，但对箍筋与纵筋在不同弯曲直径时还应进行区分。

要点 4：钢筋代换

1. 钢筋代换的原则

1）当构件受强度控制时，钢筋可按强度相等原则进行代换。

2）当构件按最小配筋率配筋时，钢筋可按面积相等原则进行代换。

3）当构件受裂缝宽度或挠度控制时，代换后应进行裂缝宽度或挠度验算。

2. 钢筋代换计算

（1）计算公式

钢筋代换按下列公式计算：

$$n_2 \geqslant \frac{n_1 d_1^2 f_{y1}}{d_2^2 f_{y2}} \tag{2-11}$$

式中 n_2——代换钢筋根数；

n_1——原设计钢筋根数；

d_2——代换钢筋直径（mm）；

d_1——原设计钢筋直径（mm）；

f_{y2}——代换钢筋抗拉强度设计值（MPa）；

f_{y1}——原设计钢筋抗拉强度设计值（MPa）。

（2）两种特例

钢筋代换的两种特例为：

1）设计强度相同、直径不同的钢筋代换：

$$n_2 \geqslant n_1 \frac{d_1^2}{d_2^2} \tag{2-12}$$

2）直径相同、强度设计值不同的钢筋代换：

$$n_2 \geqslant n_1 \frac{f_{y1}}{f_{y2}} \tag{2-13}$$

(3) 构件截面的有效高度影响

钢筋代换后，有时由于受力钢筋直径加大或根数增多而需要增加排数，则构件截面的有效高度 h_o减小，截面强度降低。通常对这种影响可凭经验适当增加钢筋面积，然后再作截面强度复核。对矩形截面受弯构件，可根据弯矩相等，按式（2－14）复核截面强度。

$$N_2\left(h_{02}-\frac{N_2}{2f_c b}\right)\geqslant N_1\left(h_{01}-\frac{N_1}{2f_c b}\right) \tag{2-14}$$

式中 N_1——原设计的钢筋拉力，等于 $A_{s1}f_{y1}$（A_{s1}为原设计钢筋的截面面积，f_{y1}为原设计钢筋的抗拉强度设计值）。

N_2——代换钢筋拉力。

h_{01}——原设计钢筋的合力点至构件截面受压边缘的距离（mm）。

h_{02}——代换钢筋的合力点至构件截面受压边缘的距离（mm）。

f_c——混凝土的抗压强度设计值（MPa）。对 C20 混凝土为 9.6N/mm^2，对 C25 混凝土为 11.9N/mm^2，对 C30 混凝土为 14.3N/mm^2。

b——构件截面宽度（mm）。

3. 钢筋代换注意事项

钢筋代换时，必须充分了解设计意图和代换材料性能，并严格遵守现行国家标准《混凝土结构设计规范》GB 50010—2010 的各项规定；凡重要结构中的钢筋代换，应征得设计单位同意。

1）对某些重要构件，如吊车梁、薄腹梁、桁架下弦等，不宜用 HPB300 级光圆钢筋代替 HRB335 和 HRB400 级带肋钢筋。

2）无论采用哪种方法进行钢筋代换后，应满足配筋构造规定，如钢筋的最小直径、间距、根数、锚固长度等。

3）同一截面内，可同时配有不同种类和直径的代换钢筋，但每根钢筋的拉力差不应过大（如同品种钢筋的直径差值一般不大于 5mm），以免构件受力不均匀。

4）梁的纵向受力钢筋与弯起钢筋应分别代换，以保证正截面与斜截面强度。

5）偏心受压构件（如框架柱、有吊车厂房柱、桁架上弦等）或偏心受拉构件作钢筋代换时，不取整个截面配筋量计算，应按受力面（受压或受拉）分别代换。

6）用高强度钢筋代换低强度钢筋时应注意构件所允许的最小配筋百分率和最少根数。

7）用几种直径的钢筋代换一种钢筋时，较粗钢筋位于构件角部。

8）当构件受裂缝宽度或挠度控制时，如用粗钢筋等强度代换细钢筋，或用 HPB300 级光面钢筋代换 HRB335 级螺纹钢筋就重新验算裂缝宽度。如以小直径钢筋代换大直径钢筋，强度等级低的钢筋代替强度等级高的钢筋，则可不作裂缝宽度验算。如代换后钢筋总截面面积减少应同时验算裂缝宽度和挠度。

9）根据钢筋混凝土构件的受荷情况，如果经过截面的承载力和抗裂性能验算，确认设计因荷载取值过大配筋偏大或虽然荷载取值符合实际但验算结果发现原配筋偏大，作钢筋代换时可适当减少配筋。但须征得设计方同意，施工方不得擅自减少设计配筋。

10）偏心受压构件非受力的构造钢筋在计算时并未考虑，不参与代换，即不能按全截面进行代换，否则导致受力代换后截面小于原设计。

要点 5：箍筋及拉筋弯钩构造

梁、柱、剪力墙中的箍筋和拉筋的主要内容有：弯钩角度为 135°；水平段长度 l_h 抗震设计时取 max（10d，75mm），非抗震设计时不应小于 5d（d 为箍筋直径）。

通常，箍筋应做成封闭式，拉筋要求应紧靠纵向钢筋并同时勾住外封闭箍筋。梁、柱、剪力墙封闭箍筋及拉筋弯钩构造如图 2－7 所示。

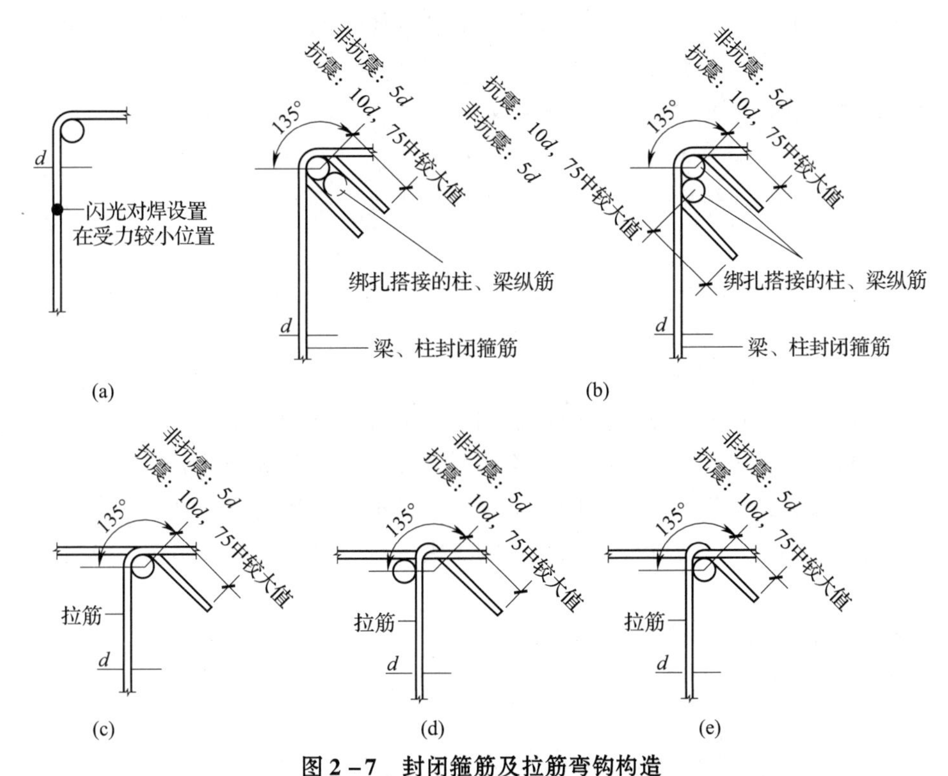

图 2－7　封闭箍筋及拉筋弯钩构造

（a）焊接封闭箍筋（工厂加工）；（b）绑扎搭接；（c）拉筋紧靠箍筋并钩住纵筋；
（d）拉筋紧靠纵向钢筋并钩住箍筋；（e）拉筋同时钩住纵筋和箍筋

注：非抗震设计时，当构件受扭或柱中全部纵向受力钢筋的配筋率大于3%时，箍筋及拉筋弯钩平直段长度应为10d。

要点 6：钢筋弯曲加工计算

1. HPB300 级钢筋

HPB300 级钢筋末端应做 180°弯钩，其弯钩内直径不应小于钢筋直径 d 的 2.5 倍，弯钩的弯后平直部分长度不应小于钢筋直径的 3 倍。

每个弯钩应增加长度为：

$$3d+\pi\times(1+2.5)d/2-(1+1.25)d=6.25d \qquad (2-15)$$

2. HRB335、HRB400 级钢筋

1）HRB335、HRB400 级钢筋末端应做 135°弯折时，弯弧内直径 D 不应小于钢筋直径

d 的 4 倍，弯后平直部分长度 x 应符合设计规定。弯折增加长度为：

HRB335 级钢筋：平直部分长度 $+\pi\times3/8\times(1+4)d-(1+2)d=x+2.9d$ (2-16)

HRB400 级钢筋：平直部分长度 $+\pi\times3/8\times(1+5)d-(1+2.5)d=x+3.6d$ (2-17)

2）HPB300、HRB335、HRB400 级钢筋末端做 90°弯折时，HPB300 级钢筋的弯曲直径 D 不应小于钢筋直径 d 的 2.5 倍；HRB335 级钢筋的弯曲直径 D 不应小于钢筋直径 d 的 4 倍；HRB400 级钢筋的弯曲直径 D 不应小于钢筋直径 d 的 5 倍；平直部分长度 x 应由设计确定，则弯折增加长度的计算如下：

HPB300 级钢筋：平直部分长度 $+\pi\times(1+2.5)d/4-(1+1.25)d=x+0.5d$ (2-18)

HRB335 级钢筋：平直部分长度 $+\pi\times(1+4)d/4-(1+1.25)d=x+0.9d$ (2-19)

HRB400 级钢筋：平直部分长度 $+\pi\times(1+5)d/4-(1+1.25)d=x+1.2d$ (2-20)

3. 箍筋绑扎接头的相关规定

除焊接封闭环式箍筋外，箍筋末端应做弯钩，对于一般结构，不宜小于 90°，对于有抗震要求的结构应为 135°。弯钩形式应符合设计要求，当设计无具体要求时，应符合下列规定：箍筋的圆弧内径应符合钢筋弯曲加工规定，且不小于受力钢筋直径。弯曲后平直部分长度，对于一般结构，不宜小于箍筋直径的 5 倍，对有抗震要求的结构，不宜小于箍筋直径的 10 倍。

箍筋弯弧内径 $D=2.5d$ 时，弯曲的增加长度和弯钩长度分别为：

（1）末端做 90°弯钩

计算公式如下：

$$弯曲增加长度=\pi(d+D)/4-(d+D/2)=0.5d \quad (2-21)$$

非抗震结构，弯钩计算长度：$5d+0.5d=5.5d$，

抗震结构，弯钩计算长度：$10d+0.5d=10.5d$。

（2）末端做 135°弯钩

计算公式如下：

$$弯曲增加长度=135°/360°\times\pi(d+D)-(d+D/2)=1.9d \quad (2-22)$$

非抗震结构，弯钩计算长度：$5d+1.9d=6.9d$，

抗震结构，弯钩计算长度：$10d+1.9d=11.9d$。

（3）末端做 180°弯钩

计算公式如下：

$$弯曲增加长度=\pi(d+D)/2-(d+D/2)=3.25d \quad (2-23)$$

非抗震结构，弯钩计算长度：$5d+3.25d=8.25d$，

抗震结构，弯钩计算长度：$10d+3.25d=13.25d$。

要点7：直钢筋长度计算

1. 非预应力钢筋

非预应力钢筋常用的钢筋种类有HPB300级钢筋、HRB335级钢筋、HRB400级钢筋，钢筋长度计算分为以下两种情况。

（1）两端无弯钩直钢筋

计算公式如下：

$$钢筋长度=构件长度-保护层厚度 \tag{2-24}$$

（2）两端有弯钩直钢筋

计算公式如下：

$$钢筋长度=构件长度-保护层厚度+弯钩增加长度 \tag{2-25}$$

2. 预应力钢筋

先张法预应力钢筋，按构件外形尺寸计算长度，后张法预应力钢筋按设计图规定的预应力钢筋预留孔道长度，并区别不同的锚具类型，分别按下列规定计算：

1）低合金钢筋两端采用螺杆锚具时，预应力的钢筋按预留孔道长度减0.35m，螺杆另行计算。

2）低合金钢筋一端采用镦头插片，另一端采用螺杆锚具时，预应力钢筋长度按预留孔道长度计算。

3）低合金钢筋一端采用镦头插片，另一端采用帮条锚具时，预应力钢筋增加0.15m，两端均采用帮条锚具时，预应力钢筋共增加0.3m计算。

4）低合金钢筋采用后张混凝土自锚时，预应力钢筋长度增加0.35m计算，螺杆另行计算。

5）低合金钢筋或钢绞线采用JM、XM、QM型锚具，孔道长度在20m以内时，预应力钢筋长度增加1.0m；孔道长度为20m以上时，预应力钢筋长度按增加1.8m计算。

6）碳素钢丝采用锥形锚具，孔道长在20m以内时，预应力钢筋长度增加1m；孔道长在20m以上时，预应力钢筋长度增加1.8m。

7）碳素钢丝两端采用镦粗头时，预应力钢丝长度按增加0.35m计算。

要点8：弯起钢筋长度计算

弯起钢筋是混凝土结构构件的下部（或上部）纵向受拉钢筋，按规定的部位和角度弯至构件上部（或下部）后，并满足锚固要求的钢筋。

梁中弯起钢筋构造要求：根据《混凝土结构设计规范》GB 50010—2010，在采用绑扎骨架的钢筋混凝土梁中，当设置弯起钢筋时，弯起钢筋的弯折点外应留有锚固长度，其长度在受拉区不应小于$20d$，在受压区不应小于$10d$；对光面钢筋在末端应设置弯钩，位于梁底层角部的钢筋不应弯起顶部角筋不应弯下。

弯起钢筋的作用：弯起钢筋在跨中附近和纵向受拉钢筋一样可以承担正弯矩；在支座

附近弯起后，其弯起段可以承受弯矩和剪力共同产生的主拉应力；弯起后的水平段有时还可以承受支座处的负弯矩。

梁中的弯起钢筋的弯起角度：当梁高小于或等于800mm时，弯起角度为45°；当梁高大于800mm时为60°，弯起角度一般为45°。

弯起钢筋长度 = 构件长度 - 保护层厚度 + 弯起增加长度 + 端部弯钩（或弯折）增加长度。

要点9：箍筋长度计算

构件箍筋类型分为非复合箍筋和复合箍筋两大类。非复合箍筋如图2－8所示，复合箍筋如图2－9所示。

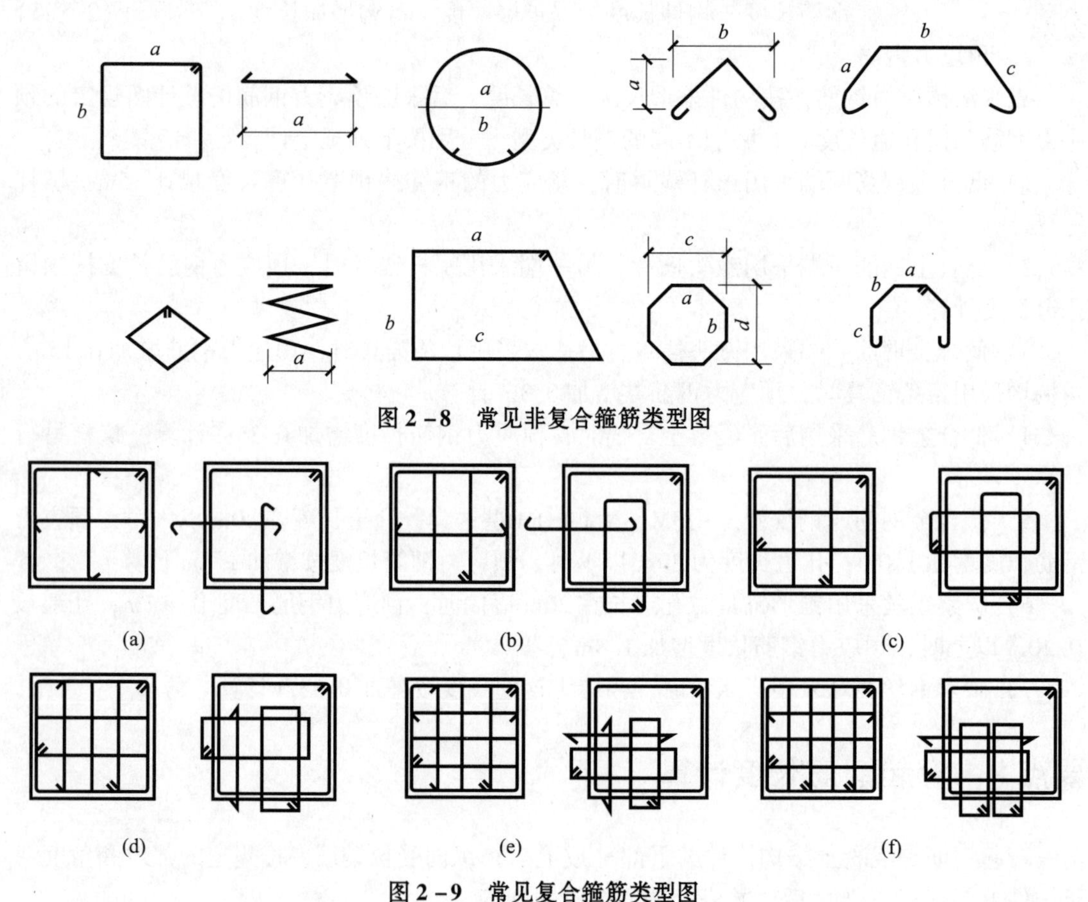

图2－8　常见非复合箍筋类型图

图2－9　常见复合箍筋类型图

(a) 3×3；(b) 4×3；(c) 4×4；(d) 5×4；(e) 5×5；(f) 6×5

计算构件箍筋长度通常有两种方法，即按照中心线计算或按照外皮计算，计算方法如下：

1．按照中心线计算

(1) 矩形箍筋

$$箍筋长度=(B-2\times C+d/2\times 2)\times 2+(H-2\times C+d/2\times 2)\times 2+1.9d\times 2+\max(10d,75mm)\times 2=(B-2\times C+d)\times 2+(H-2\times C+d)\times 2+1.9d\times 2+\max(10d,75mm)\times 2$$
$$=2b-4\times C+2d+2h-4\times C+2d+1.9d\times 2+\max(10d,75mm)\times 2$$
$$=2\times(B+H)-8\times C+4d+1.9d\times 2+\max(10d,75mm)\times 2 \quad (2-26)$$

式中 B——构件截面宽（mm）；
C——混凝土保护层厚度（mm）；
d——钢筋直径（mm）；
H——构件截面高（mm）。

（2）圆形箍筋

$$箍筋长度=(D-C\times 2+d)\times 3.14+\max(l_{aE},300)+1.9d\times 2+10d\times 2 \quad (2-27)$$

式中 D——钢筋混凝土构件外径（mm）；
l_{aE}——钢筋抗震锚固长度（mm）。

（3）螺旋形箍筋

$$箍筋长度=n\sqrt{s^2+(D-2\times C+d)^2\pi^2}+1.5\times 2\times\pi(D-2\times C+d)-2\pi d$$
$$=n\sqrt{s^2+(D-2\times C+d)^2\pi^2}+3\times\pi(D-2\times C+d)-2\pi d \quad (2-28)$$

式中 n——螺旋圈数，n=螺旋箍布置范围/螺旋箍间距 s（mm）；
s——螺旋箍间距（mm）。
D——钢筋混凝土构件的外径（mm）；
C——混凝土保护层厚度（mm）；
d——螺旋箍筋的直径（mm）。

2. 按照外皮计算箍筋长度

（1）矩形箍筋

$$箍筋长度=(B-2\times C+d\times 2)\times 2+(H-2\times C+d\times 2)\times 2+1.9d\times 2+\max(10d,75mm)\times 2$$
$$=(B-2\times C+2d)\times 2+(H-2\times C+2d)\times 2+1.9d\times 2+\max(10d,75mm)\times 2$$
$$=2B-4\times C+4d+2H-4\times C+4d+1.9d\times 2+\max(10d,75mm)\times 2$$
$$=2\times(B+H)-8\times C+8d+1.9d\times 2+\max(10d,75mm)\times 2 \quad (2-29)$$

（2）圆形箍筋

$$箍筋长度=(D-C\times 2+d\times 2)\times 3.14+\max(l_{aE},300)+1.9d\times 2+10d\times 2 \quad (2-30)$$

（3）螺旋形柱箍筋

$$箍筋长度=n\sqrt{s^2+(D-2\times C+2d)^2\pi^2}+1.5\times 2\times\pi(D-2\times C+2d)-2\pi d$$

$$=n\sqrt{s^2+(D-2\times C+2d)^2\pi^2} \qquad (2-31)$$

式中　n——螺旋圈数，n = 螺旋箍布置范围/螺旋箍间距 s（mm）；

s——螺旋箍间距（mm）；

D——钢筋混凝土构件的外径（mm）；

C——混凝土保护层厚度（mm）；

d——螺旋箍筋的直径（mm）。

要点 10：钢筋根数计算

图纸上直接注明钢筋根数的，以图纸标注为准，比如梁、柱纵向钢筋。图纸上未直接标注钢筋的根数，而以间距表示其布置方法时，比如梁、柱箍筋及板受力钢筋，按照下列公式计算：

$$n = 钢筋布置区段长度/钢筋间距 + 1 \qquad (2-32)$$

上式值应取整数，小数点后数字无论大小均应上进。

要点 11：施工措施用钢筋计算

施工措施用钢筋是指施工图纸中未标出，但施工过程中不可避免要用的钢筋类型，应按照其实际用量计入钢筋工程量内。施工措施用钢筋包括：现浇构件中固定位置的支撑钢筋，双层钢筋用“铁马凳”，梁中的垫筋、伸入构件的锚固钢筋、预制构件的吊钩等，工程量并于钢筋工程量内。

1. 铁马凳

（1）含义

马凳筋作为板的措施钢筋是不可缺少的，从技术和经济角度来说具有举足轻重的地位，它既属于设计的范畴，也属于施工范畴，更应纳入预算的范畴。一些缺乏实际经验的造价人员往往对其忽略或漏算。马凳，即其形状像凳子，故俗称马凳，又称撑筋。用于上、下两层板钢筋中间，起固定上层板钢筋的作用。当基础厚度较大时（大于 800mm）不宜使用马凳，而是用支架更稳定和牢固。马凳钢筋一般图纸上不注，大多数由项目工程师在施工组织设计中详细标明其规格、长度及间距。

（2）马凳筋的根数计算

可以按照面积计算根数，马凳筋个数 = 板面积/（马凳筋横向间距 × 纵向间距），如果板筋设计成底筋加支座负筋的形式，且无温度筋时，那么马凳筋计算宽度必须扣除中空部分。梁可以起到马凳筋作用，因此马凳筋计算宽度须扣梁。电梯井、楼梯间和板洞部位无需马凳筋不应计算，楼梯马凳筋另行计算。

（3）马凳筋的规格

1）当板厚 $h \leqslant 140$mm，板受力筋直径和分布筋直径 ≤10mm 时，马凳筋直径可以采用 ф8 钢筋。

2）当 $140\text{mm} < h \leqslant 200$mm，板受力筋直径 ≤12mm 时，马凳筋直径可以采用 ф10 钢筋。

3）当 200mm < h≤300mm 时，马凳直径可以采用Φ12 钢筋。

4）当 300mm < h≤500mm 时，马凳直径可以采用Φ14 钢筋。

5）当 500mm < h≤700mm 时，马凳直径可以采用Φ16 钢筋。

6）当厚度大于 800mm 时，最好采用钢筋支架或角钢支架。

纵向和横向的间距一般为 1m。不过具体问题还需具体分析，如果是双层双向的板筋为Φ8，钢筋刚度较低，需要缩小马凳之间的距离，如间距为@800×800，如果是双层双向的板筋为Φ6，马凳间距则为@500×500。有的板钢筋规格较大，如采用直径Φ14 的板筋，那么马凳间距可进行适当放大。总之，马凳设置的原则是固定牢上层钢筋网，能承受各种施工活动荷载，确保上层钢筋的保护层在规范规定的范围之内。板厚很小时可不配置马凳，如小于 100mm 的板马凳的高度小于 50mm，无法加工，可用短钢筋头或其他材料代替。总之，马凳的设置应符合够用、适度的原则，既能够满足要求又要节约资源。

（4）马凳筋的长度

马凳筋长度计算各地定额规则不同，有明确规定的，按照定额规则计算，但这个计算结果只能用于预算及结算，不能用于施工下料，因为它仅仅是钢筋重量，而非从它本身的功能和受力特征来计算。

马凳筋高度＝板厚－2×保护层－Σ（上部板筋与板最下排钢筋直径之和），

上平直段为板筋间距＋50mm（也可以用 80mm，马凳上放一根上部钢筋），下左平直段为板筋间距＋50mm，下右平直段为 100mm，这样马凳的上部能放置两根钢筋，下部三点平稳地支承在板的下部钢筋上。

（5）其他注意事项

1）建筑工程一般对马凳筋都有专门的施工组织设计，若施工组织设计中没有对马凳作出明确和详细的说明，那么就按照常规计算，但有两个前提：一是马凳要有一定的刚度，能够承受施工人员的踩踏，避免板上部钢筋扭曲和下陷。马凳筋不得接触模板，防止马凳筋生锈；二是为了避免日后出现结算争议，对马凳办理必要的手续和签证，由施工单位根据实际制作情况以工程联系单的方式提出，报监理及建设单位确认，根据确认的尺寸计算。

2）现浇构件中固定位置的支撑钢筋、双层钢筋用的“铁马凳”，伸出构件的锚固钢筋、预制构件的吊钩等应当并入钢筋工程量内。为什么看上去是措施用的钢筋要计算在实体项目中呢？因为它是隐蔽在混凝土内形成工程实体的。因此，马凳虽然是措施性钢筋，但应归入实体项目而不能归入措施项目。招标单位在编制工程量清单时应将计算马凳筋合并在钢筋工程量中，并在项目特征、工作内容中描述清楚。投标人在报价时，应将马凳筋工程量考虑在钢筋分部分项工程量中，不要放在措施费中。

3）马凳钢筋按实计算归入钢筋总量当中，一些造价人员将马凳按照预埋铁件列项是错误的。马凳排列可按矩形陈列也可梅花放置，一般是矩形陈列，马凳方向要一致。

（6）筏板基础中措施钢筋

大型筏板基础中措施钢筋不一定采用马凳钢筋而往往采用钢支架形式，支架必须经过计算才能够确定其规格和间距，才能确保支架的稳定性和承载力。在确定支架的荷载时除计算上部钢筋荷载外还应考虑施工荷载。支架立柱的间距一般为 1500mm，在立柱上只需设置一个方向的通长角钢，这个方向应该是与上部钢筋最下一层钢筋垂直，间距一般为2000mm。除此之外还要用斜撑焊接。支架的设计应该要有计算式，经审批才能施工，不能只凭经验，支架规格、间距过小造成浪费，支架规格、间距过大可能造成基础钢筋整体塌陷的严重后果。所以支架设计不能掉以轻心。

2. 垫筋

当梁的下部设计有双排钢筋且上排钢筋无法与箍筋连接固定时，需增设垫筋，垫筋计算长度按下式计算：

$$\text{垫筋计算长度 } L = B - 5\text{cm}\ (B\text{ 为梁宽度}) \qquad (2-33)$$

垫筋按ф25计算，并入ф10以上钢筋用量内。梁长（跨间长度）≤6m时，按照4处计算，梁长>6m时，按5处计算。

要点12：钢筋工程定额工程量计算规则

1. 定额项目相关问题说明

1）钢筋工程按钢筋的不同品种、不同规格，按现浇构件钢筋、预制构件钢筋、预应力钢筋及箍筋分别列项。

2）预应力构件中的非预应力钢筋按预制钢筋相应项目计算。

3）设计图纸未注明的钢筋接头和施工损耗的，已综合在定额项目内。

4）绑扎铁丝、成型点焊和接头焊接用的电焊条已综合在定额项目内。

5）钢筋工程内容包括：制作、绑扎、安装以及浇灌混凝土时维护钢筋用工。

6）现浇构件钢筋以手工绑扎，预制构件钢筋以手工绑扎、点焊分别列项，实际施工与定额不同时，不再换算。

7）非预应力钢筋不包括冷加工，如设计要求冷加工时，另行计算。

8）预应力钢筋如设计要求人工时效处理时，应另行计算。

9）预制构件钢筋，如用不同直径钢筋点焊在一起时，按直径最小的定额项目计算，如粗细筋直径比在两倍以上时，其人工乘以系数1.25。

10）后张法钢筋的锚固是按钢筋帮条焊、U型插垫编制的，如采用其他方法锚固时，应另行计算。

11）表2-6所列的构件，其钢筋可按表列系数调整人工、机械用量。

表2-6 钢筋调整人工、机械系数表

项目	预制钢筋		现浇钢筋		构筑物			
系数范围	拱梯形屋架	托架梁	小型构件	小型池槽	烟囱	水塔	贮仓	
							矩形	圆形
人工、机械调整系数	1.16	1.05	2	2.52	1.7	1.7	1.25	1.50

2. 定额工程量计算规则

1）钢筋工程，应区别现浇构件、预制构件、不同钢种和规格，分别按设计长度乘以单位重量，以吨为单位计算。

2）计算钢筋工程量时，设计已规定钢筋搭接长度的，按规定搭接长度计算；设计未规定搭接长度的，已包括在钢筋的损耗率之内，不另计算搭接长度。钢筋电渣压力焊接、套筒挤压等接头，以个为单位计算。

3）先张法预应力钢筋，按构件外形尺寸计算长度，后张法预应力钢筋按设计图规定的预应力钢筋预留孔道长度，并区别不同的锚具类型，具体参见要点“直钢筋长度计算”中的相关内容。

要点13：钢筋工程清单工程量计算规则

1. 清单项目相关问题说明

1）现浇构件中伸出构件的锚固钢筋应并入钢筋工程量内。除设计（包括规范规定）标明的搭接外，其他施工搭接不计算工程量，在综合单价中综合考虑。

2）现浇构件中固定位置的支撑钢筋、双层钢筋用的“铁马”在编制工程量清单时，如果设计未明确，其工程数量可为暂估量，结算时按现场签证数量计算。

2. 清单工程量计算规则

钢筋工程工程量清单项目设置、项目特征描述的内容、计量单位、工程量计算规则应按表2－7的规定执行。

表2－7　钢筋工程（编码：010515）

项目编码	项目名称	项目特征	计量单位	工程量计算规则	工程内容
010515001	现浇构件钢筋	钢筋种类、规格	t	按设计图示钢筋（网）长度（面积）乘单位理论质量计算	1. 钢筋制作、运输； 2. 钢筋安装； 3. 焊接
010515002	预制构件钢筋				
010515003	钢筋网片				1. 钢筋网制作、运输； 2. 钢筋网安装； 3. 焊接
010515004	钢筋笼				1. 钢筋笼制作、运输； 2. 钢筋笼安装； 3. 焊接
010515005	先张法预应力钢筋	1. 钢筋种类、规格； 2. 锚具种类	t	按设计图示钢筋长度乘单位理论质量计算	1. 钢筋制作、运输； 2. 钢筋张拉

续表 2－7

<table>
<tr><th>项目编码</th><th>项目名称</th><th>项目特征</th><th>计量单位</th><th>工程量计算规则</th><th>工程内容</th></tr>
<tr><td>010515006</td><td>后张法预应力钢筋</td><td rowspan="3">1. 钢筋种类、规格；
2. 钢丝种类、规格；
3. 钢铰线种类、规格；
4. 锚具种类；
5. 砂浆强度等级</td><td rowspan="5">t</td><td rowspan="3">按设计图示钢筋（丝束、绞线）长度乘单位理论质量计算：
1. 低合金钢筋两端均采用螺杆锚具时，钢筋长度按孔道长度减0.35m计算，螺杆另行计算；
2. 低合金钢筋一端采用镦头插片，另一端采用螺杆锚具时，钢筋长度按孔道长度计算，螺杆另行计算；
3. 低合金钢筋一端采用镦头插片，另一端采用帮条锚具时，钢筋增加0.15m计算；两端均采用帮条锚具时，钢筋长度按孔道长度增加0.3m计算；
4. 低合金钢筋采用后张混凝土自锚时，钢筋长度按孔道长度增加0.35m计算；
5. 低合金钢筋（钢绞线）采用JM、XM、QM型锚具，孔道长度≤20m时，钢筋长度增加1m计算，孔道长度>20m时，钢筋长度增加1.8m计算；
6. 碳素钢丝采用锥形锚具，孔道长度≤20m时，钢丝束长度按孔道长度增加1m计算，孔道长度>20m时，钢丝束长度按孔道长度增加1.8m计算；
7. 碳素钢丝采用镦头锚具时，钢丝束长度按孔道长度增加0.35m计算</td><td rowspan="3">1. 钢筋、钢丝、钢绞线制作、运输；
2. 钢筋、钢丝、钢绞线安装；
3. 预埋管孔道铺设；
4. 锚具安装；
5. 砂浆制作、运输；
6. 孔道压浆、养护</td></tr>
<tr><td>010515007</td><td>预应力钢丝</td></tr>
<tr><td>010515008</td><td>预应力钢绞线</td></tr>
<tr><td>010515009</td><td>支撑钢筋（铁马）</td><td>1. 钢筋种类；
2. 规格</td><td>按钢筋长度乘单位理论质量计算</td><td>钢筋制作、焊接、安装</td></tr>
<tr><td>010515010</td><td>声测管</td><td>1. 材质；
2. 规格型号</td><td>按设计图示尺寸质量计算</td><td>1. 检测管截断、封头；
2. 套管制作、焊接；
3. 定位、固定</td></tr>
</table>

要点14：螺栓、铁件工程量计算规则

1. 定额工程量计算规则

1）钢筋混凝土构件预埋铁件工程量按设计图示尺寸，以吨为单位计算。

2）固定预埋螺栓、铁件的支架，固定双层钢筋的铁马凳、垫铁件，按审定的施工组织设计规定计算，套相应定额项目。

2. 清单工程量计算规则

编制工程量清单时，如果设计未明确，其工程数量可为暂估量，实际工程量按现场签证数量计算。螺栓、铁件工程量清单项目设置、项目特征描述的内容、计量单位、工程量计算规则，应按表2－8的规定执行。

表2－8　螺栓、铁件（编码：010516）

项目编码	项目名称	项目特征	计量单位	工程量计算规则	工程内容
010516001	螺栓	1. 螺栓种类； 2. 规格	t	按设计图示尺寸以质量计算	1. 螺栓、铁件制作、运输； 2. 螺栓、铁件安装
010516002	预埋铁件	1. 钢材种类； 2. 规格； 3. 铁件尺寸			
010516003	机械连接	1. 连接方式； 2. 螺纹套筒种类； 3. 规格	个	按数量计算	1. 钢筋套丝； 2. 套筒连接

要点15：某现浇钢筋混凝土过梁钢筋工程量计算

【例2－1】　某现浇钢筋混凝土矩形过梁钢筋示意图如图2－10所示，采用组合钢模板木支撑，混凝土保护层厚度为30mm，计算其钢筋工程量。

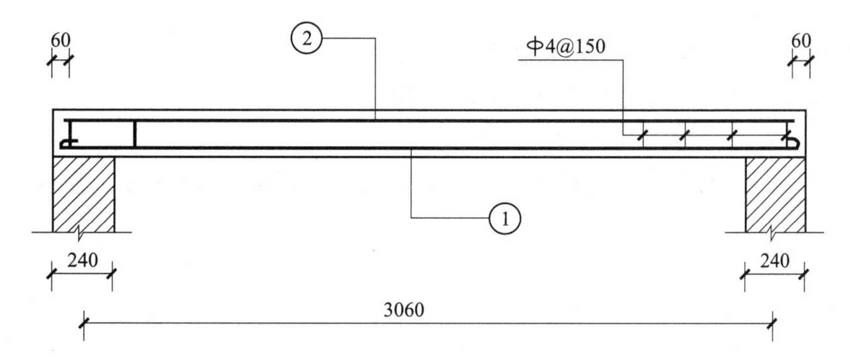

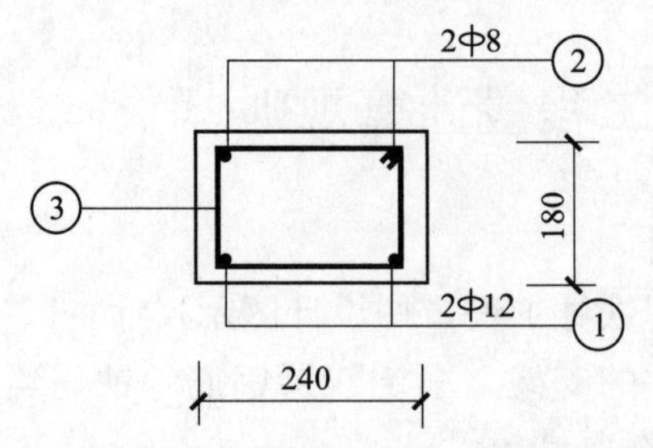

图2－10　现浇钢筋混凝土矩形过梁钢筋示意图

【解】

（1）清单工程量

Φ4：$\rho=0.099$kg/m。

Φ8：$\rho=0.395$kg/m。

Φ12：$\rho=0.888$kg/m。

①号钢筋Φ12：

$(3.06+0.24-0.03\times2+2\times6.25\times0.012)\times2\times0.888=6.02$（kg）$=0.006$（t）。

②号钢筋Φ8：

$(3.06+0.24-0.03\times2)\times2\times0.395=2.56$（kg）$=0.003$（t）。

③号箍筋Φ4：$\dfrac{3.06+0.24-0.06\times2}{0.15}+1=23$（个）。

$$[(0.24+0.18)\times2-8\times0.03+2\times12.89\times0.04]\times23\times0.099$$
$$=3.71\text{（kg）}=0.004\text{（t）}。$$

清单工程量计算表见表2－9。

表2－9　清单工程量计算表

项目编码	项目名称	项目特征描述	计量单位	工程量
010515001001	现浇构件钢筋	Φ12	t	0.006
010515001002	现浇构件钢筋	Φ8	t	0.003
010515001003	现浇构件钢筋	Φ4	t	0.004

（2）定额工程量

①号钢筋Φ12：0.006t，套用基础定额5－297。

②号钢筋Φ8：0.003t，套用基础定额5－295。

③号箍筋Φ4：0.004t，套用基础定额5－354。

【例2－2】　某现浇钢筋混凝土过梁的尺寸和配筋如图2－11所示，试计算其钢筋工程量。

【解】

（1）清单工程量

Φ6：$\rho=0.222$kg/m。

Φ14：$\rho=1.208$kg/m。

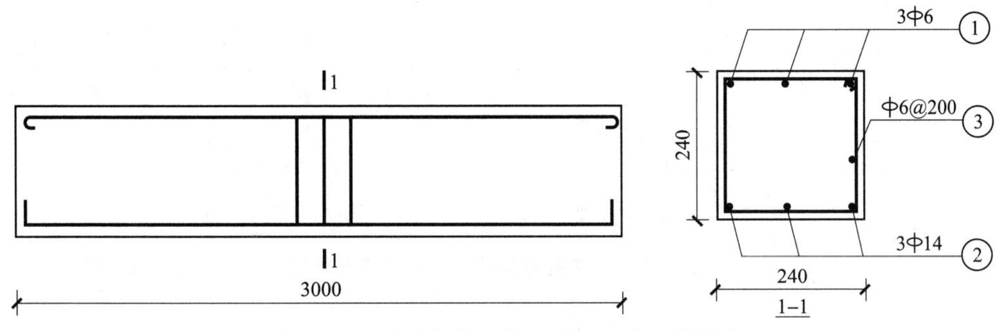

图2－11　现浇钢筋混凝土过梁尺寸及配筋图

钢筋工程量计算如下：

①号钢筋ϕ6：

[（3.0－0.025×2）＋0.08]×3×0.222＝2.085（kg）。

②号钢筋ϕ14：

[（3.0－0.025×2）＋0.18]×3×1.208＝11.343（kg）。

③号钢筋ϕ6：

$(0.24-0.025\times2)\times4\times\left(\frac{3.0}{0.2}+1\right)\times0.222=2.7$（kg）。

清单工程量计算见表2－10。

表2－10　清单工程量计算表

项目编码	项目名称	项目特征描述	计量单位	工程量
010515001001	现浇构件钢筋	ϕ6	t	0.005
010515001002	现浇构件钢筋	ϕ14	t	0.011

（2）定额工程量

①号钢筋ϕ6：套用基础定额5－294。

②号钢筋ϕ14：套用基础定额5－298。

③号钢筋ϕ6：套用基础定额5－355。

说明：在计算本题的钢筋工程量时，虽然现浇钢筋混凝土过梁中的构造筋和箍筋均为ϕ6，但它们在定额中不能合并，在清单中却可以合并，因为它们的项目特征相同。①号钢筋在定额中套用5－294，③号钢筋在定额中套用5－355，其价格根据各省所编定额基价可直接算出，而在清单报价所用价格是根据市场价格管理费用、利润、企业自身情况综合考虑出来的，也可以参考各省市定额基价。

要点16：某现浇钢筋混凝土圆桩钢筋工程量计算

【例2－3】　某现浇钢筋混凝土圆桩，其配筋如图2－12所示，计算其钢筋工程量。

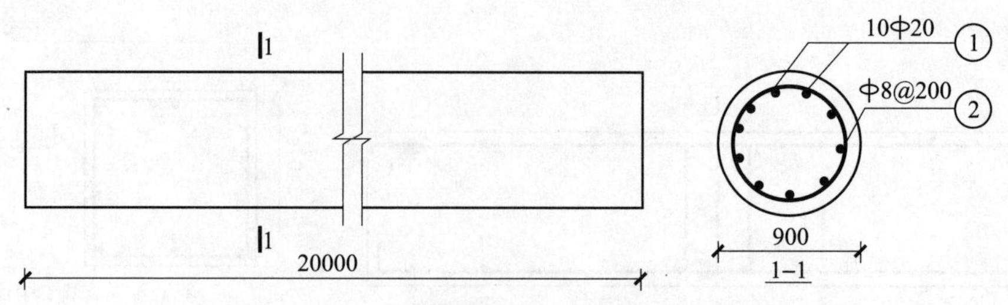

图 2-12　现浇钢筋混凝土圆柱配筋示意图

【解】

(1) 清单工程量

ф8：$\rho=0.395$kg/m。

ф20：$\rho=2.466$kg/m。

①号钢筋ф20：

$20\times10\times2.466=493.2$（kg）$=0.493$（t）。

②号钢筋ф8：

$\left(\dfrac{20000}{200}+1\right)\times3.1416\times0.9\times0.395=112.80$（kg）$=0.113$（t）。

清单工程量计算见表2-11。

表 2-11　清单工程量计算表

项目编码	项目名称	项目特征描述	计量单位	工程量
010515004001	钢筋笼	ф8	t	0.113
010515004002	钢筋笼	ф20	t	0.493

(2) 定额工程量

①号钢筋：0.493t，套用基础定额5-312。

②号钢筋：0.113t，套用基础定额5-356。

说明：本题中的现浇钢筋混凝土圆桩，其钢筋虽然看似现浇混凝土钢筋，但不能套用现浇构件钢筋的项目编码010515001中的内容，应该用项目编码010515004钢筋笼这一清单，此处应加以注意。

要点17：某现浇钢筋混凝土板的后浇带钢筋工程量计算

【例2-4】　某现浇钢筋混凝土板的后浇带示意图如图2-13所示，已知板的长度为6.5m，宽度为3.2m，厚度为100mm，试计算现浇板的后浇带的钢筋工程量。

【解】

(1) 清单工程量

ф8：$\rho=0.395$kg/m。

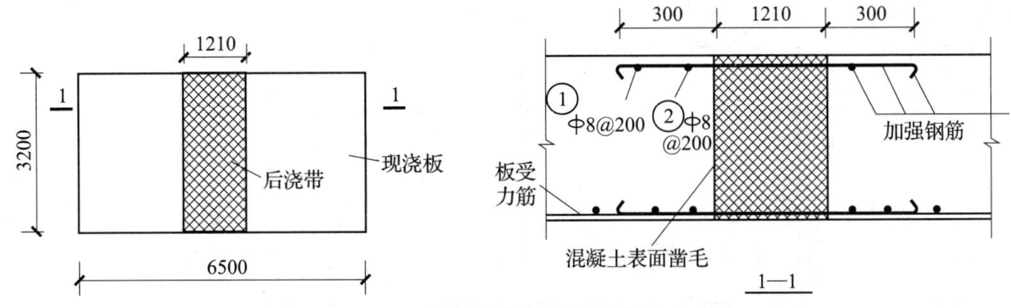

图2-13　现浇钢筋混凝土板后浇带示意图

①号加强钢筋：

长度 = 1210 + 300 × 2 + 4.9 × 8 × 2 = 1888.4（mm）。

根数：$\left(\frac{3200}{200}-1\right)\times 2=30$（根）。

②号加强钢筋：

长度 = 3200 − 2 × 15 + 4.9 × 8 × 2 = 3248.4（mm）。

根数：$\left(\frac{1210+300\times 2}{200}-1\right)\times 2=17$（根）。

则钢筋总工程量 =（1.8884 × 30 + 3.2484 × 17）× 0.395 = 44.19（kg）= 0.044（t）。

清单工程量计算见表2-12。

表2-12　清单工程量计算表

项目编码	项目名称	项目特征描述	计量单位	工程量
010515001001	现浇构件钢筋	Φ8	t	0.044

（2）定额工程量

后浇带的钢筋工程量同清单工程量，为0.044t。

套用基础定额5-295。

要点18：某现浇钢筋混凝土有梁板钢筋工程量计算

【例2-5】　现浇钢筋混凝土有梁板如图2-14所示。

钢筋根数：①号227根，②号271根，③号75根，④号82根，⑤号202根，⑥号125根。

试计算现浇钢筋混凝土有梁板的钢筋工程量。

【解】

（1）清单工程量

Φ8：ρ = 0.395kg/m。

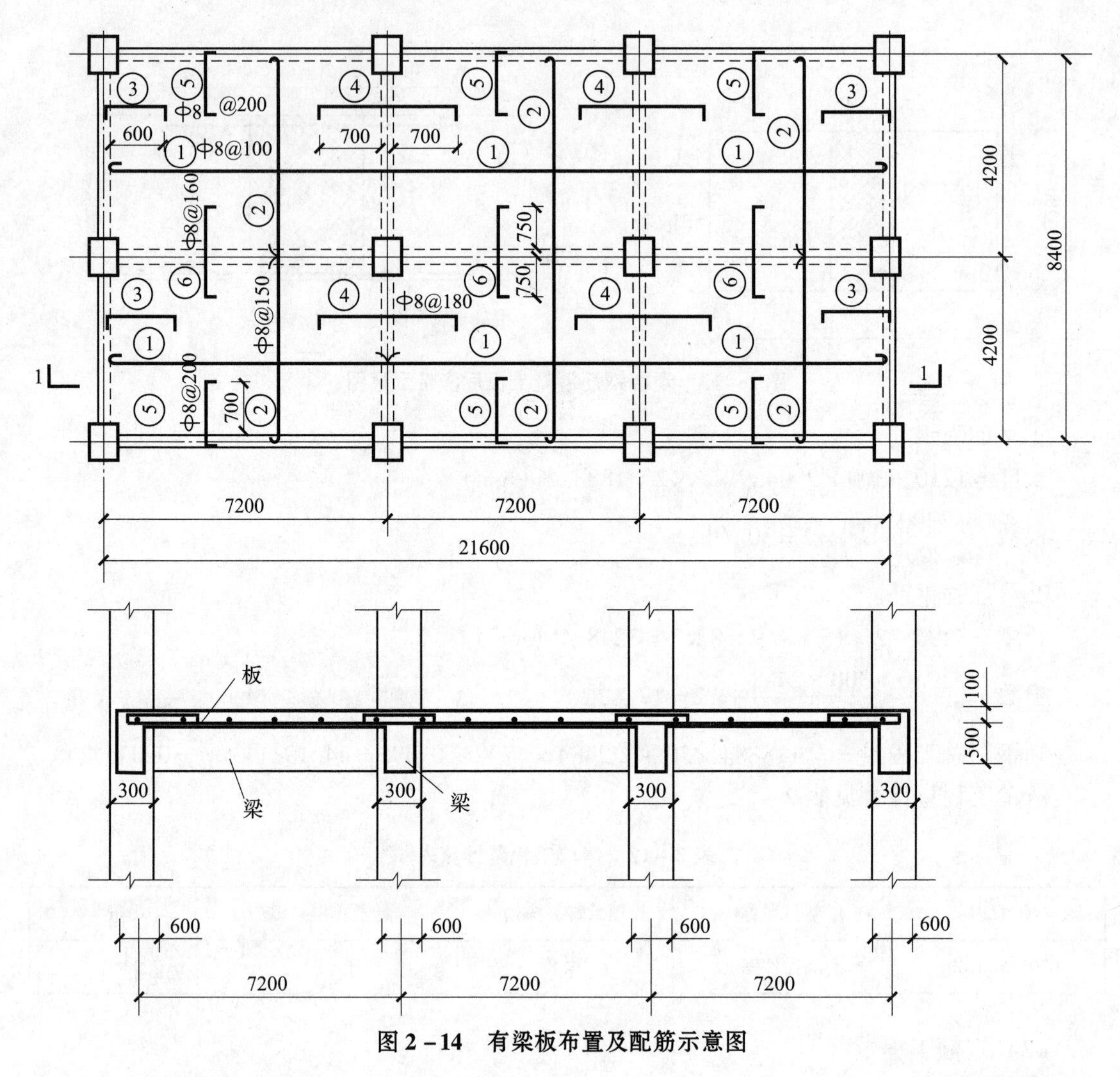

图 2－14　有梁板布置及配筋示意图

该有梁板所用的钢筋为现浇构件钢筋，对应项目编号为 010515001，其工程量计算如下：

①号钢筋长度计算：$7200 + 2 \times 6.25 \times 8 = 7300$（mm）。

②号钢筋长度计算：$4200 + 2 \times 6.25 \times 8 = 4300$（mm）。

③号钢筋长度计算：$600 + 300 - 15 + 2 \times (100 - 30) = 1025$（mm）。

④号钢筋长度计算：$700 \times 2 + 300 + 2 \times (100 - 30) = 1840$（mm）。

⑤号钢筋长度计算：$700 + 300 - 15 + 2 \times (100 - 30) = 1125$（mm）。

⑥号钢筋长度计算：$750 \times 2 + 300 + 2 \times (100 - 30) = 1940$（mm）。

钢筋总工程量：

$(7.3 \times 227 + 4.3 \times 271 + 1.025 \times 75 + 1.84 \times 82 + 1.125 \times 202 + 1.94 \times 125) \times 0.395 = 1449.26$（kg）$= 1.449$（t）。

清单工程量计算见表 2－13。

表 2-13　清单工程量计算表

项目编码	项目名称	项目特征描述	计量单位	工程量
010515001001	现浇构件钢筋	ф8	t	1.449

（2）定额工程量

有梁板的钢筋工程量同清单工程量，为 1.449t。

套用基础定额 5-295。

要点 19：某现浇钢筋混凝土拱板钢筋工程量计算

【例 2-6】　某厂房的屋面为拱形，采用现浇钢筋混凝土拱板形式，如图 2-15 所示，试计算其钢筋工程量。

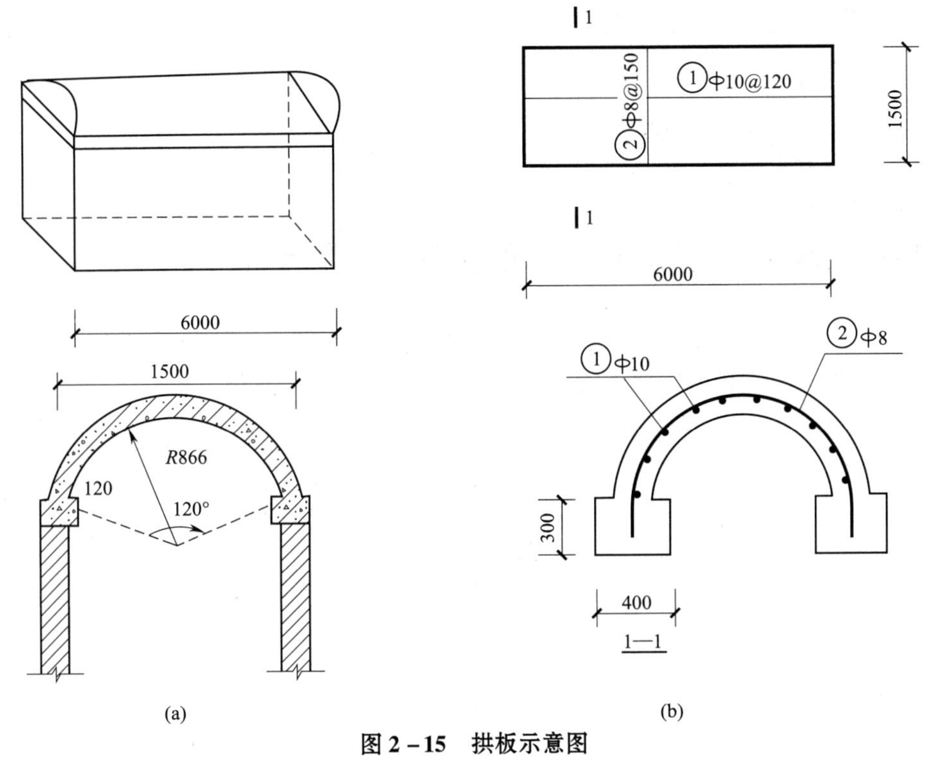

图 2-15　拱板示意图

（a）拱板尺寸图；（b）拱板配筋图

【解】

（1）清单工程量

ф8：$\rho=0.395$kg/m。

ф10：$\rho=0.617$kg/m。

拱板所采用的钢筋为现浇构件钢筋，对应的项目编码为 010515001，其钢筋用量计算如下：

①号钢筋Φ10 长度：$6000-2\times15=5970$（mm）。

根数：$\frac{120°}{180°}\times\pi\times\frac{866}{120}-1=14$（根）。

②号钢筋Φ8 长度：$\frac{120°}{180°}\times\pi\times866+300\times2-15\times2=2384$（mm）。

根数：$\frac{6000}{150}-1=39$（根）。

①号钢筋Φ10 工程量 $=5.97\times14\times0.617=51.57$（kg）$=0.052$（t）。
②号钢筋Φ8 工程量 $=2.384\times39\times0.395=36.73$（kg）$=0.037$（t）。
清单工程量计算见表2－14。

表2－14　清单工程量计算表

项目编码	项目名称	项目特征描述	计量单位	工程量
010515001001	现浇构件钢筋	Φ10	t	0.052
010515001002	现浇构件钢筋	Φ8	t	0.037

（2）定额工程量
Φ8：0.037t，套用基础定额5－295。
Φ10：0.052t，套用基础定额5－296。

要点20：某现浇钢筋混凝土栏板钢筋工程量计算

【例2－7】　某建筑物阳台栏板的示意图如图2－16所示，栏板的厚度为80mm，试计算现浇钢筋混凝土栏板的钢筋工程量。

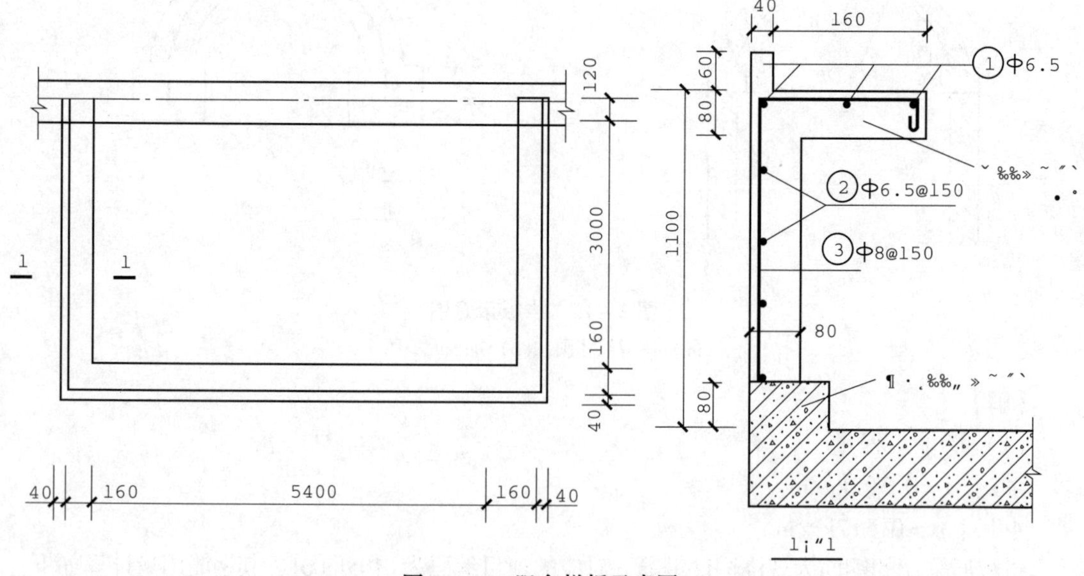

图2－16　阳台栏板示意图

【解】

（1）清单工程量

Φ8：$\rho=0.395$kg/m。

Φ6.5：$\rho=0.261$kg/m。

所用钢筋为现浇构件钢筋，对应项目编码为010515001，其工程量计算如下：

①号钢筋Φ6.5：

长度＝（3000＋120＋200）×2＋5400－2×15＋6.25×6.5×2＝12091（mm）。

根数：4根。

②号钢筋Φ6.5：

长度＝（3000＋120＋200）×2＋5400－2×15＋6.25×6.5×2＝12091（mm）。

根数：$\frac{1100-80\times2}{150}-1=6$（根）。

③号钢筋Φ8：

长度＝1100＋40＋160＋80－2×15＋6.25×8×2＝1450（mm）。

根数＝（3000＋3000＋5400＋200×2）/150－1＝78（根）。

Φ6.5钢筋工程量＝（12.091×4＋12.091×6）×0.261＝31.6（kg）＝0.032（t）。

Φ8钢筋工程量＝1.45×78×0.395＝44.7（kg）＝0.047（t）。

清单工程量计算见表2－15。

表2－15 清单工程量计算表

项目编码	项目名称	项目特征描述	计量单位	工程量
010515001001	现浇构件钢筋	Φ6.5	t	0.032
010515001002	现浇构件钢筋	Φ8	t	0.047

（2）定额工程量

Φ6.5：0.032t，套用基础定额5－294。

Φ8：0.047t，套用基础定额5－295。

要点21：某现浇钢筋混凝土挑檐天沟钢筋工程量计算

【例2－8】 现浇钢筋混凝土挑檐天沟的示意图如图2－17所示，天沟的长度为60m，试计算天沟的钢筋工程量。

【解】

（1）清单工程量

Φ8：$\rho=0.395$kg/m。

Φ6.5：$\rho=0.261$kg/m。

①号钢筋Φ8：

长度＝500＋80＋300＋90＋20×8＋6.25×8×2－15＝1215（mm）。

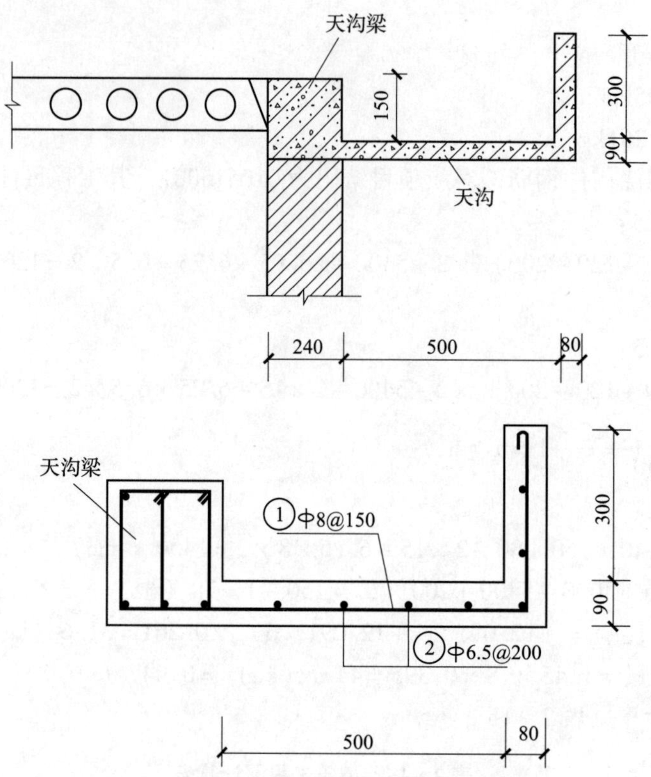

图 2－17　现浇钢筋混凝土挑檐天沟示意图

根数 $=\frac{60000-2\times15}{150}-1=399$（根）。

钢筋用量 $=1.215\times399\times0.395=191.5$（kg）$=0.192$（t）。

②号钢筋Φ6.5：

长度 $=60000+6.25\times2\times6.5-2\times15=60051$（mm）。

根数 $=\frac{500+80+300+90-2\times15}{200}-1=4$（根）。

钢筋用量 $=0.261\times60.051\times4=62.69$（kg）$=0.063$（t）。

清单工程量计算见表 2－16。

表 2－16　清单工程量计算表

项目编码	项目名称	项目特征描述	计量单位	工程量
010515001001	现浇构件钢筋	Φ8	t	0.192
010515001002	现浇构件钢筋	Φ6.5	t	0.063

（2）定额工程量

Φ8：0.192t，套用基础定额 5－295。

Φ6.5：0.063t，套用基础定额 5－294。

要点22：某现浇钢筋混凝土阳台板钢筋工程量计算

【例2-9】　某住宅阳台板的示意图如图2-18所示，阳台板与墙梁现浇在一起，将阳台板悬挑，采用金属栏杆。阳台板长度为4100mm，厚度为100mm，试计算该现浇钢筋混凝土阳台板的钢筋工程量。

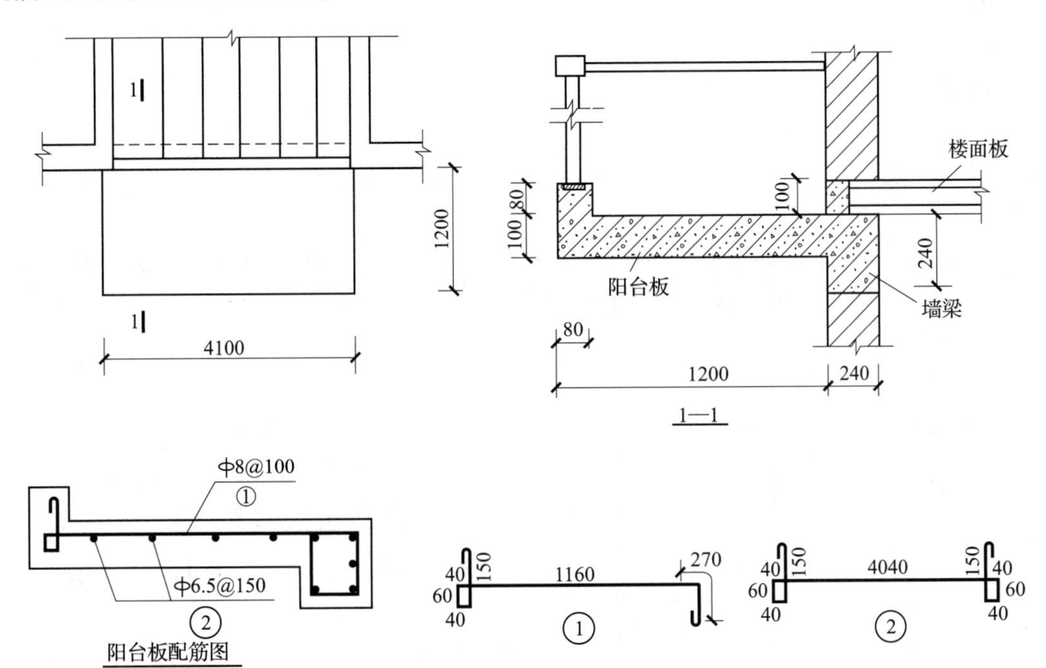

图2-18　现浇钢筋混凝土阳台板示意图

【解】

(1) 清单工程量

ф8：ρ=0.395kg/m。

ф6.5：ρ=0.261kg/m。

①号钢筋ф8：

长度：1160+270+40×2+60+150+6.25×8×2-30=1790（mm）。

根数：$\frac{4100-160}{100}-1=39$（根）。

钢筋用量=1.79×39×0.395=27.57（kg）=0.028（t）。

②号钢筋ф6.5：

长度：4040+（40×2+60+150）×2+6.25×6.5×2-30=4671（mm）。

根数：$\frac{1200-80}{150}-1=6$（根）。

钢筋用量=4.671×6×0.26=7.287（kg）=0.007（t）。

清单工程量计算见表2-17。

表 2－17 清单工程量计算表

项目编码	项目名称	项目特征描述	计量单位	工 程 量
010515001001	现浇构件钢筋	Φ8	t	0.028
010515001002	现浇构件钢筋	Φ6.5	t	0.007

（2）定额工程量

Φ8：0.028t，套用基础定额 5－295。

Φ6.5：0.007t，套用基础定额 5－294。

要点 23：某现浇钢筋混凝土平台板钢筋工程量

【例 2－10】 某建筑物板式楼梯的钢筋混凝土平台板示意图如图 2－19 所示，该平台板一端支撑在墙上，另一端支撑在平台梁上，板厚度为 80mm，试计算该现浇钢筋混凝土平台板的钢筋工程量。

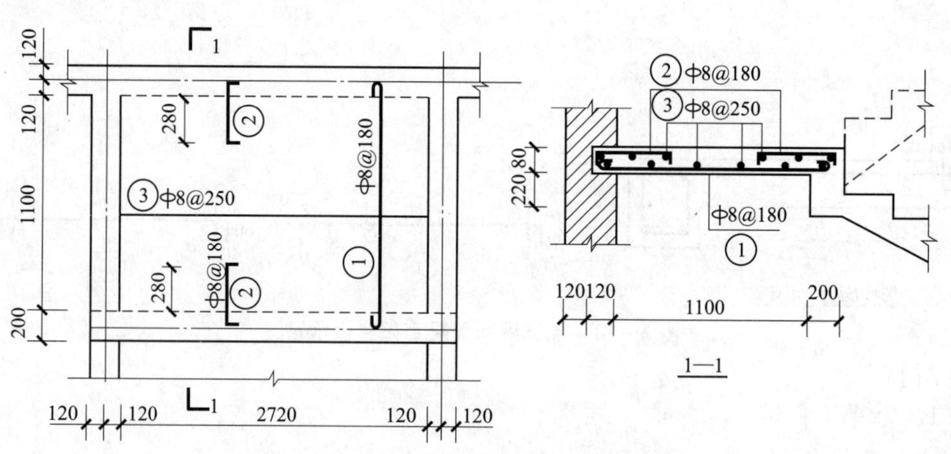

图 2－19 钢筋混凝土的楼梯平台板示意图

【解】

（1）清单工程量

Φ8：$\rho = 0.395\text{kg/m}$。

所用钢筋为现浇构件钢筋，对应项目编码为 010515001，其工程量计算如下：

①号钢筋：长度：$1100 + 120 + 100 + 6.25 \times 8 \times 2 = 1420$（mm）。

根数：$\dfrac{2720}{180} - 1 = 15$（根）。

②号钢筋：长度：$280 + 120 + (80 - 30) \times 2 = 500$（mm）。

根数：$\left(\dfrac{2720}{180} - 1\right) \times 2 = 29$（根）。

③号钢筋：长度：$2720 - 50 = 2670$（mm）。

根数：$\dfrac{1100}{250} - 1 = 4$（根）。

钢筋总工程量＝（1.42×15＋0.5×29＋2.67×4）×0.395＝18.4（kg）＝0.018（t）。
清单工程量计算见表2－18。

表2－18　清单工程量计算表

项目编码	项目名称	项目特征描述	计量单位	工程量
010515001001	现浇构件钢筋	ф8	t	0.018

（2）定额工程量
平台板的钢筋工程量同清单工程量，为0.018t。
套用基础定额5－295。

要点24：某现浇散水、坡道钢筋工程量计算

【例2－11】　已知现浇散水、坡道构件如图2－20所示，计算其钢筋工程量。

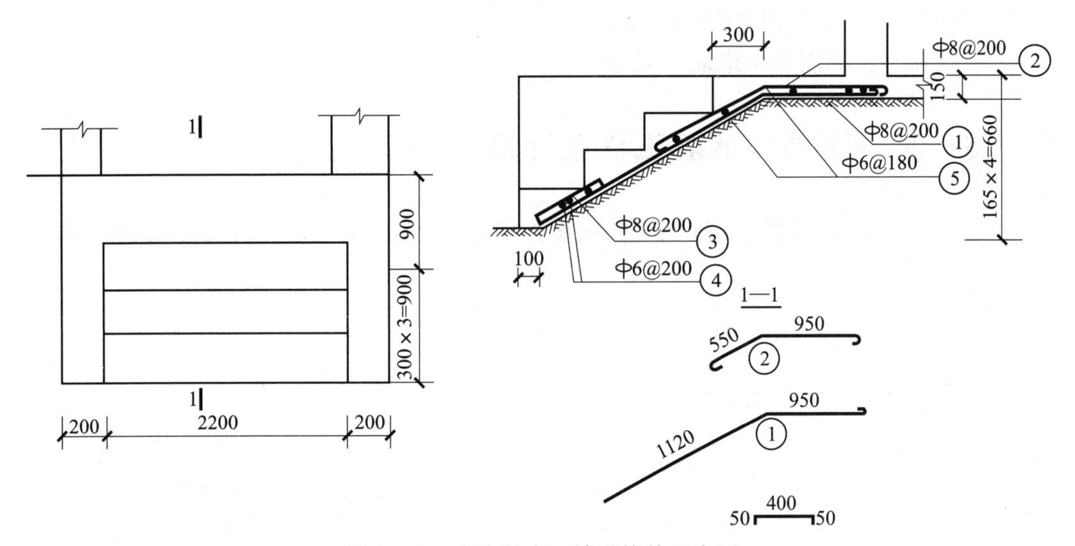

图2－20　现浇散水、坡道构件示意图

【解】
（1）清单工程量
钢筋用量计算如下：
ф6：ρ＝0.222kg/m。
ф8：ρ＝0.395kg/m。
①号钢筋ф8：
［（2.2＋0.4）÷0.2＋1］×0.395×（0.95＋1.12＋6.25×0.008）＝11.72（kg）。
②号钢筋ф8：
(0.95＋0.55＋6.25×0.008×2）×［（2.2＋0.4）÷0.2＋1］×0.395＝8.85（kg）。
③号钢筋ф8：
(0.95＋11.20＋6.25×0.008）×（2.6÷0.2＋1）×0.395＝67.47（kg）。

④号钢筋Φ6：

6×0.5×0.222=0.67（kg）。

⑤号钢筋Φ6：

［（0.95+0.55）÷0.18+1］×（2.6−0.05）×0.222=5.66（kg）。

Φ8 钢筋总工程量=11.72+8.85+67.47=88.04（kg）=0.088（t）。

Φ6 钢筋总工程量=0.67+5.66=6.33（kg）=0.006（t）。

清单工程量计算见表 2−19。

表 2−19　清单工程量计算表

项目编码	项目名称	项目特征描述	计量单位	工程量
010515001001	现浇构件钢筋	Φ6	t	0.006
010515001002	现浇构件钢筋	Φ8	t	0.088

（2）定额工程量

Φ6：0.006t，套用基础定额 5−294。

Φ8：0.088t，套用基础定额 5−295。

要点 25：某现浇地沟钢筋工程量计算

【例 2−12】　已知某现浇地沟及配筋示意图如图 2−21 所示，计算其钢筋工程量。

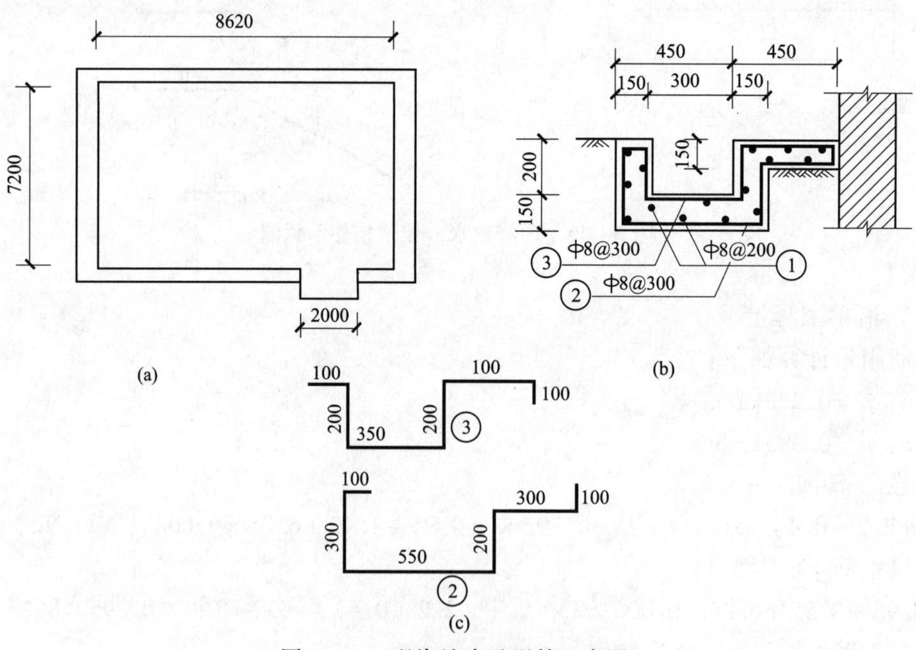

图 2−21　现浇地沟及配筋示意图

（a）平面图；（b）剖面图；（c）配筋图

【解】

（1）清单工程量

ф8：ρ =0.395kg/m。

钢筋用量计算如下：

①号钢筋ф8：

15×［（8.62+0.9）×2+（7.2+0.9）×2-2］×0.395=196.95（kg）。

②号钢筋ф8：

（33.2÷0.3+1）×1.55×0.395=68.57（kg）。

③号钢筋ф8：

（33.2÷0.3+1）×1.35×0.395=59.72（kg）。

清单工程量计算见表 2-20。

表 2-20　清单工程量计算表

项目编码	项目名称	项目特征描述	计量单位	工程量
010515001001	现浇构件钢筋	ф8	t	0.325

（2）定额工程量

ф8：0.325t，套用基础定额 5-295。

要点 26：某现浇钢筋混凝土梁钢筋工程量计算

【例 2-13】　某现浇钢筋混凝土梁①号钢筋采用后张法预应力钢筋，其配筋如图 2-22 所示，试计算其钢筋工程量。

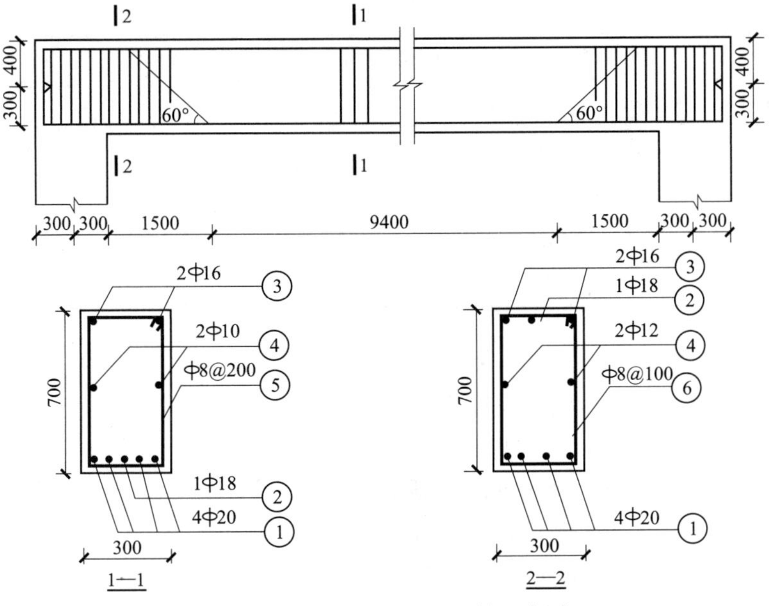

图 2-22　现浇混凝土梁配筋示意图

【解】

(1) 清单工程量

ф20：ρ=2.466kg/m。

ф18：ρ=1.598kg/m。

ф16：ρ=1.578kg/m。

ф12：ρ=0.617kg/m。

ф8：ρ=0.395kg/m。

①号钢筋ф20：

(13.6+0.35)×4×2.466=137.603（kg）=0.138（t）。

②号钢筋ф18：

(13.6-0.05+0.4×2+0.58×0.63×2)×2×1.598=48.198（kg）=0.048（t）。

③号钢筋ф16：

(13.6-0.05+0.4×2)×1.578×2=45.288（kg）=0.045（t）。

④号钢筋ф10：

(13.6-0.05)×2×0.617=16.721（kg）=0.017（t）。

⑤号钢筋ф8：

$\left(\frac{9400}{200}+1\right)\times(0.7+0.3)\times2\times0.395=37.92$（kg）。

⑥号钢筋ф8：

(1500+300+300)÷100×(0.7+0.3)×2×0.395×2=33.18（kg）。

⑤号钢筋+⑥号钢筋=37.92+33.18=71.1（kg）=0.071（t）。

清单工程量计算见表2-21。

表2-21 清单工程量计算表

项目编码	项目名称	项目特征描述	计量单位	工程量
010515006001	后张法预应力钢筋	ф20	t	0.138
010515001001	现浇构件钢筋	ф18	t	0.048
010515001002	现浇构件钢筋	ф16	t	0.045
010515001003	现浇构件钢筋	ф12	t	0.017
010515001004	现浇构件钢筋	ф8	t	0.071

(2) 定额工程量

①号钢筋ф20：0.138t，套用基础定额5-367。

②号钢筋ф18：0.048t，套用基础定额5-311。

③号钢筋ф16：0.045t，套用基础定额5-310。

④号钢筋ф10：0.017t，套用基础定额5-307。

⑤号钢筋+⑥号钢筋ф8：0.071t，套用基础定额5-356。

说明：定额中，预应力钢筋工程量计算规则与清单计价规则是完全一致的，定额中预应力钢筋按工艺和直径分类，清单计价中以项目编码和项目特征划分，即清单计价中的项目特征类似于定额中的钢筋直径（对于预应力筋）；非预应力筋按照直径不同分别套用不同定额编号，清单计价中如果综合单价相同或非常接近可列一个项目编码或项目特征。

要点27：某现浇钢筋混凝土雨篷及雨篷梁钢筋工程量计算

【例2－14】　某现浇钢筋混凝土雨篷及雨篷梁，雨篷平面图如图2－23所示，雨篷配筋图如图2－24所示，计算其钢筋工程量。

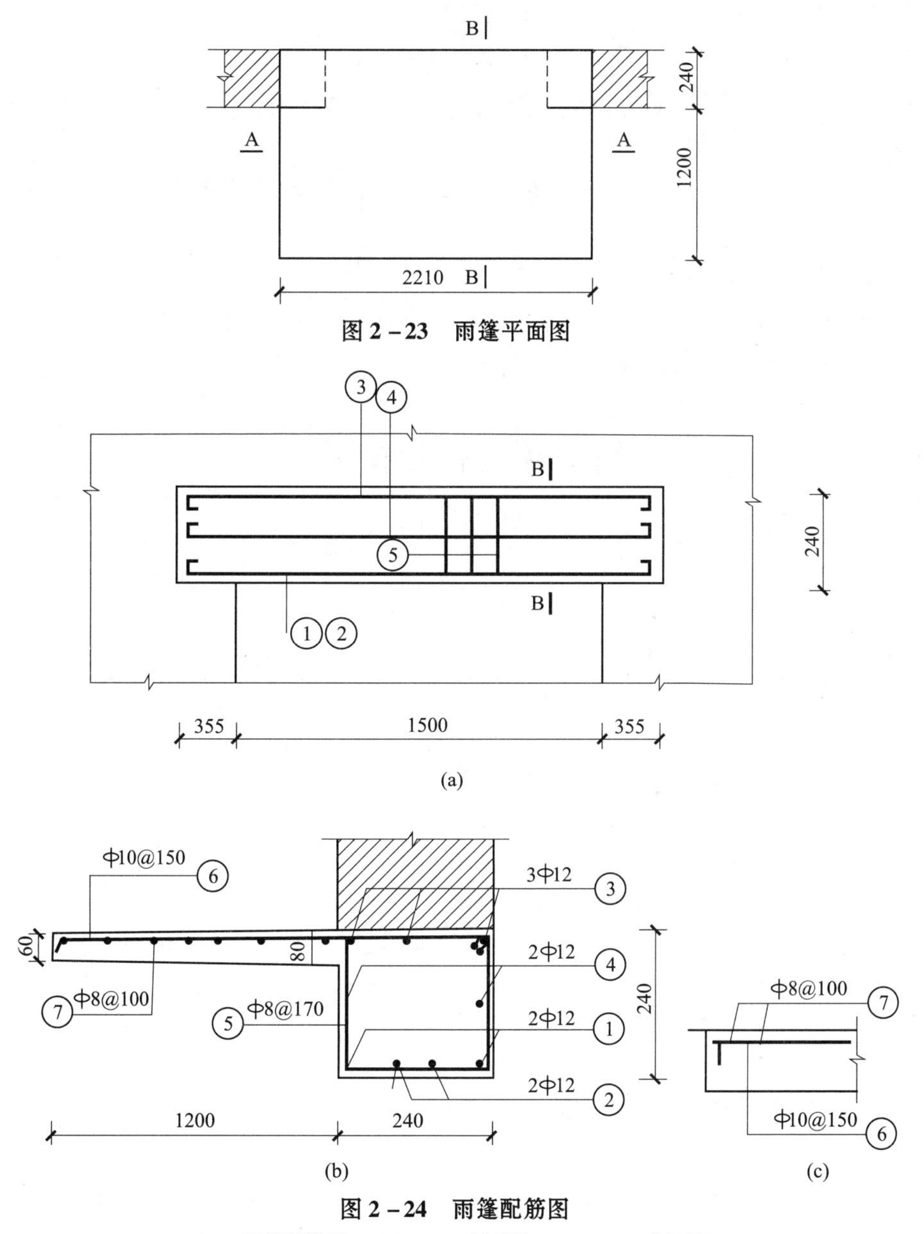

图2－23　雨篷平面图

图2－24　雨篷配筋图

（a）雨篷梁详图；（b）B—B剖面图；（c）A—A剖面图

【解】

（1）清单工程量

ϕ8：$\rho=0.395$kg/m。

ϕ10：$\rho=0.617$kg/m。

ϕ12：$\rho=0.888$kg/m。

①号钢筋ϕ12：$2\times2.21\times0.888=3.925$（kg）。

②号钢筋ϕ12：$2\times2.21\times0.888=3.925$（kg）。

③号钢筋ϕ12：$3\times2.21\times0.888=5.887$（kg）。

④号钢筋ϕ12：$2\times2.21\times0.888=3.925$（kg）。

⑤号钢筋ϕ8：$\left(\frac{2210}{170}+1\right)\times0.24\times4\times0.395=5.309$（kg）。

⑥号钢筋ϕ10：$\frac{2210}{150}\times(1.2+0.24+0.15)\times0.617=14.454$（kg）。

⑦号钢筋ϕ8：$\frac{1200}{100}\times2.22\times0.395=10.523$（kg）。

①+②+③+④：$3.925+3.925+5.887+3.925=17.662$（kg）。

⑤+⑦：$5.309+10.523=15.832$（kg）。

清单工程量计算见表2-22。

表2-22　清单工程量计算表

项目编码	项目名称	项目特征描述	计量单位	工程量
010515001001	现浇构件钢筋	ϕ8	t	0.016
010515001002	现浇构件钢筋	ϕ10	t	0.014
010515001003	现浇构件钢筋	ϕ12	t	0.018

（2）定额工程量

①+②+③+④：0.018t，套用基础定额5-308。

⑤号钢筋：0.005t，套用基础定额5-356。

⑥号钢筋：0.014t，套用基础定额5-296。

⑦号钢筋：0.011t，套用基础定额5-295。

说明：定额中⑤、⑦分别套用不同的定额编号，从而可能导致价格不同，但在清单中，如果项目编号一致，钢筋直径和等级一致，这类钢筋量可以相加，例如本题中的⑤、⑦在清单计价中工程量可以为两者之和。

要点28：某圆形柱钢筋工程量计算

【例2-15】　某圆形柱钢筋示意图如图2-25所示，采用木模板木支撑施工，箍筋采用螺旋箍筋，混凝土保护层厚度为30mm，试计算其钢筋工程量。

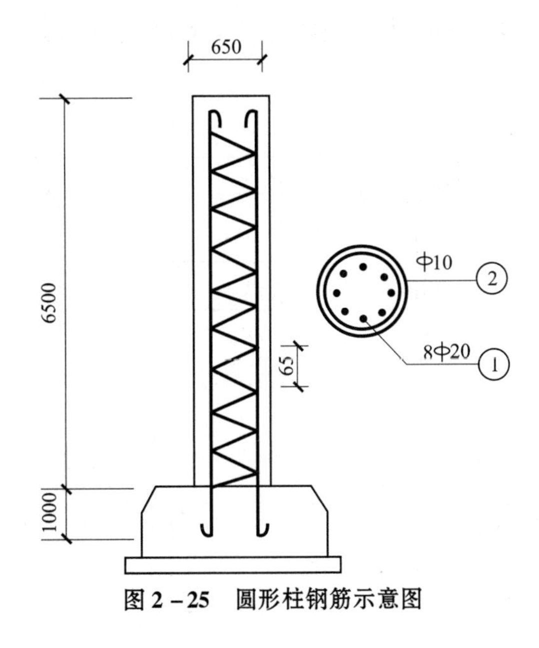

图 2－25　圆形柱钢筋示意图

【解】

（1）清单工程量

Φ20：ρ＝2.466kg/m。

①号钢筋Φ20：（6.5＋1.0＋2×6.25×0.02－0.03）×8×2.466＝152.30（kg）＝0.152（t）。

②号钢筋Φ10：

$$\frac{H}{h}\times\sqrt{h^2+(D-2b-d)^2\times\pi^2}=\frac{6.5-0.03}{0.065}\times\sqrt{0.065^2+(0.65-2\times0.03-0.01)^2\times3.1416^2}$$

$$=181.49\ (\text{kg})=0.181\ (\text{t})。$$

清单工程量计算见表 2－23。

表 2－23　清单工程量计算表

项目编码	项目名称	项目特征描述	计量单位	工程量
010515001001	现浇构件钢筋	Φ20	t	0.152
010515001002	现浇构件钢筋	Φ10	t	0.181

（2）定额工程量

①号钢筋Φ20：0.152t，套用基础定额 5－301。

②号钢筋Φ10：0.181t，套用基础定额 5－357。

要点 29：某筒形薄壳板钢筋工程量计算

【例 2－16】　某工作车间的顶板为一筒形薄壳板，如图 2－26 所示，板厚为 80mm，边梁断面尺寸为300mm×400mm，板的钢筋保护层厚度为15mm，试计算该筒形薄壳板的钢筋工程量。

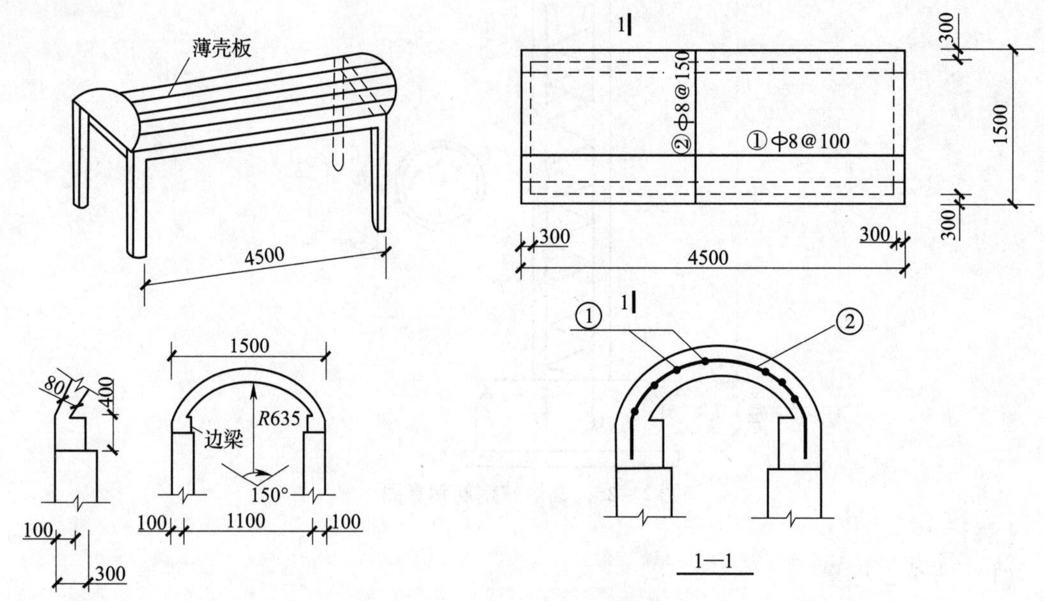

图2-26 筒形薄壳板示意图

【解】

(1) 清单工程量

Φ8：$\rho=0.395$kg/m。

所用钢筋为现浇构件钢筋，对应的项目编码为010515001，其钢筋用量计算如下：

①号钢筋长度：4500－15×2＝4470（mm）。

根数：$\frac{150°}{180°}\times\pi\times\frac{635}{100}-1=16$（根）。

②号钢筋长度：$\frac{150°}{180°}\times\pi\times635+400\times2-15\times2=2432$（mm）。

根数：$\frac{4500-300\times2}{150}-1=25$（根）。

钢筋总工程量＝（4.47×16＋2.432×25）×0.395＝50.5（kg）＝0.051（t）。

清单工程量计算见表2-24。

表2-24 清单工程量计算表

项目编码	项目名称	项目特征描述	计量单位	工程量
010515001001	现浇构件钢筋	Φ8	t	0.051

(2) 定额工程量

板的钢筋工程量与清单工程量相同，为0.051t，套用基础定额5-295。

要点 30：某住宅楼板钢筋工程量计算

【例 2－17】 某住宅楼现浇钢筋混凝土平板示意图如图 2－27 所示。钢筋根数为：①号钢筋 25 根，②号钢筋 21 根，③号钢筋 30 根，④号钢筋 40 根。试计算该楼板的钢筋工程量。

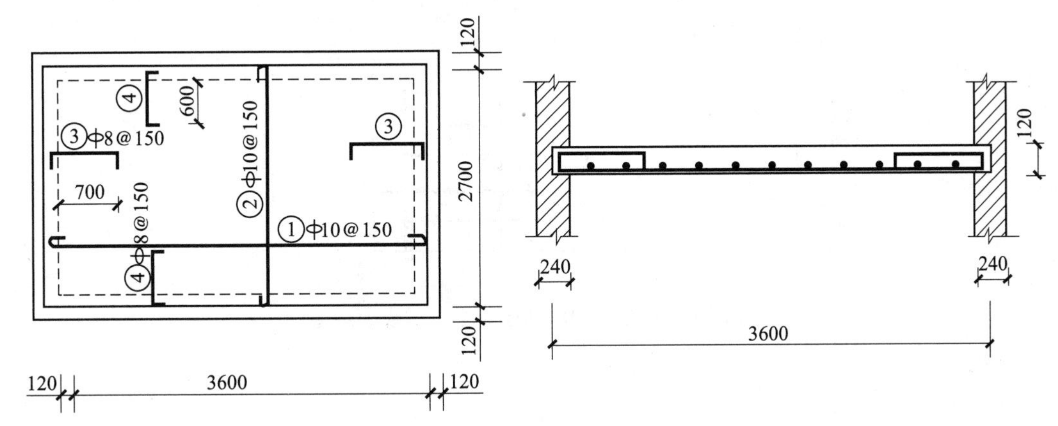

图 2－27　现浇钢筋混凝土平板示意图

【解】

(1) 清单工程量

ϕ8：$\rho=0.395$kg/m。

ϕ10：$\rho=0.617$kg/m。

所用钢筋均为现浇构件钢筋，对应项目编码为 010515001，其工程量计算如下：

①号钢筋长度计算：$3600-2\times15+2\times6.25\times10=3695$（mm）。

②号钢筋长度计算：$2700-2\times15+2\times6.25\times10=2795$（mm）。

ϕ10：$(3.695\times25+2.795\times21)\times0.617=93.21$（kg）$=0.093$（t）。

③号钢筋长度计算：$700+120-15+2\times(120-30)=985$（mm）。

④号钢筋长度计算：$600+120-15+2\times(120-30)=885$（mm）。

ϕ8：$(0.985\times30+0.885\times40)\times0.395=25.66$（kg）$=0.026$（t）。

清单工程量计算见表 2－25。

表 2－25　清单工程量计算表

项目编码	项目名称	项目特征描述	计量单位	工程量
010515001001	现浇构件钢筋	ϕ10	t	0.093
010515001002	现浇构件钢筋	ϕ8	t	0.026

(2) 定额工程量

ϕ10：0.093t，套用基础定额 5－296。

ϕ8：0.026t，套用基础定额 5－295。

要点31：某预制大型钢筋混凝土平面板钢筋工程量计算

【例2-18】 某预制大型钢筋混凝土平面板钢筋布置如图2-28所示，采用绑扎连接方式，试计算其钢筋工程量。

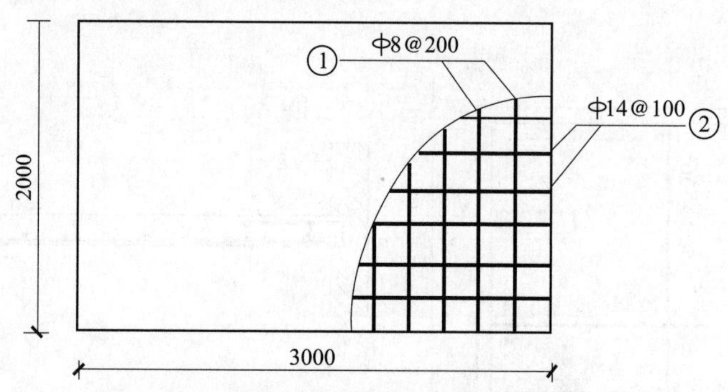

图2-28 预制大型钢筋混凝土平面板配筋图

【解】

（1）清单工程量

φ8：$\rho=0.395\text{kg/m}$。

φ14：$\rho=1.208\text{kg/m}$。

①号钢筋φ8：$\left(\dfrac{3000}{200}+1\right)\times2.0\times0.395=12.64$（kg）$=0.013$（t）。

②号钢筋φ14：$\left(\dfrac{2000}{100}+1\right)\times3.0\times1.208=76.1$（kg）$=0.076$（t）。

清单工程量计算见表2-26。

表2-26 清单工程量计算表

项目编码	项目名称	项目特征描述	计量单位	工程量
010515003001	钢筋网片	φ8	t	0.013
010515003002	钢筋网片	φ14	t	0.076

（2）定额工程量

①号钢筋φ8：0.013t，套用基础定额5-324。

②号钢筋φ14：0.076t，套用基础定额5-343。

说明：定额中预制构件圆钢筋直径大于φ16均为绑扎，预制构件螺纹钢筋只有直径大于φ10的，本题中虽然②号钢筋直径较大，仍属于钢筋网片项目编号010515003，而不能归为预制构件钢筋。

【例2-19】 某预制钢筋混凝土板的钢筋布置如图2-29所示，试计算其钢筋工程量。

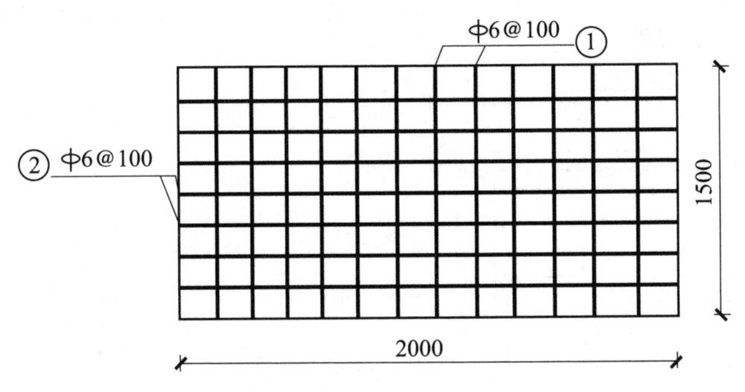

图2－29 预制钢筋混凝土板配筋示意图

【解】

(1) 清单工程量

ф6：$\rho = 0.222 kg/m$。

①号钢筋ф6：$\left(\frac{2000}{100}+1\right) \times 1.5 \times 0.222 = 6.993$ (kg)。

②号钢筋ф6：$\left(\frac{1500}{100}+1\right) \times 2 \times 0.222 = 7.104$ (kg)。

①+②：$6.993 + 7.104 = 14.097$ (kg) $= 0.014$ (t)。

清单工程量计算见表2－27。

表2－27 清单工程量计算表

项目编码	项目名称	项目特征描述	计量单位	工程量
010515003001	钢筋网片	ф6	t	0.014

(2) 定额工程量

定额工程量同清单工程量，为0.014t。

若钢筋网片采用绑扎连接，①、②套用基础定额5－322。

若钢筋网片采用电焊连接，①、②套用基础定额5－323。

说明：定额中，钢筋网片分为点焊和绑扎两种形式，分别有不同的定额编号；清单中，对于钢筋网片的划分以种类、规格为依据，不涉及绑扎连接方式，仅给予一个大的范围。

要点32：某预制过梁构件钢筋工程量计算

【例2－20】 某预制过梁及配筋示意图如图2－30所示，计算其钢筋工程量。

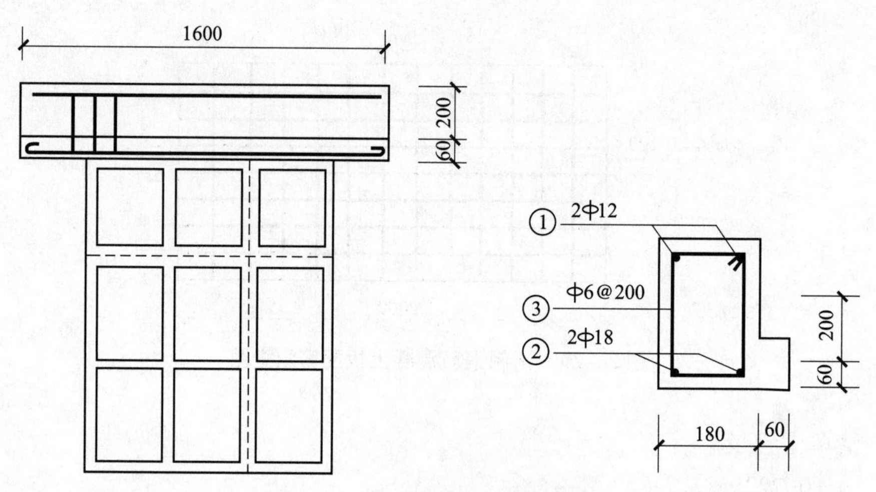

图 2-30 预制过梁及配筋示意图

【解】

(1) 清单工程量

Φ6：$\rho=0.222$kg/m。

Φ12：$\rho=0.888$kg/m。

Φ18：$\rho=1.998$kg/m。

①号钢筋Φ12：

$(1.6-0.05)\times2\times0.888=2.75$（kg）$=0.003$（t）。

②号钢筋Φ18：

$(1.6-0.05+6.25\times0.018\times2)\times2\times1.998=7.32$（kg）$=0.007$（t）。

③号钢筋Φ6：

$[(1.6-0.05)\div0.2+1]\times0.904\times0.222=1.76$（kg）$=0.002$（t）。

清单工程量计算见表 2-28。

表 2-28 清单工程量计算表

项目编码	项目名称	项目特征描述	计量单位	工程量
010515002001	预制构件钢筋	Φ6	t	0.002
010515002002	预制构件钢筋	Φ12	t	0.003
010515002003	预制构件钢筋	Φ18	t	0.007

(2) 定额工程量

①号钢筋Φ12：0.003t，套用基础定额 5-297。

②号钢筋Φ18：0.007t，套用基础定额 5-300。

③号钢筋Φ6：0.002t，套用基础定额 5-355。

要点 33：某 L 形预制梁钢筋工程量计算

【例 2-21】　某 L 形预制梁及配筋如图 2-31 所示，试计算其钢筋工程量。

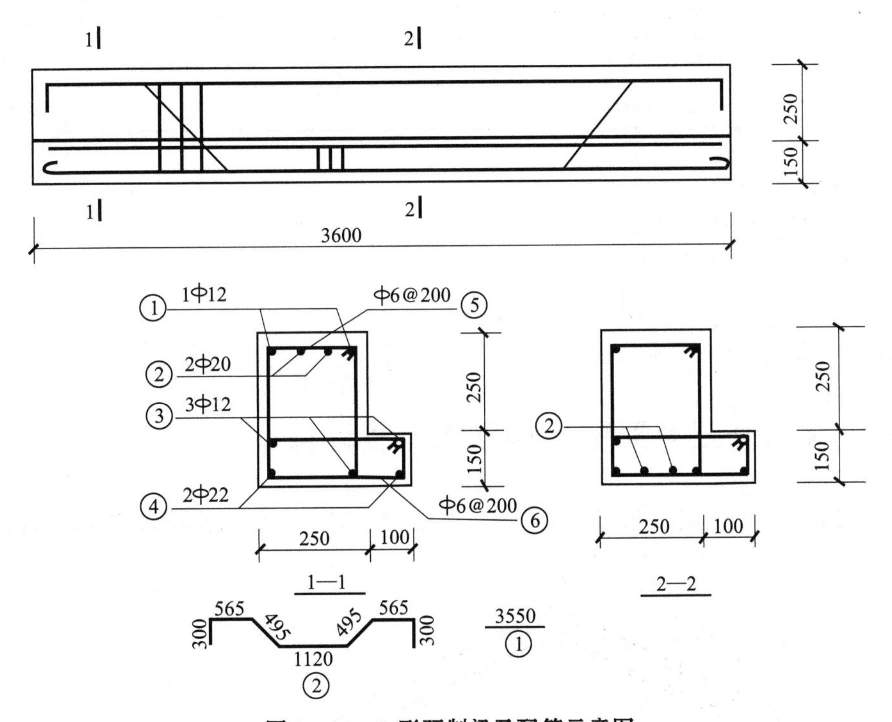

图 2-31　L 形预制梁及配筋示意图

【解】

(1) 清单工程量

Φ6：ρ = 0.222kg/m。

Φ12：ρ = 0.888kg/m。

Φ20：ρ = 2.466kg/m。

Φ22：ρ = 2.984kg/m。

钢筋用量计算如下：

①号钢筋Φ12：3.55 × 2 × 0.888 = 6.3（kg）。

②号钢筋Φ20：2.72 × 2 × 2.466 = 13.42（kg）= 0.013（t）。

③号钢筋Φ12：3.55 × 3 × 0.888 = 9.46（kg）。

④号钢筋Φ22：(3.55 + 6.25 × 0.022 × 2) × 2 × 2.984 = 22.83（kg）= 0.023（t）。

⑤号钢筋Φ6：(3.6 ÷ 0.2 + 1) × 1.304 × 0.222 = 5.5（kg）。

⑥号钢筋Φ6：(3.6 ÷ 0.2 + 1) × 1.004 × 0.222 = 4.23（kg）。

Φ6：5.5 + 4.23 = 9.73（kg）= 0.010（t）。

Φ12：6.3 + 9.46 = 15.76（kg）= 0.016（t）。

清单工程量计算见表 2-29。

表2-29 清单工程量计算表

项目编码	项目名称	项目特征描述	计量单位	工程量
010515002001	预制构件钢筋	ф6	t	0.010
010515002002	预制构件钢筋	ф12	t	0.016
010515002003	预制构件钢筋	ф20	t	0.013
010515002004	预制构件钢筋	ф22	t	0.023

（2）定额工程量

ф6：0.010t，套用基础定额5-355。

ф12：0.016t，套用基础定额5-297。

ф20：0.013t，套用基础定额5-301。

ф22：0.023t，套用基础定额5-302。

要点34：某预制三角形屋架钢筋工程量计算

【例2-22】 某预制三角形屋架及配筋如图2-32所示，试计算其钢筋工程量。

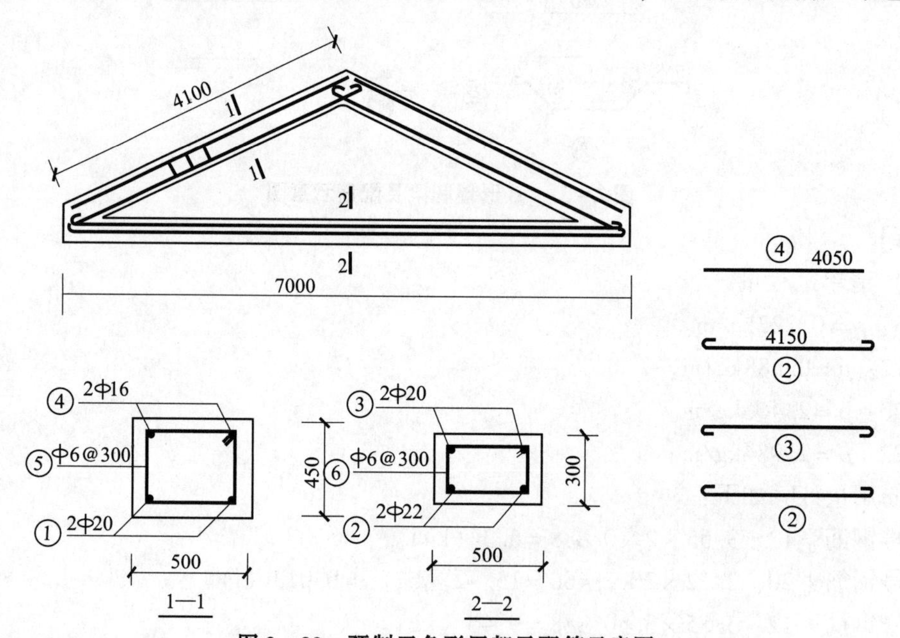

图2-32 预制三角形屋架及配筋示意图

【解】

（1）清单工程量

ф6：$\rho=0.222$kg/m。

ф16：$\rho=1.578$kg/m。

ф20：$\rho=2.466$kg/m。

ф22：ρ =2.984kg/m。

钢筋用量计算如下：

①号钢筋ф20：(4.05 +6.25 ×0.022 ×2) ×4 ×2.466 =42.66 (kg)。

②号钢筋ф22：(7 -0.05 +6.25 ×0.022 ×2) ×2 ×2.984 =43.12 (kg)。

③号钢筋ф20：(7 -0.05 +6.25 ×0.022 ×2) ×2 ×2.466 =35.51 (kg)。

④号钢筋ф16：4.05 ×4 ×1.578 =25.56 (kg)。

⑤号钢筋ф6：[(4.10 -0.05) ÷0.3 +1] ×2 ×1.904 ×0.222 =12.68 (kg)。

⑥号钢筋ф6：[(7 -0.05) ÷0.3 +1] ×1.604 ×0.222 =8.90 (kg)。

ф6：12.68 +8.90 =21.58 (kg) =0.022 (t)。

ф20：42.66 +35.51 =78.17 (kg) =0.078 (t)。

清单工程量计算见表2 -30。

表2 -30 清单工程量计算表

项目编码	项目名称	项目特征描述	计量单位	工程量
010515002001	预制构件钢筋	ф6	t	0.022
010515002002	预制构件钢筋	ф16	t	0.026
010515002003	预制构件钢筋	ф20	t	0.078
010515002004	预制构件钢筋	ф22	t	0.043

(2) 定额工程量

ф6：0.022t，套用基础定额5 -322。

ф16：0.026t，套用基础定额5 -332。

ф20：0.078t，套用基础定额5 -335。

ф22：0.043t，套用基础定额5 -336。

要点35：某预制拱形梁钢筋工程量计算

【例2 -23】 某预制拱形梁如图2 -33所示，试计算其钢筋工程量。

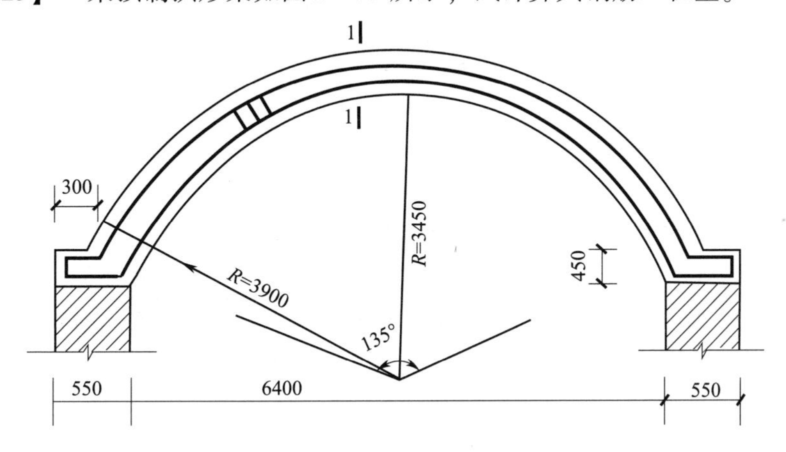

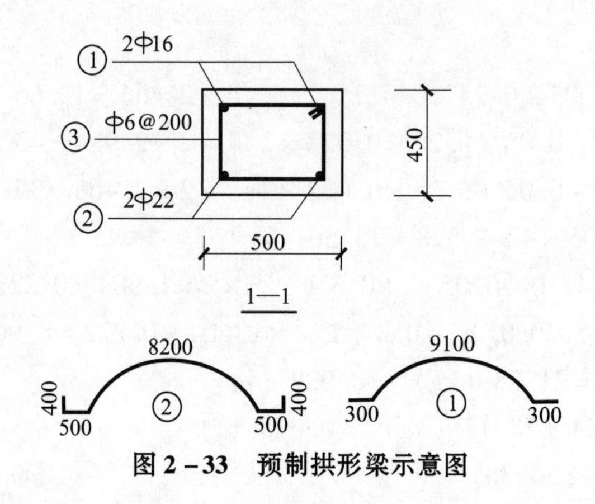

图 2-33　预制拱形梁示意图

【解】

(1) 清单工程量

Φ6：$\rho = 0.222$kg/m。

Φ16：$\rho = 1.578$kg/m。

Φ22：$\rho = 2.984$kg/m。

①号钢筋Φ16：$(0.3+0.3+9.1)\times2\times1.578=30.61$（kg）$=0.031$（t）。

②号钢筋Φ22：$[(0.4+0.5)\times2+8.2]\times2\times2.984=59.68$（kg）$=0.060$（t）。

③号钢筋Φ6：$\left(\dfrac{0.55\times2}{0.2}+2+8.2\div0.2\right)\times1.904\times0.222=20.71$（kg）$=0.021$（t）。

清单工程量计算见表 2-31。

表 2-31　清单工程量计算表

项目编码	项目名称	项目特征描述	计量单位	工程量
010515002001	预制构件钢筋	Φ6	t	0.021
010515002002	预制构件钢筋	Φ16	t	0.031
010515002003	预制构件钢筋	Φ22	t	0.060

(2) 定额工程量

Φ6：0.021t，套用基础定额 5-355。

Φ16：0.031t，套用基础定额 5-299。

Φ22：0.060t，套用基础定额 5-302。

要点 36：某预制薄腹屋架钢筋工程量计算

【例 2-24】　某预制薄腹屋架及配筋如图 2-34 所示，试计算其钢筋工程量。

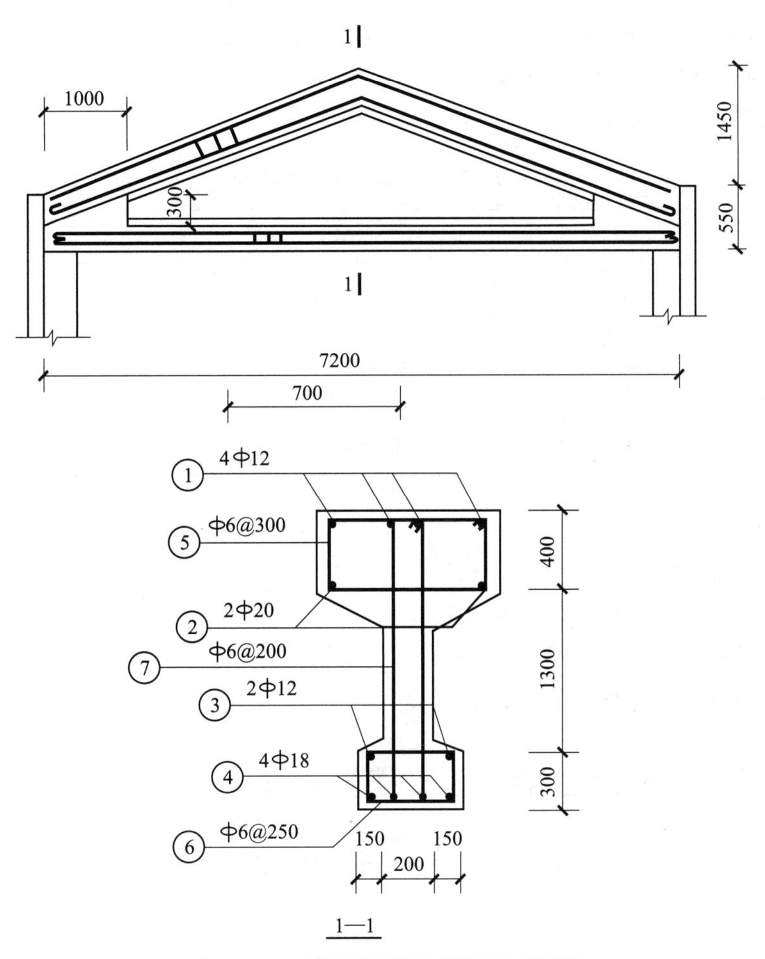

图2－34　预制薄腹屋架及配筋示意图

【解】

（1）清单工程量

ф6：$\rho=0.222$kg/m。

ф12：$\rho=0.888$kg/m。

ф18：$\rho=1.998$kg/m。

ф20：$\rho=2.466$kg/m。

①号钢筋ф12：$(7.75-0.05)\times4\times0.888=27.35$（kg）。

②号钢筋ф20：$(7.75-0.05+6.25\times0.02\times2)\times2\times2.466=39.21$（kg）$=0.039$（t）。

③号钢筋ф12：$(7.75-0.05+6.25\times0.012\times2)\times2\times0.888=13.94$（kg）。

④号钢筋ф18：$(7.75-0.05+6.25\times0.018\times2)\times2\times1.998=31.67$（kg）$=0.032$（t）。

⑤号钢筋ф6：$(7.75\div0.3+1)\times2\times2.204\times0.222=26.42$（kg）。

⑥号钢筋ф6：（7.2÷0.25+1）×1.604×0.222=10.61（kg）。

⑦号钢筋ф6：（7.2÷0.2+1）×2.954×0.222=24.26（kg）。

ф12：27.35+12.96=40.31（kg）=0.040（t）。

ф6：26.42+10.61+24.26=61.29（kg）=0.061（t）。

清单工程量计算见表2-32。

表2-32　清单工程量计算表

项目编码	项目名称	项目特征描述	计量单位	工程量
010515002001	预制构件钢筋	ф6	t	0.061
010515002002	预制构件钢筋	ф12	t	0.040
010515002003	预制构件钢筋	ф18	t	0.029
010515002004	预制构件钢筋	ф20	t	0.039

（2）定额工程量

ф6：0.061t，套用基础定额5-322。

ф12：0.040t，套用基础定额5-328。

ф18：0.029t，套用基础定额5-334。

ф20：0.039t，套用基础定额5-335。

要点37：某门式刚架屋架钢筋工程量计算

【例2-25】　已知门式刚架屋架及配筋示意图如图2-35所示，试计算其钢筋工程量。

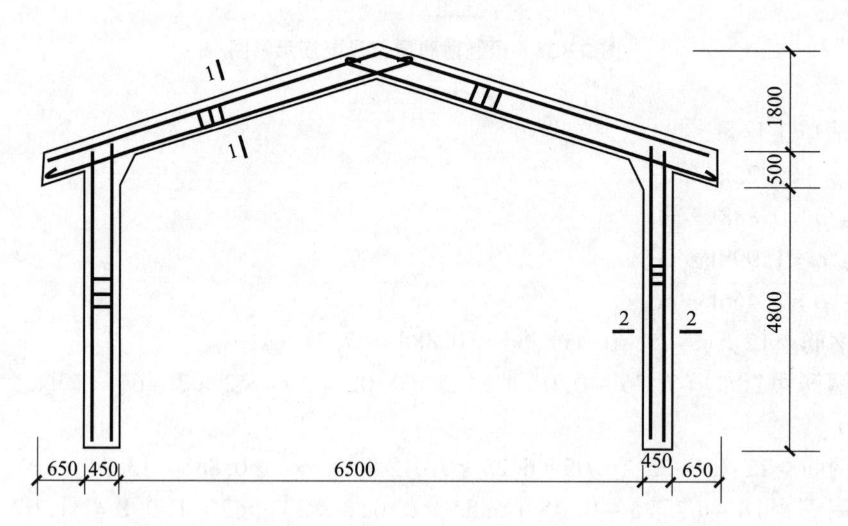

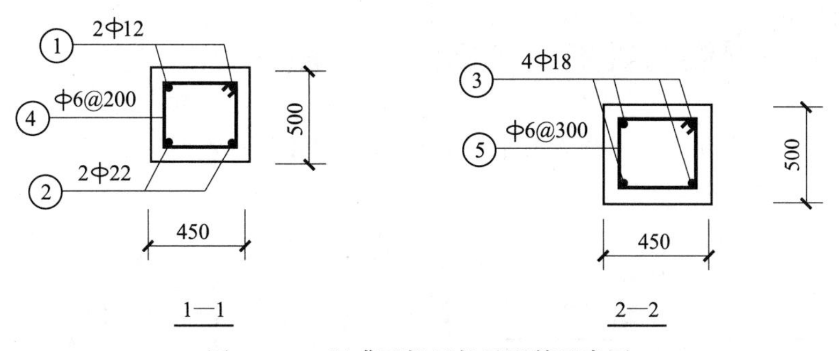

图2－35　门式刚架屋架及配筋示意图

【解】

（1）清单工程量

Φ6：$\rho=0.222$kg/m。

Φ12：$\rho=0.888$kg/m。

Φ18：$\rho=1.998$kg/m。

Φ22：$\rho=2.984$kg/m。

①号钢筋Φ12：$(9.84-0.05)\times4\times0.888=34.77$（kg）$=0.035$（t）。

②号钢筋Φ22：$(9.84-0.05+6.25\times0.022\times2)\times2\times2.984=60.068$（kg）$=0.060$（t）。

③号钢筋Φ18：$(4.8+0.5-0.05)\times4\times2\times1.998=83.92$（kg）$=0.084$（t）。

④号钢筋Φ6：$\left(\frac{9.84-0.05}{0.2}\div0.2+1\right)\times1.904\times0.222=21.11$（kg）。

⑤号钢筋Φ6：$[(4.8+0.5)\div0.3+1]\times2\times0.222\times1.904=15.22$（kg）。

Φ6：$21.11+15.22=36.3$（kg）$=0.036$（t）。

清单工程量计算见表2－33。

表2－33　清单工程量计算表

项目编码	项目名称	项目特征描述	计量单位	工程量
010515002001	预制构件钢筋	Φ6	t	0.036
010515002002	预制构件钢筋	Φ12	t	0.035
010515002003	预制构件钢筋	Φ18	t	0.084
010515002004	预制构件钢筋	Φ22	t	0.060

（2）定额工程量

Φ6：0.036t，套用基础定额5－355。

Φ12：0.035t，套用基础定额5－328。

Φ18：0.084t，套用基础定额5－334。

Φ22：0.060t，套用基础定额5－336。

要点38：某预制倒圆锥形水塔钢筋工程量计算

【例2-26】 已知预制倒圆锥形水塔及配筋如图2-36所示，计算其钢筋工程量。

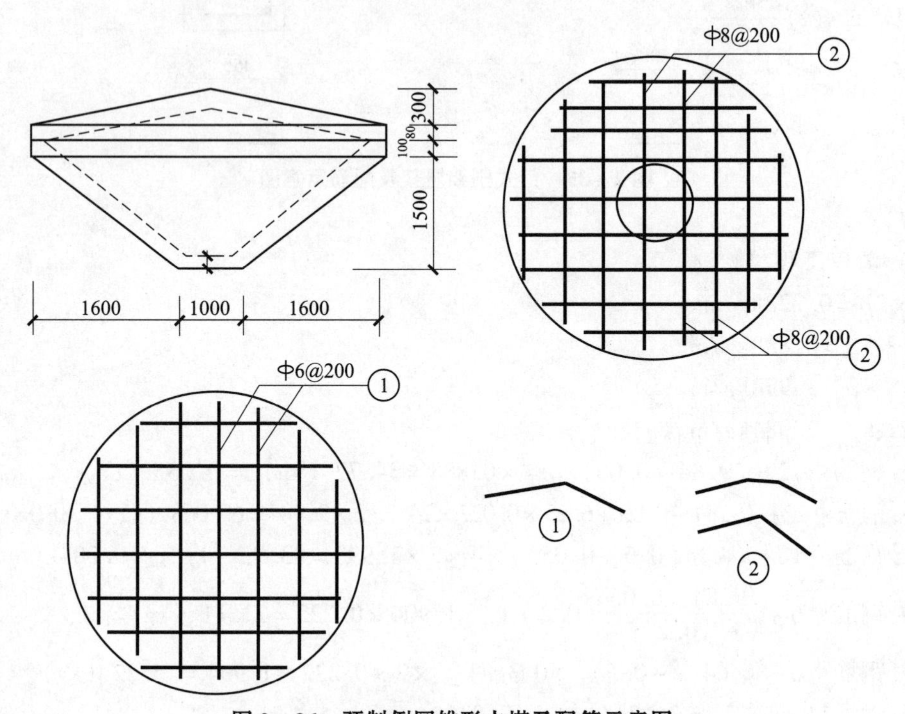

图2-36 预制倒圆锥形水塔及配筋示意图

【解】

(1) 清单工程量

ф6：$\rho=0.222$kg/m。

ф8：$\rho=0.395$kg/m。

钢筋用量计算如下：

①号钢筋ф6：140×0.222=31.08（kg）=0.031（t）。

②号钢筋ф8：210.2×0.395=83.03（kg）=0.083（t）。

清单工程量计算见表2-34。

表2-34 清单工程量计算表

项目编码	项目名称	项目特征描述	计量单位	工程量
010515002001	预制构件钢筋	ф6	t	0.031
010515002002	预制构件钢筋	ф8	t	0.083

(2) 定额工程量

ф6：0.031t，套用基础定额5-322。

ф8：0.083t，套用基础定额5-324。

要点39：某实心预制平板钢筋工程量计算

【例2-27】　某钢筋混凝土平板及配筋示意图如图2-37所示，单一材料实心预制平板，试计算该实心平板的钢筋工程量。

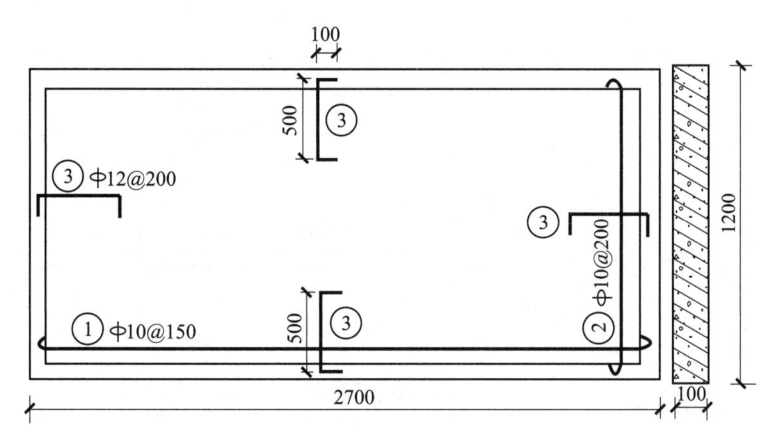

图2-37　钢筋混凝土平板及配筋示意图

【解】

（1）清单工程量

ф10：$\rho=0.617$kg/m。

ф12：$\rho=0.888$kg/m。

钢筋工程量计算如下：

①号钢筋ф10：

$(2.7-0.015\times2+2\times6.25\times0.01)\times[(1.2-0.015\times2)\div0.15+1]\times0.617=15.52$（kg）。

②号钢筋ф10：

$(1.2-0.015\times2+2\times6.25\times0.01)\times[(2.7-0.015\times2)\div0.2+1]\times0.617=11.99$（kg）。

ф10：$15.52+11.99=27.51$（kg）$=0.028$（t）。

③号钢筋ф12：

$(0.5+0.1\times2)\times[(2.7-0.015\times2+1.2-0.015\times2)\times2\div0.2+4]\times0.888=26.36$（kg）$=0.026$（t）。

清单工程量计算见表2-35。

表2-35　清单工程量计算表

项目编码	项目名称	项目特征描述	计量单位	工程量
010515002001	预制构件钢筋	ф10	t	0.028
010515002002	预制构件钢筋	ф12	t	0.026

（2）定额工程量

ф10：0.027t，套用基础定额5－326。

ф12：0.026t，套用基础定额5－328。

要点40：某W形折线板钢筋工程量计算

【例2－28】 已知某W形折线板及配筋如图2－38所示，试计算其钢筋工程量。

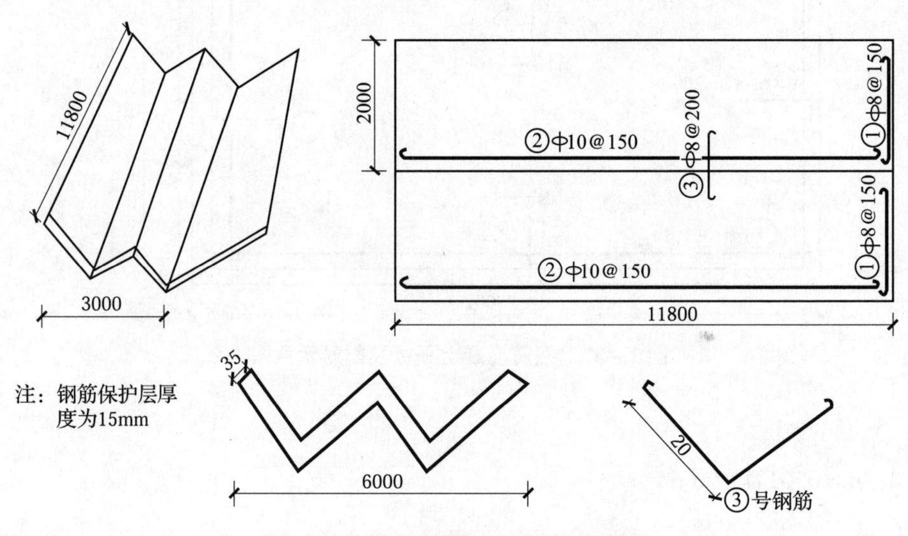

图2－38 W形折线板及配筋示意图

【解】

（1）清单工程量

ф8：$\rho=0.395$kg/m。

ф10：$\rho=0.617$kg/m。

钢筋工程量计算如下：

①号钢筋ф8：

$(2-0.015\times2+6.25\times0.008\times2)\times[(11.8-0.015\times2)\div0.15+1]\times4\times0.395=261.65$（kg）。

②号钢筋ф10：

$(11.8-0.015\times2+6.25\times0.01\times2)\times[(2-0.015\times2)\div0.15+1]\times4\times0.617=440.35$（kg）$=0.440$（t）。

③号钢筋ф8：

$(0.02\times2+6.25\times0.008\times2)\times[(11.8-0.015\times2)\div0.2+1]\times4\times0.395=13.27$（kg）。

ф8：$261.65+13.27=274.92$（kg）$=0.275$（t）。

清单工程量计算见表2－36。

表 2－36　清单工程量计算表

项目编码	项目名称	项目特征描述	计量单位	工程量
010515002001	预制构件钢筋	ф8	t	0.275
010515002002	预制构件钢筋	ф10	t	0.440

（2）定额工程量

ф8：0.273t，套用基础定额 5－324。

ф10：0.415t，套用基础定额 5－326。

要点 41：某大型屋面板钢筋工程量计算

【例 2－29】　如图 2－39 所示的大型屋面板共有 302 块，假设钢筋保护层厚度以 15mm 计算，试计算其钢筋工程量。

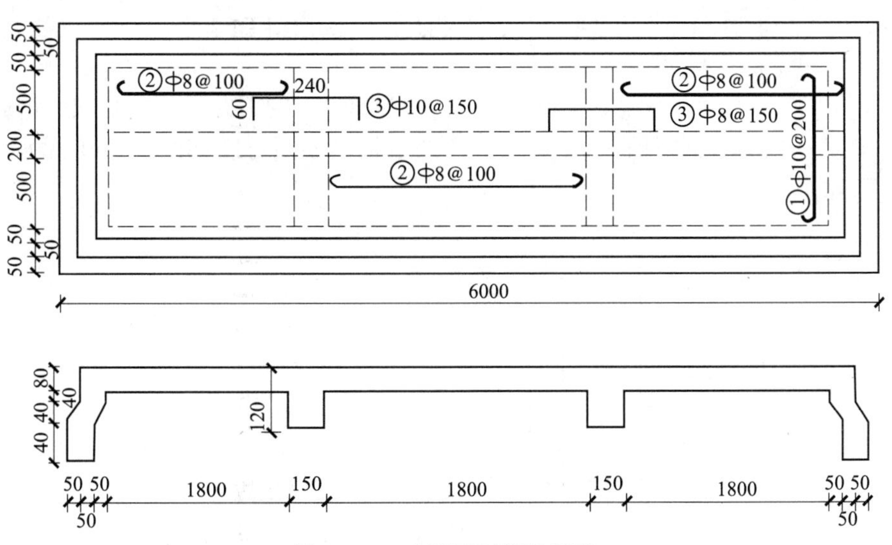

图 2－39　大型屋面板配筋图

【解】

（1）清单工程量

ф8：$\rho=0.395$kg/m。

ф10：$\rho=0.617$kg/m。

钢筋工程量的计算如下：

①号钢筋ф10：

302 × [（1.5－0.015×2）＋6.25×0.01×2] × [（6－0.015×2）÷0.2＋1] × 0.617＝9168.7（kg）。

②号钢筋ф8：

302 × [(1.8－0.015×2)＋(6.25×0.008×2)] × [(1.5－0.015×2)÷0.1＋1] × 3×0.395＝10506.7（kg）＝10.51（t）。

③号钢筋ф10：

302×（0.24+0.06×2）×［(1.5−0.015×2）÷0.15+1］×2×0.617=1448.9（kg）。

ф10：9168.7+1448.9=10617.6（kg）=10.62（t）。

清单工程量计算见表2−37。

表2−37　清单工程量计算表

项目编码	项目名称	项目特征描述	计量单位	工程量
010515002001	预制构件钢筋	ф8	t	10.51
010515002002	预制构件钢筋	ф10	t	10.62

（2）定额工程量

ф8：10.51t，套用基础定额5−324。

ф10：10.62t，套用基础定额5−326。

要点42：某钢筋混凝土圆井盖板钢筋工程量计算

【例2−30】　已知有直径为1000mm、厚度为50mm的圆井盖板100块，钢筋保护层厚度为15mm，井盖板为钢筋混凝土结构，圆井盖板钢筋布置图如图2−40所示，试计算其钢筋工程量。

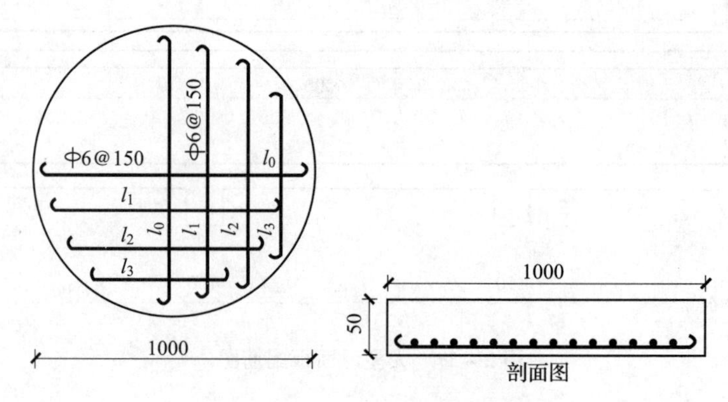

图2−40　圆井盖板钢筋布置图

【解】

（1）清单工程量

ф6：ρ=0.222kg/m。

钢筋工程量计算如下：

横向钢筋根数=纵向钢筋根数

（1.0−0.015×2）÷0.15+1=7.46，取7根，

7根为奇数则必有1根穿过圆心。

穿过圆心钢筋工程量：

l_0：［（1.0−0.015×2）+6.25×0.006×2］×2×0.222×100=46.4（kg）。

未穿过圆心钢筋工程量：

l_1：[（$\sqrt{0.5^2-0.15^2}-0.015$）×2 + 6.25 × 0.006 × 2] × 4 × 0.222 × 100 = 88.8（kg）。

l_2：[（$\sqrt{0.5^2-0.3^2}-0.015$）×2 + 6.25 × 0.006 × 2] × 4 × 0.222 × 100 = 77.7（kg）。

l_3：[（$\sqrt{0.5^2-0.45^2}-0.015$）×2 + 6.25 × 0.006 × 2] × 4 × 0.222 × 100 = 77.7（kg）。

钢筋工程量合计：46.4 + 88.8 + 77.7 + 42.6 = 255.5（kg）= 0.256（t）。

清单工程量计算见表 2 - 38。

表 2 - 38　清单工程量计算表

项目编码	项目名称	项目特征描述	计量单位	工程量
010515002001	预制构件钢筋	ф6	t	0.256

（2）定额工程量

ф6：0.256t，套用基础定额 5 - 322。

要点 43：某宿舍楼晾衣设备钢筋工程量计算

【例 2 - 31】　某宿舍楼晾衣设备计 505 件，其钢筋尺寸如图 2 - 41 所示，试计算其钢筋工程量。

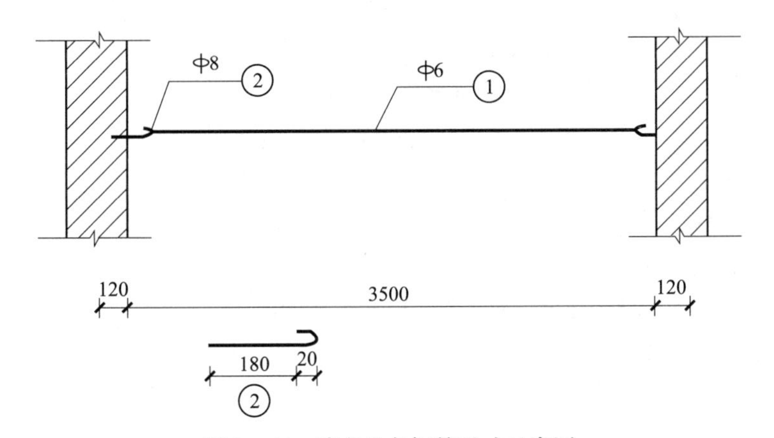

图 2 - 41　晾衣设备钢筋尺寸示意图

【解】

（1）清单工程量

ф6：ρ = 0.222kg/m。

ф8：ρ = 0.395kg/m。

①号钢筋 ф6：3.5 × 0.222 × 505 = 392.4（kg）= 0.392（t）。

②号钢筋 ф8：（0.2 + 6.25 × 0.008）× 2 × 0.395 × 505 = 99.7（kg）= 0.100（t）。

清单工程量计算见表 2 - 39。

表 2－39 清单工程量计算表

项目编码	项目名称	项目特征描述	计量单位	工程量
010516002001	预埋铁件	ф6	t	0.392
010516002002	预埋铁件	ф8	t	0.100

（2）定额工程量

①号钢筋：0.392t。

②号钢筋：0.100t。

①号钢筋＋②号钢筋：0.392＋0.100＝0.492（t）。

套用基础定额 5－382。

【例 2－32】 某宿舍楼晾衣设备计 605 件，其钢筋尺寸如图 2－42 所示，计算其钢筋工程量。

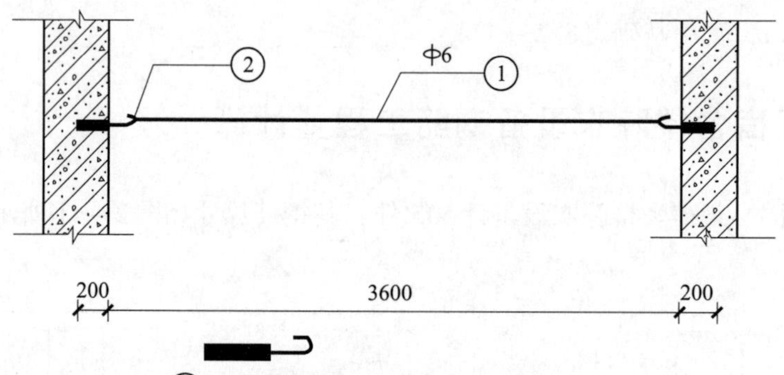

图 2－42 晾衣设备钢筋尺寸示意图

【解】

（1）清单工程量

ф6：$\rho=0.222$kg/m。

①号钢筋：3.6×0.222×605＝483.5（kg）＝0.484（t）。

②号钢筋：0.15×2×605＝181.5（kg）＝0.182（t）。

清单工程量计算见表 2－40。

表 2－40 清单工程量计算表

项目编码	项目名称	项目特征描述	计量单位	工程量
010516001001	螺栓	M8 钢制膨胀螺栓	t	0.182
010516002001	预埋铁件	ф6	t	0.484

（2）定额工程量

①号钢筋：0.484t。

②号钢筋：0.182t。

①号钢筋＋②号钢筋＝0.484＋0.182＝0.666（t）。

套用基础定额5－382。

说明：定额中设有螺栓这一项，①、②均应归入铁件；清单计价中有螺栓（项目编码为010516001）和预埋铁件（项目编码为010516002），虽然①不是预埋钢件，但应归入预埋铁件，这一例题突出体现了清单和定额的差异。

要点44：某钢筋混凝土预应力空心板钢筋工程量计算

【例2－33】　某建筑工程施工现场需用钢筋混凝土预应力空心板，如图2－43所示，共计300块，试计算其钢筋工程量。

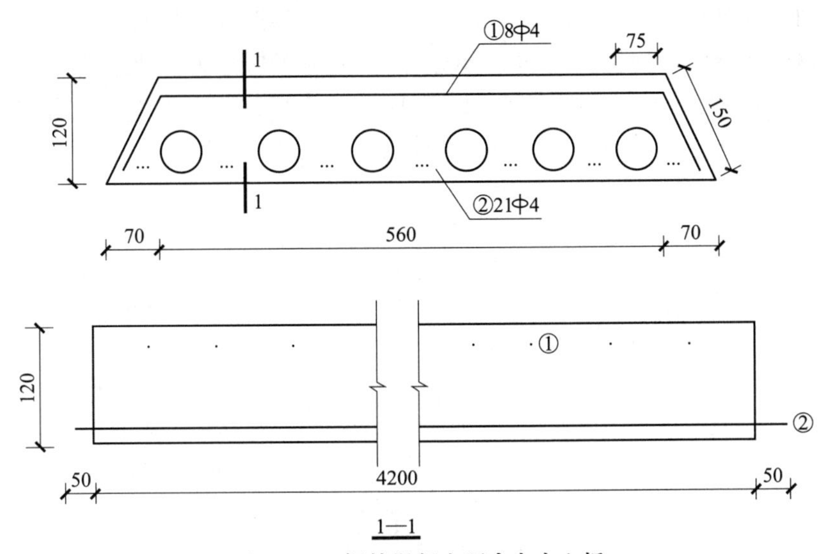

图2－43　钢筋混凝土预应力空心板

【解】

（1）清单工程量（损耗率为1.2%）

ф4：ρ＝0.099kg/m。

钢筋工程量计算如下：

①号钢筋ф4：（0.56＋2×0.15）×8×0.099×300×1.012＝206.79（kg）。

②号钢筋ф4：21×（4.2＋2×0.05）×0.099×300×1.012＝2714.1（kg）。

206.79＋2714.1＝2920.89（kg）＝2.921（t）。

清单工程量计算见表2－41。

表2－41　清单工程量计算表

项目编码	项目名称	项目特征描述	计量单位	工程量
010515007001	预应力钢丝	ф4	t	2.921

（2）定额工程量

ф4：2.921t，套用基础定额5－320。

第3章 柱的平法计价

要点1：柱平法施工图表示方法

柱的平法施工图可以采用列表注写或截面注写两种方式表达。

造价工程师在计算混凝土柱的工程量的第一步，就是阅读柱平面布置图。柱平面布置图的主要功能是表达竖向构件（柱或剪力墙），可采用适当比例单独绘制，当主体结构为框架－剪力墙结构时，通常与剪力墙平面布置图合并绘制。所谓“适当比例”是指一种或两种比例。两种比例是指柱轴网布置采用一种比例，柱截面轮廓在原位采用另一种比例适当放大绘制的方法，如图3－1所示。

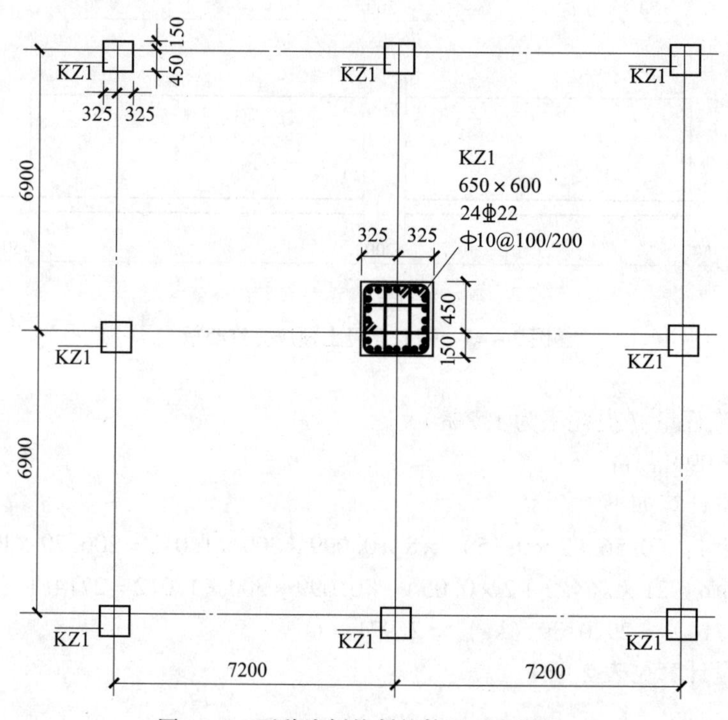

图3－1 两种比例绘制的柱平面布置图

在柱平法施工图中，应当注明各结构层的楼面标高、结构层高及相应的结构层号表，便于将注写的柱段高度与该表对照，明确各柱在整个结构中的竖向定位，除此之外，尚应当注明上部结构嵌固部位位置。一般情况下，柱平法施工图中标注的尺寸以毫米（mm）为单位，标高以米（m）为单位。

结构层楼面标高和结构层高表如图3－2所示。

层面2	65.670	
塔层2	62.370	3.30
塔层1（塔层1）	59.070	3.30
16	55.470	3.60
15	51.870	3.60
14	48.270	3.60
13	44.670	3.60
12	41.070	3.60
11	37.470	3.60
10	33.870	3.60
9	30.270	3.60
8	26.670	3.60
7	23.070	3.60
6	19.470	3.60
5	15.870	3.60
4	12.270	3.60
3	8.670	3.60
2	4.470	4.20
1	–0.030	4.50
–1	–4.530	4.50
–2	–9.030	4.50
层号	标高（m）	层高（m）

结构层楼面标高
结　构　层　高

上部结构嵌固部位：
–0.030

图3－2　结构层楼面标高和结构层高

要点2：柱列表注写方式

柱列表注写方式，是指在柱平面布置图上（一般只需采用适当比例绘制一张柱平面布置图，包括框架柱、框支柱、梁上柱和剪力墙上柱），分别在同一编号的柱中选择一个（有时需要选择几个）截面标注几何参数代号；在柱表中注写柱编号、柱段起止标高、几何尺寸（含柱截面对轴线的偏心情况）与配筋的具体数值，并配以各种柱截面形状及其箍筋类型图的方式，来表达柱平法施工图。

1．柱编号

造价人员在阅读柱的平面布置图前，首先要掌握柱平法施工图制图规则中关于柱的编号的问题。柱编号主要由类型代号和序号组成，并应符合表3－1的规定。

表3－1　柱编号

柱类型	代号	序号
框架柱	KZ	××
框支柱	KZZ	××
芯柱	XZ	××
梁上柱	LZ	××
剪力墙上柱	QZ	××

2．柱段起止标高

自柱根部往上以变截面位置或截面未变但配筋改变处为界分段注写。

框架柱和框支柱的根部标高系指基础顶面标高；芯柱的根部标高系指根据结构实际需要而定的起始位置标高；梁上柱的根部标高系指梁顶面标高；剪力墙上柱的根部标高为墙顶面标高。

3．几何尺寸

（1）矩形柱

对于矩形柱，注写柱截面尺寸 $b \times h$ 及与轴线关系的几何参数代号 b_1、b_2 和 h_1、h_2 的具体数值，需对应于各段柱分别注写。其中 $b = b_1 + b_2$，$h = h_1 + h_2$。当截面的某一边收缩变化至与轴线重合或偏到轴线的另一侧时，b_1、b_2、h_1、h_2 中的某项为零或为负值。

（2）圆柱

对于圆柱，表中 $b \times h$ 一栏改用在圆柱直径数字前加 d 表示。为表达简单，圆柱截面与轴线的关系也用 b_1、b_2 和 h_1、h_2 表示，并使 $d = b_1 + b_2 = h_1 + h_2$。

（3）芯柱

对于芯柱，根据结构需要，可以在某些框架柱的一定高度范围内，在其内部的中心位置设置（分别引注其柱编号）。芯柱截面尺寸按构造确定，并按图集11G101—1标准构造详图施工，设计不需注写；当设计者采用与构造详图（图3－3）不同的做法时，应另行注明。芯拄定位随框架柱，不需要注写其与轴线的几何关系。

4．柱纵筋

当柱纵筋直径相同，各边根数也相同时（包括矩形柱、圆柱和芯柱），将纵筋注写在“全部纵筋”一栏中；除此之外，柱纵筋分角筋、截面 b 边中部筋和 h 边中部筋三项分别注写（对于采用对称配筋的矩形截面柱，可仅注写一侧中部筋，对称边省略不注）。

5．箍筋

在箍筋类型栏内注写箍筋的类型号与肢数。

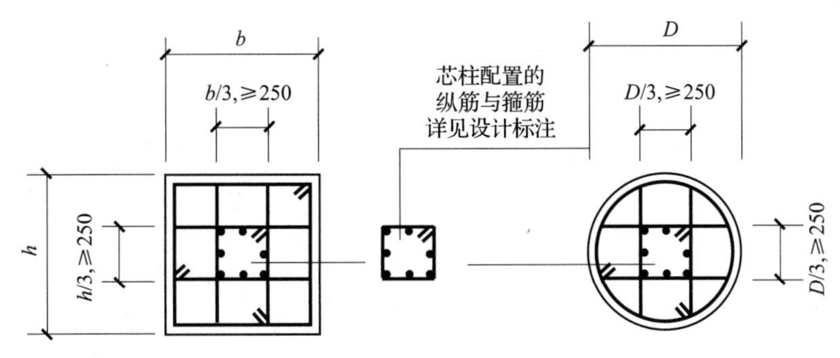

图3－3　芯柱设计构造要求

具体工程所设计的各种箍筋类型图以及箍筋复合的具体方式，需画在表的上部或图中的适当位置，并在其上标注与表中相对应的 b、h 和类型号。

注：当为抗震设计时，确定箍筋肢数时要满足对柱纵筋“隔一拉一”以及箍筋肢距的要求。

6. 柱箍筋

注写柱箍筋，包括箍筋级别、直径与间距。

1）当为抗震设计时，用斜线“/”区分柱端箍筋加密区与柱身非加密区长度范围内箍筋的不同间距。施工人员需根据标准构造详图的规定，在规定的几种长度值中取其最大者作为加密区长度。当框架节点核芯区内箍筋与柱端箍筋设置不同时，应在括号中注明核芯区箍筋直径及间距。

【例3－1】　Φ10@100/250，表示箍筋为HPB300级钢筋，直径Φ10，加密区间距为100mm，非加密区间距为250mm。

2）当箍筋沿柱全高为一种间距时，则不使用“/”线。

【例3－2】　Φ10@100，表示沿柱全高范围内箍筋均为HPB300级钢筋，直径Φ10，间距为100mm。

3）当圆柱采用螺旋箍筋时，需在箍筋前加“L”。

【例3－3】　LΦ10@100/200，表示采用螺旋箍筋，HPB300级钢筋，直径Φ10，加密区间距为100mm，非加密区间距为200mm。

7. 列表注写方式表达的柱平法施工图示例

采用列表注写方式表达的柱平法施工图示例，如图3－4所示。

要点3：柱截面注写方式

截面注写方式系在柱平面布置图的柱截面上，分别在同一编号的柱中选择一个截面，以直接注写截面尺寸和配筋具体数值的方式来表达柱平法施工图。

1. 配筋信息

1）如果纵筋直径相同，可以注写纵筋总数，如图3－5所示。

2）如果纵筋直径不同，先引出注写角筋，然后各边再注写其纵筋，如果是对称配筋，则在对称的两边中，只注写其中一边即可，如图3－6所示。

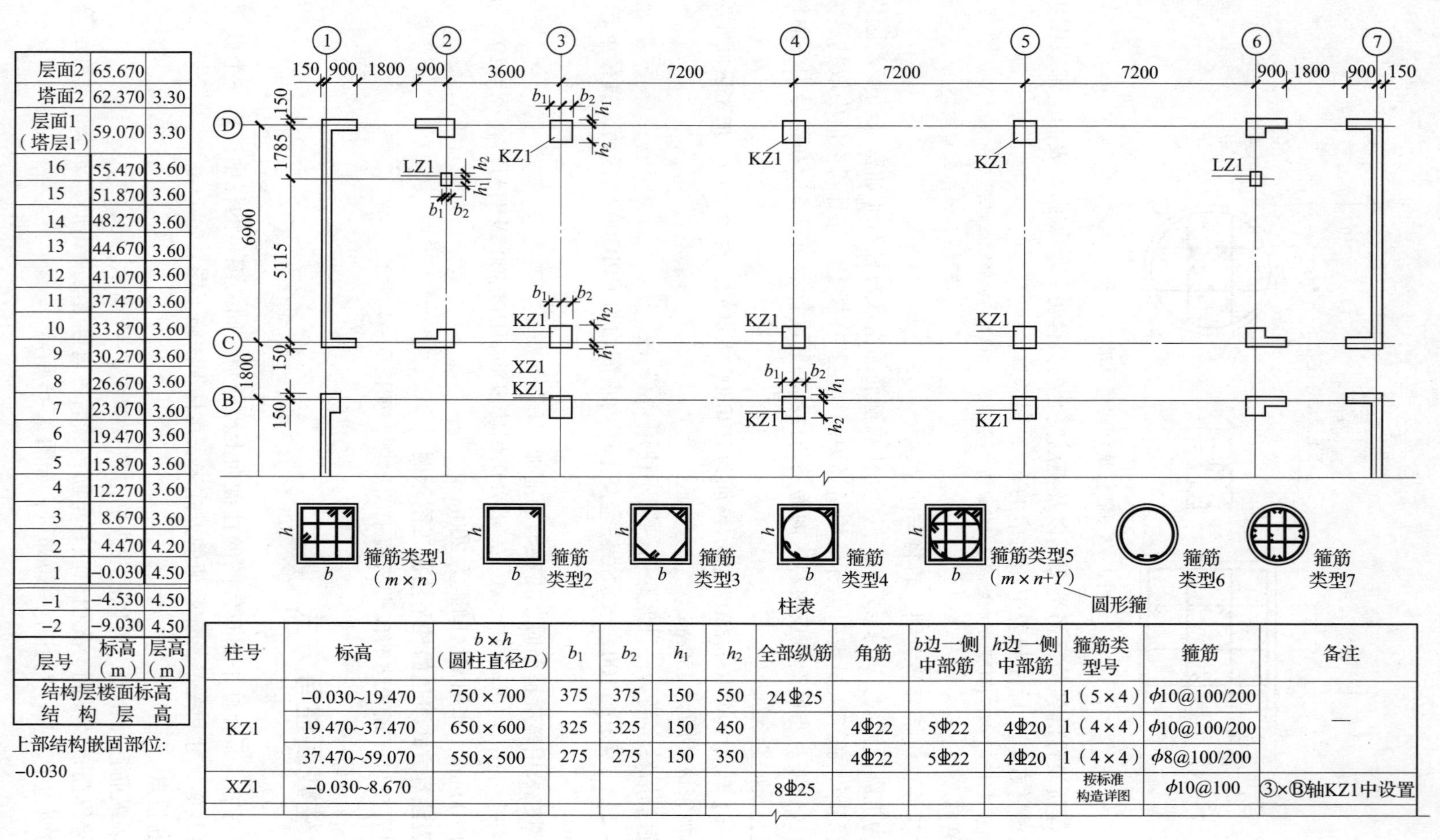

层号	标高（m）	层高（m）
层面2	65.670	
塔面2	62.370	3.30
层面1（塔层1）	59.070	3.30
16	55.470	3.60
15	51.870	3.60
14	48.270	3.60
13	44.670	3.60
12	41.070	3.60
11	37.470	3.60
10	33.870	3.60
9	30.270	3.60
8	26.670	3.60
7	23.070	3.60
6	19.470	3.60
5	15.870	3.60
4	12.270	3.60
3	8.670	3.60
2	4.470	4.20
1	-0.030	4.50
-1	-4.530	4.50
-2	-9.030	4.50
结构层楼面标高 结构层高		

上部结构嵌固部位：
-0.030

柱表

柱号	标高	$b\times h$（圆柱直径D）	b_1	b_2	h_1	h_2	全部纵筋	角筋	b边一侧中部筋	h边一侧中部筋	箍筋类型号	箍筋	备注
KZ1	-0.030~19.470	750×700	375	375	150	550	24Φ25				1（5×4）	φ10@100/200	—
	19.470~37.470	650×600	325	325	150	450		4Φ22	5Φ22	4Φ20	1（4×4）	φ10@100/200	
	37.470~59.070	550×500	275	275	150	350		4Φ22	5Φ22	4Φ20	1（4×4）	φ8@100/200	
XZ1	-0.030~8.670						8Φ25				按标准构造详图	φ10@100	③×Ⓑ轴KZ1中设置

图 3-4 柱平法施工图列表注写方式示例

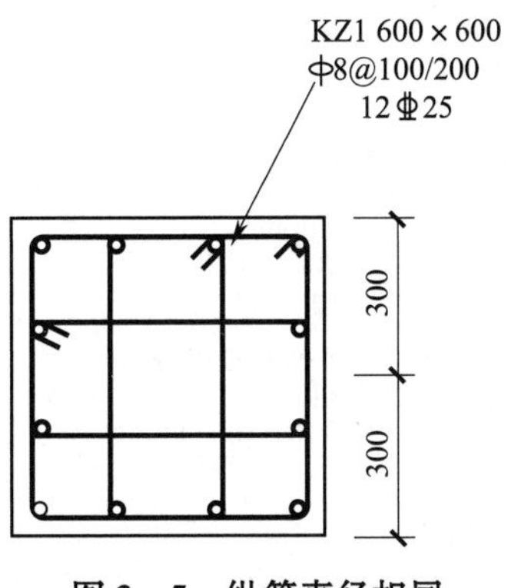

图3-5　纵筋直径相同

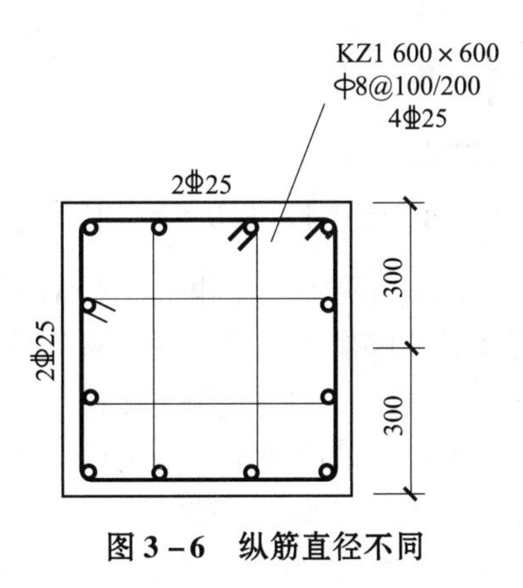

图3-6　纵筋直径不同

3）如果是非对称配筋，则每边注写实际的纵筋，如图3-7所示。

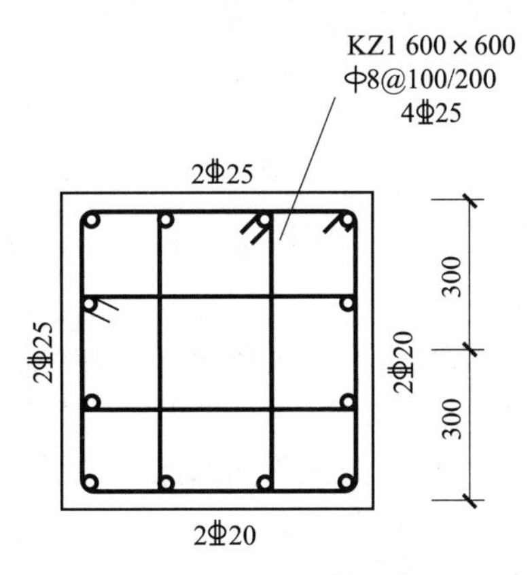

图3-7　非对称配筋

2．芯柱

截面柱注写方式中，若某柱带有芯柱，则直接注写在截面中，注写芯柱编号和起止标高，如图3-8所示。芯柱的构造尺寸按图集11G101—1第67页的说明。

对除芯柱之外的所有柱截面进行编号，从相同编号的柱中选择一个截面，按另一种比

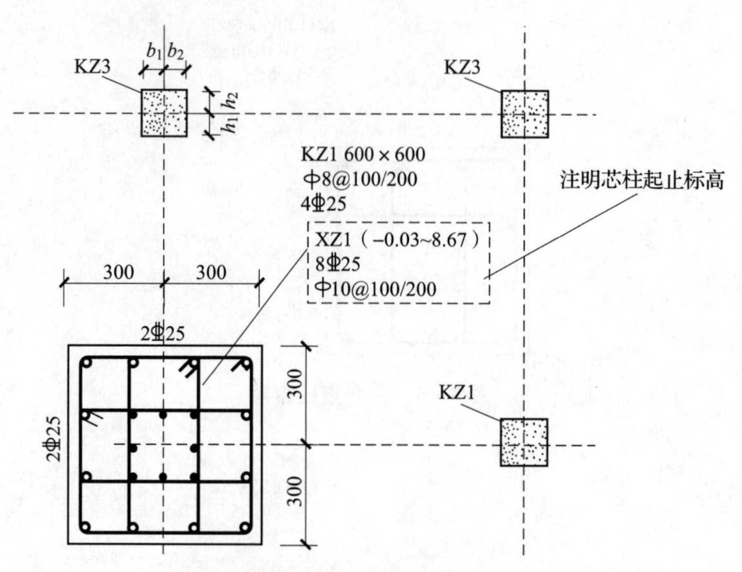

图 3－8　截面柱注写方式的芯柱表达

例原位放大绘制柱截面配筋图，并在各配筋图上继其编号后再注写截面尺寸 $b \times h$、角筋或全部纵筋（当纵筋采用一种直径且能够图示清楚时）、箍筋的具体数值，以及在柱截面配筋图上标注柱截面与轴线关系 b_1、b_2、h_1、h_2的具体数值。

当纵筋采用两种直径时，需再注写截面各边中部筋的具体数值（对于采用对称配筋的矩形截面柱，可仅在一侧注写中部筋，对称边省略不注）。

当在某些框架柱的一定高度范围内，在其内部的中心位设置芯柱时，首先按照表 3－1 的规定进行编号，继其编号之后注写芯柱的起止标高、全部纵筋及箍筋的具体数值，芯柱截面尺寸按构造确定，并按标准构造详图施工，设计不注；当设计者采用与构造详图不同的做法时，应另行注明。芯柱定位随框架柱，不需要注写其与轴线的几何关系。

在截面注写方式中，如柱的分段截面尺寸和配筋均相同，仅截面与轴线的关系不同时，可将其编为同一柱号。但此时应在未画配筋的柱截面上注写该柱截面与轴线关系的具体尺寸。

采用截面注写方式绘制柱平法施工图，可按单根柱标准层分别绘制，也可将多个标准层合并绘制。当单根柱标准层分别绘制时，柱平法施工图的图纸数量和标准层的数量相等；当将多个标准层合并绘制时，柱平法施工图的图纸数量更少，也更便于施工人员对结构形成整体概念。

3．截面注写方式表达的柱平法施工图示例

采用截面注写方式表达的柱平法施工图示例，如图 3－9 所示。

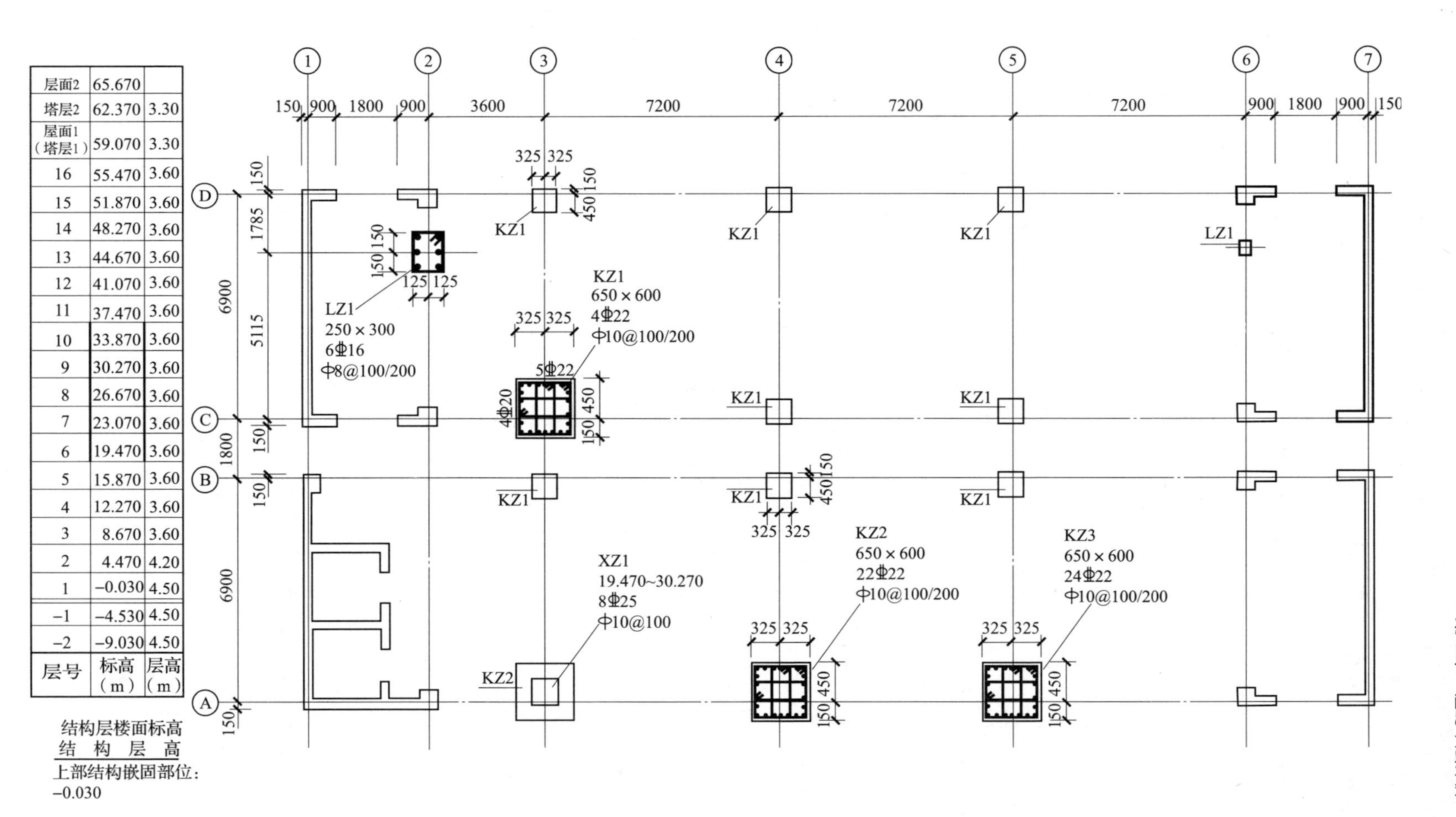

层面2	65.670	
塔层2	62.370	3.30
屋面1（塔层1）	59.070	3.30
16	55.470	3.60
15	51.870	3.60
14	48.270	3.60
13	44.670	3.60
12	41.070	3.60
11	37.470	3.60
10	33.870	3.60
9	30.270	3.60
8	26.670	3.60
7	23.070	3.60
6	19.470	3.60
5	15.870	3.60
4	12.270	3.60
3	8.670	3.60
2	4.470	4.20
1	-0.030	4.50
-1	-4.530	4.50
-2	-9.030	4.50
层号	标高（m）	层高（m）

结构层楼面标高
结构层高
上部结构嵌固部位：
-0.030

图3-9　柱截面注写方式图示

要点4：柱的工程量计算规则

《房屋建筑与装饰工程工程量计算规范》GB 50854—2013 附录 E.2 给出了现浇混凝土柱的工程量计算规则，见表 3－2。

表 3－2 现浇混凝土柱工程量计算规则

项目编码	项目名称	项目特征	计量单位	工程量计算规则	工作内容
010502001	矩形柱	1. 混凝土种类； 2. 混凝土强度等级	m^3	按设计图示尺寸以体积计算柱高： 1. 有梁板的柱高，应自柱基上表面（或楼板上表面）至上一层楼板上表面之间的高度计算； 2. 无梁板的柱高，应自柱基上表面（或楼板上表面）至柱帽下表面之间的高度计算； 3. 框架柱的柱高：应自柱基上表面至柱顶高度计算； 4. 构造柱按全高计算，嵌接墙体部分（马牙槎）并入柱身体积； 5. 依附柱上的牛腿和升板的柱帽，并入柱身体积计算	1. 模板及支架（撑）制作、安装、拆除、堆放、运输及清理模内杂物、刷隔离剂等； 2. 混凝土制作、运输、浇筑、振捣、养护
010502002	构造柱				
010502003	异形柱	1. 柱形状； 2. 混凝土种类； 3. 混凝土强度等级			

注：混凝土种类指清水混凝土、彩色混凝土等，如在同一地区既使用预拌（商品）混凝土，又允许现场搅拌混凝土时，也应注明。

在计算混凝土柱的体积时，造价人员要牢记柱高的规定，按照柱截面是否变化，分段通长计算其体积。也就是说，框架柱与框架梁相交的节点部分的混凝土计算到柱中，计算梁的混凝土体积时，梁长统计到柱内边，即按照梁的净长计算。

要点5：某工程框架柱工程量计算

【例3－4】 某工程柱平面布置图（局部）如图3－10、图3－11所示，试计算图中①轴～⑦轴 KZ－4 的工程量。

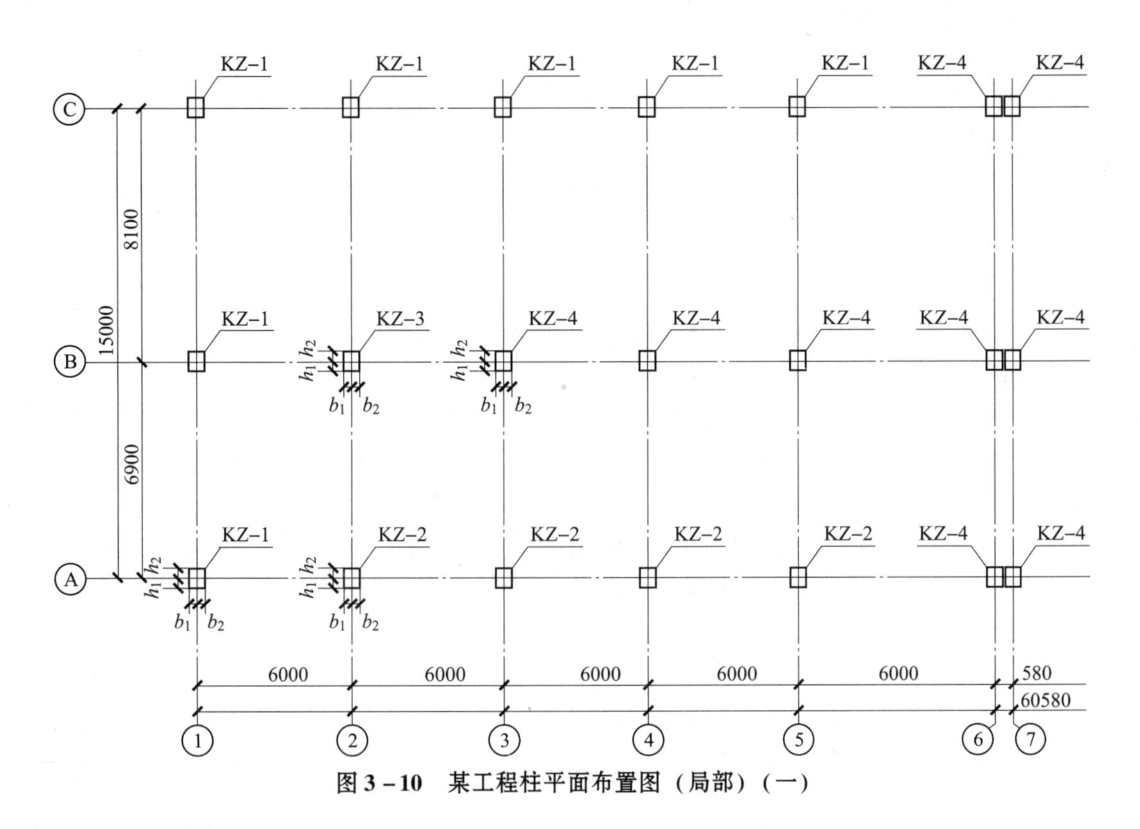

图3－10　某工程柱平面布置图（局部）（一）

框架柱配筋表

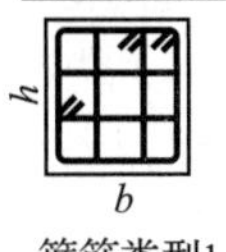
箍筋类型1
($m \times n$)

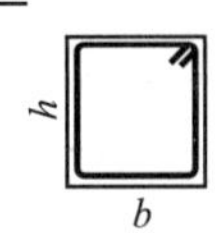
箍筋类型2

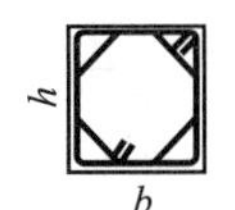
箍筋类型3

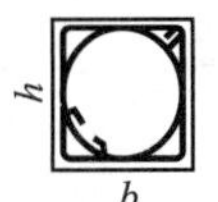
箍筋类型4

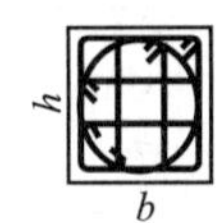
箍筋类型5
($m \times n+Y$)

箍筋类型6

箍筋类型7

柱号	标　高	$b \times h$	b_1	b_2	h_1	h_2	角筋	b边一侧中部筋	h边一侧中部筋	箍筋类型号	箍筋	备注
KZ－1	－6.850～3.560	500×600	250	250	300	300	4Φ25	2Φ25	2Φ25	1（4×4）	φ8@100/200	
	3.560～11.200	500×600	250	250	300	300	4Φ25	2Φ20	2Φ20	1（4×4）	φ8@100/200	
KZ－2	－6.850～3.560	500×600	250	250	300	300	4Φ25	2Φ25	2Φ25	1（4×4）	φ8@100/200	
	3.560～11.200	500×600	250	250	300	300	4Φ25	2Φ18	2Φ18	1（4×4）	φ8@100/200	
KZ－3	－6.850～7.160	600×700	300	300	350	300	4Φ25	3Φ22	3Φ22	1（4×4）	φ8@100/200	
	7.160～11.200	500×600	250	250	300	250	4Φ25	2Φ20	2Φ22	1（4×4）	φ8@100/200	
KZ－4	－6.750～3.560	500×600	250	250	300	300	4Φ25	2Φ25	2Φ25	1（4×4）	φ8@100/200	
	3.560～11.200	500×600	250	250	300	300	4Φ25	2Φ20	2Φ20	1（4×4）	φ8@100/200	

结构层高表

屋面	11.200	
3	7.160	4.040
2	3.560	3.600
1	-1.300	4.860
-1	-6.850	5.550
层号	标高（m）	层高（m）

图3-11　某工程柱平面布置图（局部）（二）

【解】

对于本道例题，在计算工程量时，一般按下列思路进行计算：首先，统计柱的个数，然后分别从图纸获取各类柱的截面尺寸及柱高，按照公式 V = 截面宽 × 截面高 × 柱高 × 个数 × 层数，计算柱的混凝土体积。

在统计框架柱的个数时，应以图纸的轴线编号为依据，按照从左往右、从上往下的顺序依次统计，这样可以避免统计时漏算或重复计算。本题中，我们按照从①轴到⑦轴的顺序，从左往右来统计柱的个数，统计的结果以表格的形式列出，见表3-3。

表3-3　KZ-4个数统计表

轴线编号	个数	备注
①	0	
②	0	
③	1	
④	1	
⑤	1	
⑥	3	
⑦	3	
合计	9	

由图3-11可知，柱截面尺寸为500mm×600mm；柱高 = 6.75 + 11.2 = 17.95（m），
①轴~⑦轴KZ-4的工程量：$V = 9 \times (0.5 \times 0.6 \times 17.95) = 48.465$（$m^3$），
工程量清单见表3-4。

表3-4　分部分项工程量清单

工程名称：××工程　　　　　　　　　　　　第1页　共1页

序号	项目编码	项目名称	项目特征	计量单位	工程数量
1	010502001001	矩形柱	混凝土强度等级C30	m^3	48.465

该清单编制过程中，我们仅计算了混凝土的体积，没有计算钢筋、模板等工程量。按照清单计价规范，钢筋应另有清单项目编码，此处不做详述；模板的费用应当在措施费中，一般在编制措施项目清单时出现。不过，在实际工作中，为了提高工作效率，避免反复翻阅图纸，建议在计算混凝土构件的混凝土体积时，应当将混凝土构件中钢筋工程量、模板工程量都计算完毕，这样便于快速地计价。

要点6：某幼儿园工程混凝土柱工程量清单编制

【例3-5】 某幼儿园标准层柱平面布置图如图3-12所示（考虑图面较大，仅取局部），混凝土强度等级为C30，柱高3m，共6层，试编制该工程混凝土柱的工程量清单。

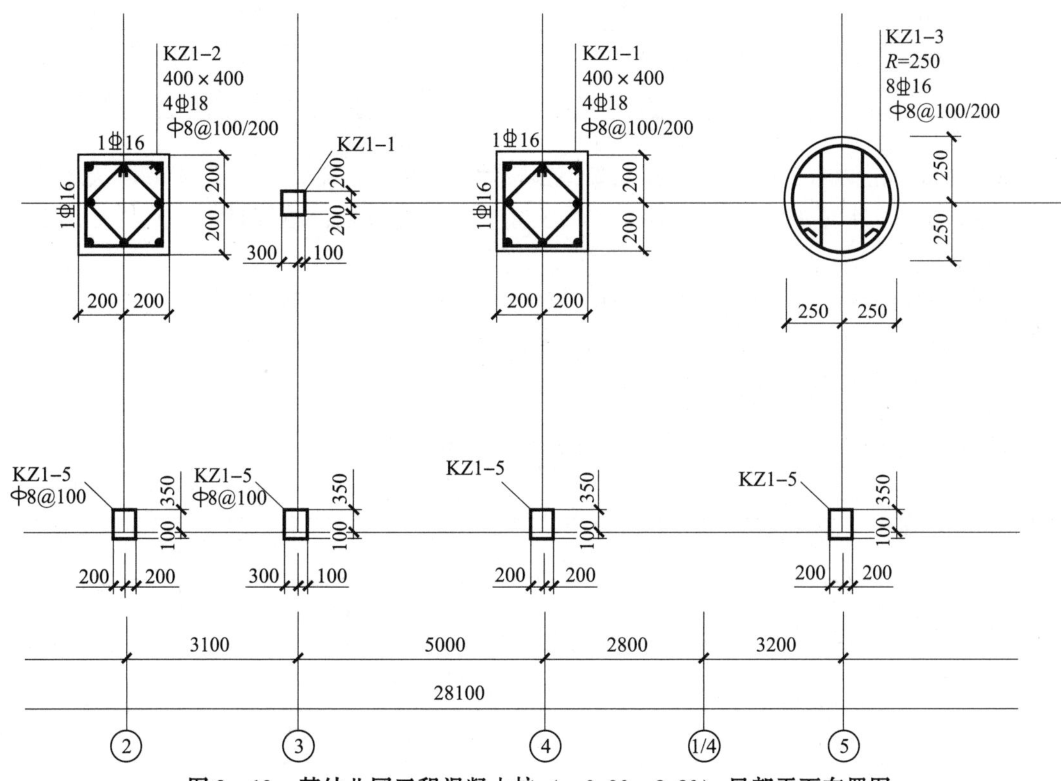

图3-12 某幼儿园工程混凝土柱（-0.00~3.30）局部平面布置图

【解】

在本道例题中，该工程混凝土柱工程量清单的编制思路大致如下：先统计柱的种类和个数，然后分别从图纸获取各类柱的截面尺寸及柱高，按照 V = 截面宽 × 截面高 × 柱高 × 个数 × 层数，计算各类柱的混凝土体积，最后再将各类柱的体积汇总。在本题中，我们按照从②轴到⑤轴的顺序，从上向下来统计柱的类型及个数，统计的结果见表3-5。

表3-5 柱的类型和个数统计表

柱 类 型		KZ1-1	KZ1-2	KZ1-3	KZ1-5
一层柱的个数	②轴		1		1
	③轴	1			1
	④轴	1			1
	⑤轴			1	1
一层柱合计		2	1	1	4
六层柱合计		12	6	6	24

混凝土柱的工程量计算表，见表3－6。

表3－6　混凝土柱工程量计算表

序号	柱编号	个数	截面（mm×mm）	柱高（m）	体积（m^3）
1	KZ1－1	12	400×400	3	0.4×0.4×3×12＝5.76
2	KZ1－2	6	400×400	3	0.4×0.4×3×6＝2.88
3	KZ1－3	6	R＝250	3	0.25×0.25×3.14×3×6＝3.53
4	KZ1－4	24	400×450	3	0.4×0.45×3×24＝12.96

在上述计算过程中，柱的个数和混凝土体积计算表可以合二为一。这主要取决于造价人员的个人工作习惯，因人而异，但是要反映整个的计算过程，越细越好，这样也便于以后核对计算表。

本题中的柱没有变截面，但有些工程设计时，柱的截面沿柱高而不同，这样就需要在计算柱的混凝土体积时，分段计算该柱的混凝土体积，然后进行汇总。

该工程混凝土柱的工程量清单见表3－7。

表3－7　分部分项工程量清单

工程名称：××工程　　　　第1页　　共1页

序号	项目编码	项目名称	项目特征	计量单位	工程数量
1	010502001001	矩形柱	混凝土强度等级C30	m^3	8.64
2	010502001002	矩形柱	混凝土强度等级C30	m^3	12.96
3	010502003001	异形柱	柱高3m； 截面：R＝250mm； 混凝土强度等级C30	m^3	3.53

要点7：某混凝土结构柱工程量清单计价表编制

【例3－6】　已知某混凝土结构柱的工程量清单见表3－8，场外集中搅拌（$50m^3/h$），运距为8km，施工现场采用泵送混凝土（$30m^3/h$）。根据企业情况，确定管理费率为5.1%，利润率为3.2%，不考虑风险因素。试编制其工程量清单计价表。

表3－8　分部分项工程量清单

工程名称：××工程　　　　第1页　　共1页

序号	项目编码	项目名称	项目特征	计量单位	工程数量
1	010502001001	矩形柱	混凝土强度等级C30	m^3	8.65

【解】

在本题中，我们采用清单格式，应用定额的消耗量进行计价，定额选用《山东省建筑工程消耗量定额》，价格采用《山东省建筑工程价目表》。在采用国家或地区颁布的定额计价时，应当注意以下几点：

1）清单设置项目是综合项，定额子项是单项，所以在利用定额进行计价时，一定要套全定额子项，不要漏项；例如本题中的混凝土柱，清单项目包括混凝土柱的全部施工过程，即从混凝土的制作、运输、泵送、浇筑、振捣及养护等所有工序，分别由4－4－1、4－4－3、4－4－5、4－4－10、4－2－17等5个子项组成，缺一不可。

2）应当注意清单设置项目的工程量计算规则与所选用的定额相应子项的工程量计算规则是否一致，如果不一致，就不能直接用清单的工程量去套用定额计价，而是要按照定额的工程量计算规则重新计算工程量，在定额计价后，折合成分部分项工程量清单的综合单价。本题选用定额工程量计算规则与计价规范一致，所以可以直接采用清单的工程量。

3）应当注意工程量的单位。清单项目单位是m^3，定额单位是$10m^3$，要注意计价时单位之间的转换。

本题中，工程量清单项目人工、材料、机械费用分析表见表3－9。

表3－9　工程量清单项目人工、材料、机械费用分析表

工程名称：××工程　　　　第1页　　共1页

清单项目名称	工程内容	定额编号	计量单位	数量	费用组成	
					基价（元）	合价（元）
矩形柱	场外集中搅拌混凝土 $50m^3/h$	4－4－1	$10m^3$	0.865	151.01	130.62
	混凝土运输车运距5km内	4－4－3	$10m^3$	0.865	274.66	237.58
	混凝土运输车每增1km	4－4－5	$10m^3$	0.865	98.07	84.83
	泵送混凝土 $30m^3/h$	4－4－10	$10m^3$	0.865	293.70	254.05
	C30混凝土现浇柱	4－2－17	$10m^3$	0.865	2245.07	1941.99
合计（元）	2649.07					

合价：2649.07×（1＋5.1%＋3.2%）＝2868.94（元），

综合单价：2868.94÷8.65＝331.67（元/m^3），

分部分项工程和单价措施项目清单与计价表见表3－10。

表3－10　分部分项工程和单价措施项目清单与计价表

工程名称：××工程　　　　标段：　　　　第1页　　共1页

序号	项目编号	项目名称	项目特征描述	计量单位	工程量	金额（元）		
						综合单价	合价	其中 暂估价
1	010502001001	矩形柱	混凝土强度等级C30	m^3	8.65	331.67	2868.94	—

综合单价分析表见表3－11。

表 3－11　综合单价分析表

工程名称：　　　　标段：　　　　第 1 页　共 1 页

项目编码		010502001001		项目名称		矩形柱		计量单位	m^3	工程量	8.65
综合单价组成明细											
定额编号	定额名称	定额单位	数量	单价（元）				合价（元）			
				人工费	材料费	机械费	管理费和利润	人工费	材料费	机械费	管理费和利润
4－4－1	场外集中搅拌混凝土 $50m^3/h$	$10m^3$	0.865	16.80	19.00	115.21	12.53	14.53	16.44	99.66	10.84
4－4－3	混凝土运输车运距 5km 内	$10m^3$	0.865	—	—	274.66	22.80	—	—	237.58	19.72
4－4－5	混凝土运输车每增 1km	$10m^3$	0.865	—	—	98.07	8.14	—	—	84.83	7.04
4－4－10	泵送混凝土 $30m^3/h$	$10m^3$	0.865	209.44	26.59	57.67	24.38	181.17	23.00	49.88	21.09
4－2－17	C30 混凝土现浇柱	$10m^3$	0.865	536.48	1698.68	9.91	186.34	464.06	1469.36	8.57	161.18
人工单价		小　计						659.76	1508.8	480.52	219.87
28 元/工日		未计价材料费									
清单项目综合单价								331.67			
材料费明细	主要材料名称、规格、型号			单位		数量		单价（元）	合价（元）	暂估单价（元）	暂估合价（元）
	C30 混凝土，石子＜40mm			m^3		8.65		166.24	1437.98	—	—
	其他材料费							—		—	
	材料费小计							—		—	

要点8：某混凝土工程框架角柱钢筋工程量计算及清单编制

【例3－7】　某混凝土工程框架角柱配筋如图3－13所示，该工程混凝土强度等级C30；一类环境；建筑物抗震设防类别乙类，抗震设防烈度6度；框架梁高300mm×450mm；本工程地下二层、地上三层；地下一层、二层层高3m，地上一层层高4.2m，二、三层层高3.5m；该柱与基础构造做法详见图3－14。试计算钢筋工程量，并编制该构件钢筋工程量清单。

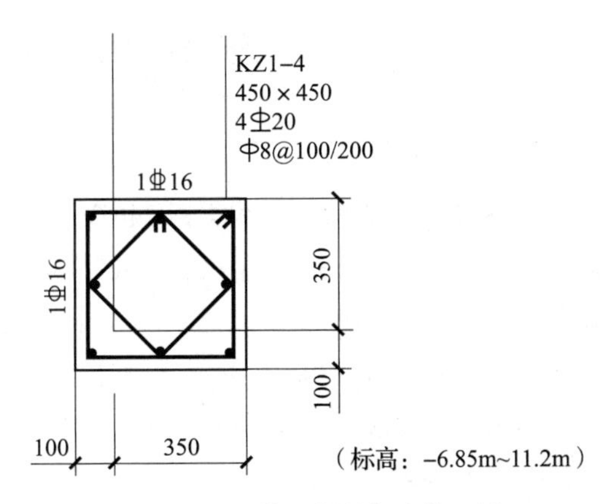

图3－13　某工程混凝土施工图

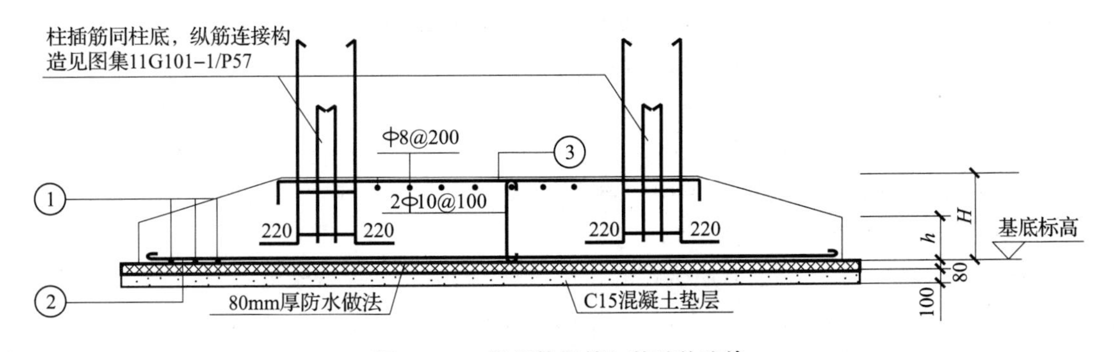

图3－14　框架柱纵筋与基础的连接

【解】

从图3－13可知，该构件需要计算两种钢筋的工程量：纵向钢筋和箍筋。

1．纵向钢筋计量

该混凝土柱纵向钢筋配置是：4⌀20角筋，4⌀16中筋。

（1）4⌀20角筋的计量

框架柱钢筋在柱顶是有构造要求的，一般根据设计者指定的类型选用。当未指定类型时，施工人员会根据具体情况自主选用。我们选择柱顶纵向钢筋构造B做法，参见图3－15，详细说明参见图集11G101—1第59页。

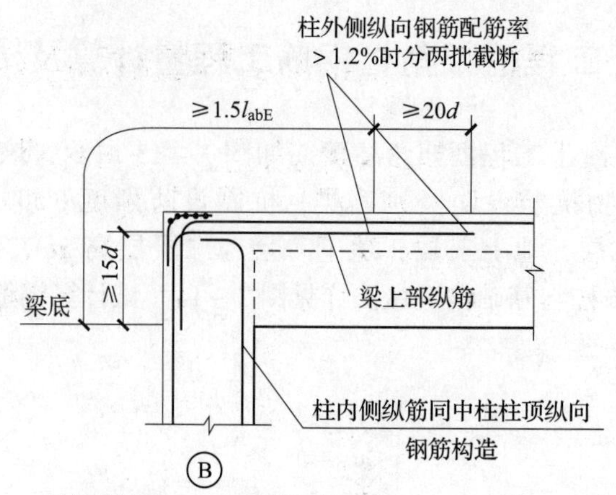

图3－15 抗震角柱柱顶纵向钢筋构造

2根柱外侧钢筋伸入梁内1.5l_{abE}，l_{abE}取31d，即31×20＝620（mm）；2根柱内侧钢筋因为不满足锚固长度620mm，所以要弯入梁内12d，即12×20＝240（mm）；保护层厚度取20mm。此外，由图3－14可知，柱纵筋与基础连接处增加220mm。

4⏀20角筋长度L＝2×（11200＋6850－2×20＋1.5l_{abE}＋220）＋2×（11200＋6850－2×20＋12d＋220）
＝2×（11200＋6850－40＋1.5×620＋220）
＋2×（11200＋6850－40＋240＋220）
＝2×19160＋2×18470
＝75260（mm）
＝75.3（m）

4⏀20角筋质量G＝75.3×2.466kg/m＝185.69（kg）＝0.185（t）

（2）4⏀16中筋的计量

根据上面计算4⏀20纵筋时所确定的构造，1根外侧钢筋伸入梁内1.5l_{abE}，l_{abE}取37d，即37×16＝592（mm）；其余3根锚入柱内12d，即12×16＝192（mm）。

4⏀16中筋的长度L＝1×（11200＋6850－2×20＋1.5l_{abE}＋220）＋3×（11200＋6850－2×20＋12d＋220）
＝1×（11200＋6850－2×20＋1.5l_{abE}＋220）＋3×（11200＋6850－2×20＋12d＋220）
＝1×19118＋3×18422
＝74384（mm）
＝74.384（m）

4⏀16中筋的质量G＝1.578kg/m×74.384m＝117.38kg＝0.117t（小数点取三位）

2. 箍筋计量

箍筋的计量＝箍筋的根数×单根箍筋长度

（1）箍筋根数的计算

1）基础内箍筋。基础内箍筋（图3－16）仅起一个稳固的作用，也可以说是防止钢筋在浇筑时受到扰动。一般是按2根进行计算。

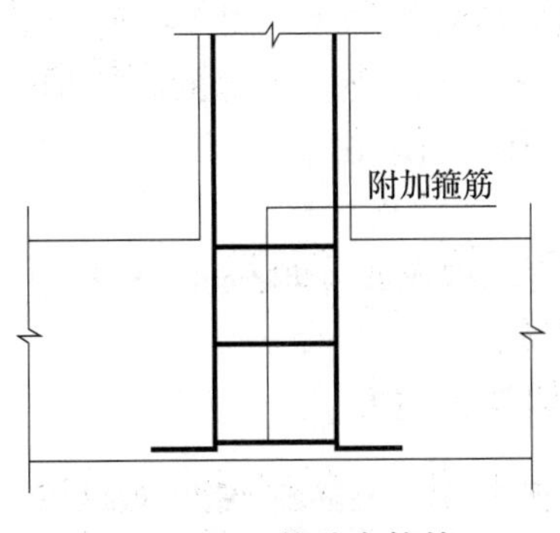

图3－16　基础内箍筋

2）柱箍筋。图集11G101—1给出了抗震框架柱（KZ）箍筋加密区范围，如图3－17所示。

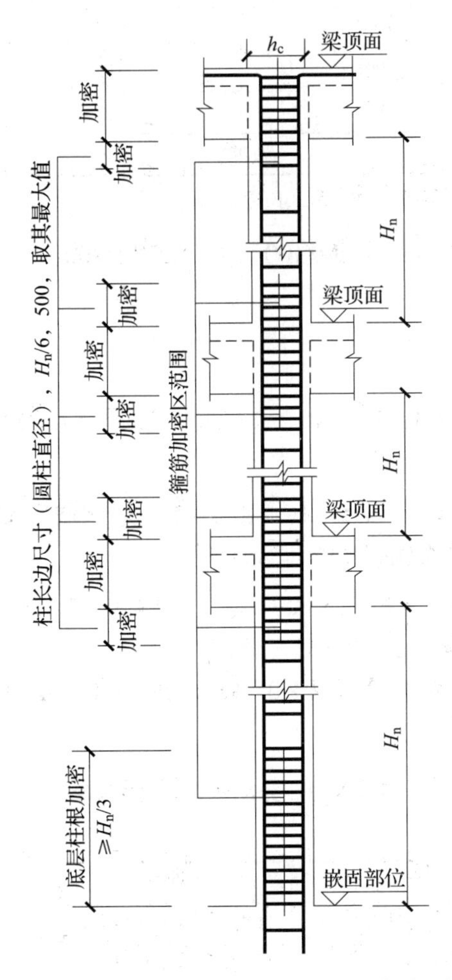

图3－17　抗震框架柱（KZ）箍筋加密区范围

框架柱（KZ）中间层的箍筋根数 = 加密区长度/加密区间距 + 非加密区长度/非加密区间距 +1。

图集 11G101—1 中关于柱箍筋的加密区（图 3－17）的规定如下：

首层柱箍筋的加密区有三个，分别为：下部的箍筋加密区长度取 $H_n/3$；上部取 Max{500mm，柱长边尺寸（圆柱直径），$H_n/6$}。

首层以上柱箍筋分别为：

上、下部的箍筋加密区长度均取 Max {500mm，柱长边尺寸（图标直径），$H_n/6$}；其中 H_n 是指柱净高，即层高 - 梁高。

箍筋加密区长度取值可参照表 3－12。

表 3－12　柱箍筋加密区长度取值

序号	层数	柱上端加密区（mm）	柱下端加密区（mm）	柱非加密区长度（mm）
1	地下二层	500	500	1550
2	地下一层	500	500	1550
3	地下一层	1250	500	2000
4	地下二层	510	510	2030
5	地下二层	510	510	2030
合计（mm）		5790		9160

注：柱非加密区长度 = 柱净长 - 柱上下端加密区长度。

本题柱箍筋的根数 = 2 + （5790/100） + （9160/200） +1 = 2 + 57.9 + 45.8 + 1 = 106.7 = 107（根）。

（2）单根箍筋长度

由公式：

外箍长度 = $(B-2c+d_0)\times 4+2$ 个弯钩增加长度（B 为柱高，c 为保护层厚度，d_0 为箍筋直径）。

内箍长度 = $[(B-2c)\times\sqrt{2}/2+d_0]\times 4+2$ 个弯钩增加长度，得：

单根箍筋长度 L（钢筋弯钩取 10d 即 80mm）：

$$L=[(450-2\times 30+8)\times 4+2\times 80]+\{[(450-2\times 30)\times\sqrt{2}/2+8]\times 4+2\times 80\}$$
$$=1752+1294.92=3046.92\text{（mm）}=3.47\text{（m）}。$$

箍筋的工程量 G = 107 根 ×3.047m ×0.395kg/m = 128.78kg = 0.129t。

工程量清单编制见表 3－13。

表 3－13　分部分项工程量清单

工程名称：××工程　　　　第 1 页　　共 1 页

序号	项目编码	项目名称	项目特征	计量单位	工程数量
1	010515001001	现浇构件钢筋	HRB335 级 d = 20mm	t	0.185
2	010515001002	现浇构件钢筋	HRB400 级 d = 16mm	t	0.117
3	010515001003	现浇构件钢筋	HRB300 级Φ8	t	0.129

要点9：某建筑物框架柱钢筋工程量计算

【例3－8】　某建筑物层高3.6m，建筑物檐口高度为14.4m。抗震设防烈度为7度，抗震等级为三级抗震。框架柱（KZ1）基础配筋如图3－18所示。框架柱注写方式如图3－19所示。框架梁截面尺寸：240mm×600mm。混凝土强度为C30，保护层厚度为30mm，钢筋采用绑扎连接，受拉钢筋搭接长度应不小于300mm，受压钢筋搭接长度应不小于200mm。钢筋锚固长度见表3－14，钢筋搭接长度计算表见表3－15。箍筋按照图集11G101—1规定计算，按照外皮计算钢筋长度。试计算框架柱钢筋工程量。

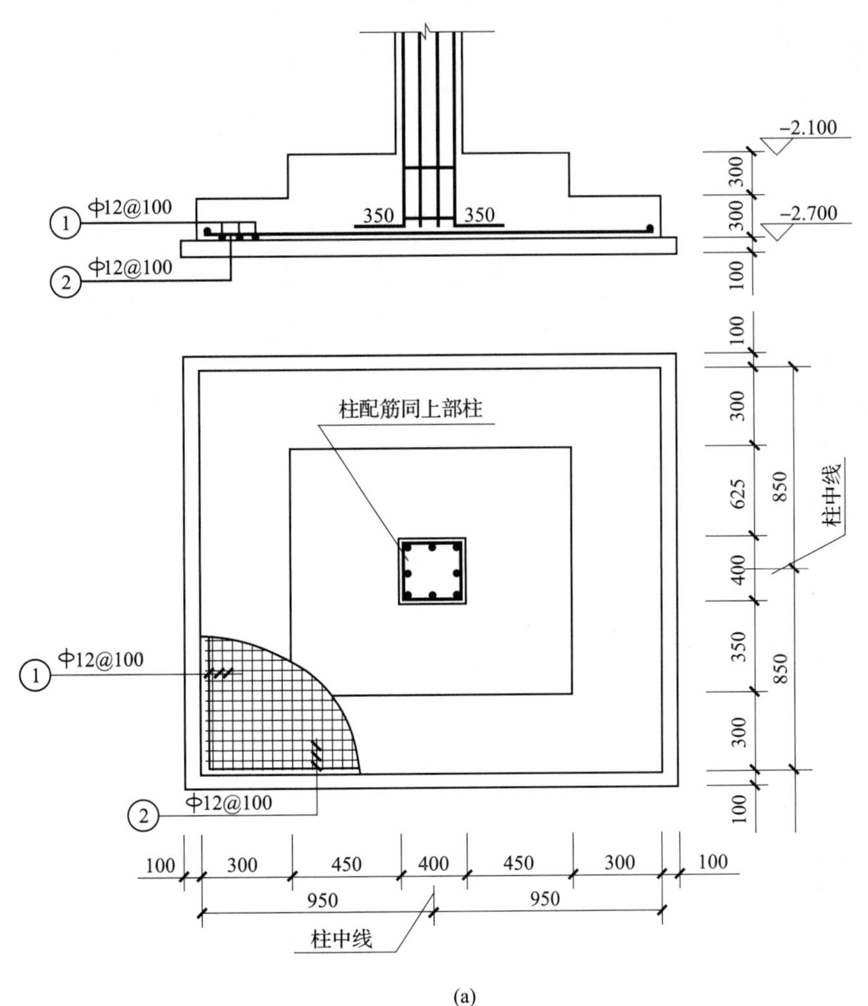

(a)

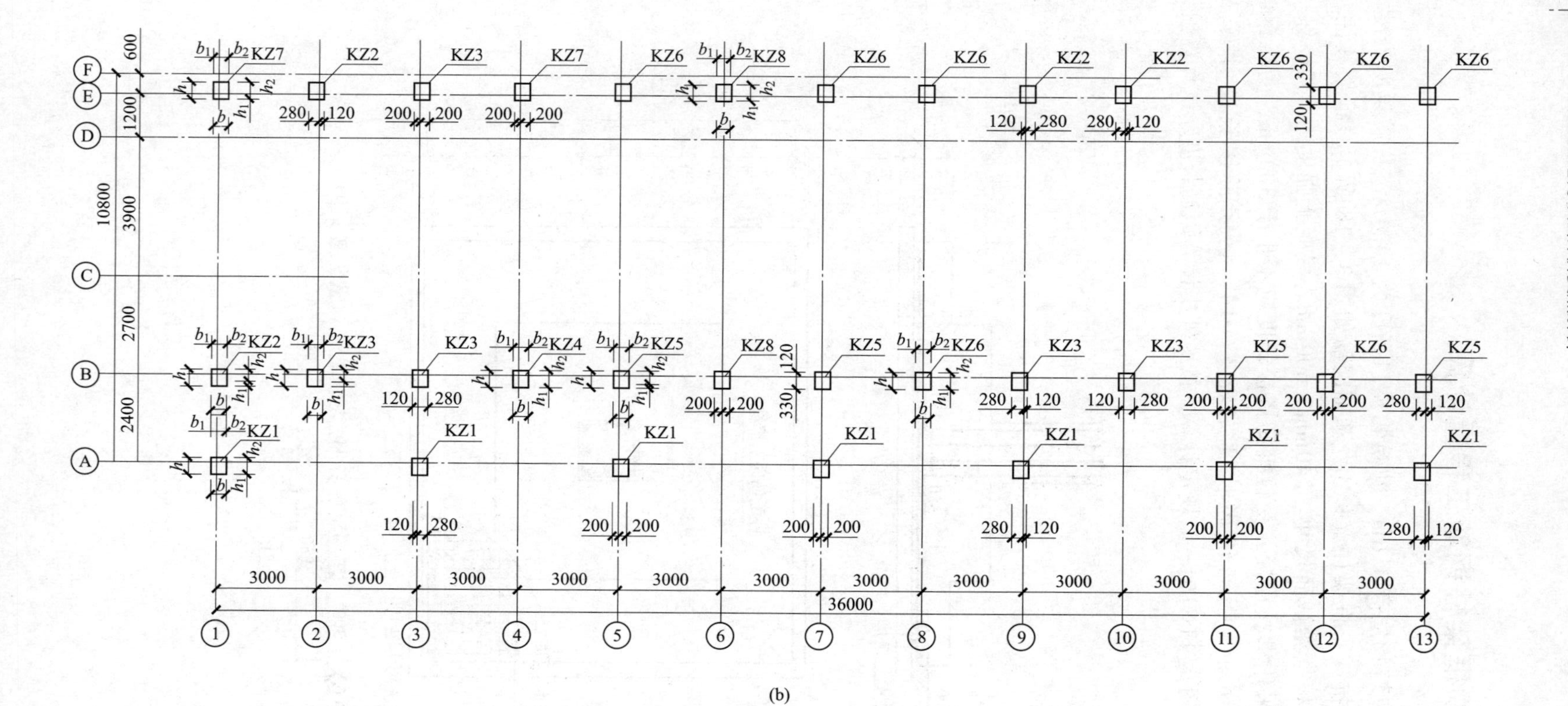

图 3－18　框架柱（KZ1）基础配筋

（a）框架柱（KZ1）基础配筋详图；（b）一层柱配筋平面图

屋面	14.400	
4	10.800	3.600
4	7.200	3.600
4	3.600	3.600
4	0.000	3.600
层号	标高(mm)	层高(m)

结构层楼面标高
结构层高

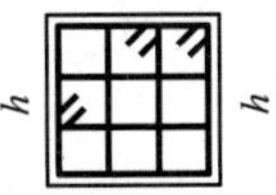

箍筋类型1($m \times n$)

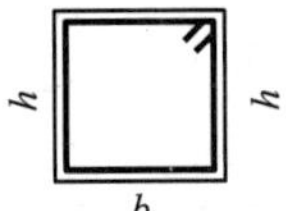

箍筋类型2

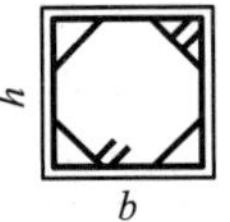

箍筋类型3

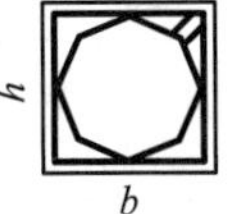

箍筋类型4

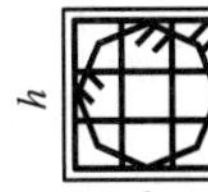

箍筋类型5

箍筋类型6

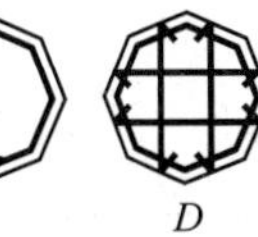

箍筋类型7

(mm)

柱号	标高	$b \times h$（圆柱直径 D）	b_1	b_2	h_1	h_2	角筋	b 边一侧中部筋	h 边一侧中部筋	箍筋类型号	箍筋
KZ1	0. 000 ~ 3. 600	400 × 400	120	280	280	120	4Φ20	1Φ18	1Φ18	1（3×3）	Φ8@100/200
	3. 600 ~ 14. 400	400 × 400	120	280	280	120	4Φ16	1Φ16	1Φ18	1（3×3）	Φ8@100/150
KZ2	0. 000 ~ 3. 600	400 × 450	120	280	330	120	4Φ25	1Φ22	1Φ16	1（3×3）	Φ10@100/200
	3. 600 ~ 14400	400 × 450	120	280	330	120	4Φ25	1Φ22	1Φ16	1（3×3）	Φ8@100/200
KZ3	0. 000 ~ 7. 200	400 × 450	280	120	330	120	4Φ25	1Φ22	1Φ16	1（3×3）	Φ10@100/200
	7. 200 ~ 14. 400	400 × 450	280	120	330	120	4Φ25	1Φ22	1Φ16	1（3×3）	Φ8@100/200
KZ4	0. 000 ~ 3. 600	400 × 450	200	200	330	120	4Φ20	1Φ20	1Φ18	1（3×3）	Φ10@100/200
	3. 600 ~ 7. 200	400 × 450	200	200	330	120	4Φ20	1Φ20	1Φ18	1（3×3）	Φ8@100/200
	7. 200 ~ 10. 800	400 × 450	200	200	330	120	4Φ20	1Φ20	1Φ18	1（3×3）	Φ8@100/200
	10. 800 ~ 14. 400	400 × 450	200	200	330	120	4Φ25	1Φ22	1Φ18	1（3×3）	Φ8@100/200
KZ5	0. 000 ~ 3. 600	400 × 450	200	200	330	120	4Φ20	1Φ20	1Φ18	1（3×3）	Φ10@100/200
	3. 600 ~ 7. 200	400 × 450	200	200	330	120	4Φ20	1Φ20	1Φ18	1（3×3）	Φ8@100/150
	7. 200 ~ 10. 800	400 × 450	200	200	330	120	4Φ20	1Φ20	1Φ18	1（3×3）	Φ8@100/200
	10. 800 ~ 14. 400	400 × 450	200	200	330	120	4Φ25	1Φ22	1Φ18	1（3×3）	Φ8@100/150
KZ6	0. 000 ~ 3. 600	400 × 450	200	200	330	120	4Φ20	1Φ20	1Φ18	1（3×3）	Φ10@100/150
	3. 600 ~ 7. 200	400 × 450	200	200	330	120	4Φ20	1Φ20	1Φ18	1（3×3）	Φ8@100/150
	7. 200 ~ 10. 800	400 × 450	200	200	330	120	4Φ20	1Φ20	1Φ18	1（3×3）	Φ8@100/200
	10. 800 ~ 14. 400	400 × 450	200	200	330	120	4Φ25	1Φ22	1Φ18	1（3×3）	Φ8@100/150
KZ7	0. 000 ~ 3. 600	400 × 450	120	280	120	330	4Φ20	1Φ20	1Φ18	1（3×3）	Φ10@100/150
	3. 600 ~ 7. 200	400 × 450	120	280	120	330	4Φ20	1Φ20	1Φ18	1（3×3）	Φ8@100/150
	7. 200 ~ 10. 800	400 × 450	120	280	120	330	4Φ20	1Φ20	1Φ18	1（3×3）	Φ8@100/200
	10. 800 ~ 14. 400	400 × 450	120	280	120	330	4Φ25	1Φ22	1Φ18	1（3×3）	Φ8@100/200
KZ8	0. 000 ~ 3. 600	9400 × 450	200	200	120	330	4Φ25	1Φ22	1Φ18	1（3×3）	Φ10@100/200
	3. 600 ~ 7. 200	400 × 450	200	200	120	330	4Φ25	1Φ22	1Φ18	1（3×3）	Φ8@100/150
	7. 200 ~ 10. 800	400 × 450	200	200	120	330	4Φ25	1Φ22	1Φ18	1（3×3）	Φ8@100/200
	10. 800 ~ 14. 400	400 × 450	200	200	120	330	4Φ25	1Φ22	1Φ18	1（3×3）	Φ8@100/150

图3－19　框架柱注写方式

表 3–14　钢筋锚固长度表

钢筋种类	锚固长度	混凝土强度等级				
		C20	C25	C30	C35	≥C40
HPB300	l_{aE}	31d	27d	24d	22d	20d
HRB335	l_{aE}	39d	33d	30d	27d	25d

表 3–15　钢筋搭接长度计算表

纵向钢筋的搭接接头百分率	≤25	50	100
纵向受拉钢筋的搭接长度	1.2l_a（l_{aE}）	1.4l_a（l_{aE}）	1.6l_a（l_{aE}）
纵向受压钢筋的搭接长度	0.85l_a（l_{aE}）	1.0l_a（l_{aE}）	1.13l_a（l_{aE}）

【解】

框架柱（KZ1）钢筋计算见表 3–16。

表 3–16　框架柱（KZ1）钢筋计算表

序号	构件名称：KZ1	构件数量：7	构件钢筋重量：2830.72kg = 2.83t				
	钢筋类型	钢筋直径	单根长度（m）	根数	总长度（m）	理论重量（kg/m）	重量（kg）
1	基础 B 边插筋	⏀18	H_n = 3.6 + 2.1 − 0.6 = 5.1 5.1/3 + 0.6 − 0.04 + 0.35 = 2.61	2	5.22	1.998	10.43
2	基础 H 边插筋	⏀18	5.1/3 + 0.6 − 0.04 + 0.35 = 2.61	2	5.22	1.998	10.43
3	基础角筋	⏀20	5.1/3 + 0.6 − 0.04 + 0.35 = 2.61	4	10.44	2.466	25.75
4	基础箍筋	⏀8	2 ×（0.4 + 0.4）− 8 × 0.03 + 1.9 × 0.008 × 2 + max（10 × 0.008，0.075）× 2 = 1.55	22	3.1	0.395	1.22
5	1 首层 B 边纵筋	⏀18	H = 3.6 + 2.1 = 5.7，H_n = 3.6 − 0.6 = 3.0 5.7 − 5.1/3 + max（3.0/6，0.4，0.5）= 4.5	2	9	1.998	17.98
6	1 首层 H 边纵筋	⏀18	5.7 − 5.1/3 + max（3.0/6，0.4，0.5）= 4.5	2	9	1.998	17.98
7	首层角筋	⏀20	5.7 − 5.1/3 + max（3.0/6，0.4，0.5）= 4.5	4	18	2.466	44.39
8	首层箍筋 1	⏀8	2 ×（0.4 + 0.4）− 8 × 0.03 + 1.9 × 0.008 × 2 + max（10 × 0.008，0.075）× 2 = 1.55	（5.7 + 5.1/3 + 0.6 + 0.5）/ 0.2 + 1 = 44	68.2	0.395	26.94
9	首层箍筋 2	⏀8	（0.4 − 2 × 0.03）+ 2 × 11.9 × 0.008 + 2 × 0.008 = 0.546	96	52.416	0.395	19.41
10	二层 B 边纵筋	⏀16	3.6 − max（3.0/6，0.4，0.5）+ max（3.0/6，0.4，0.5）= 3.6	2	7.2	1.578	11.36

续表3－16

序号	构件名称：KZ1	构件数量：7	构件钢筋重量：2830.72kg＝2.83t				
	钢筋类型	钢筋直径	单根长度（m）	根数	总长度（m）	理论重量（kg/m）	重量（kg）
11	二层H边纵筋	⌀18	3.6	2	7.2	1.998	14.39
12	二层角筋	⌀16	3.6	4	14.4	1.578	22.72
13	二层箍筋1	ϕ8	2×（0.4＋0.4）－8×0.03＋1.9×0.008×2＋max（10×0.008，0.075）×2＝1.55	(600×3/100＋2＋1800/150）－1＝31	48.05	0.395	18.98
14	二层箍筋2	ϕ8	（0.4－2×0.03）＋2×11.9×0.008＋2×0.008＝0.546	31×2＝62	33.852	0.395	13.37
15	三层H边纵筋	⌀18	3.6－max（3.016，0.4，0.5）＋max（3.016，0.4，0.5）＝3.6	2	7.2	1.998	14.39
16	三层B边纵筋	⌀16	3.6	2	7.2	1.578	11.36
17	三层角筋	⌀16	3.6	4	14.4	1.578	22.72
18	三层箍筋1	ϕ8	2×（0.4＋0.4）－8×0.03＋1.9×0.008×2＋max（10×0.008，0.075）×2＝1.55	(600×3/100＋2＋1800/150）－1＝31	48.05	0.395	18.98
19	三层箍筋2	ϕ8	（0.4－2×0.03）＋2×11.9×0.008＋2×0.008＝0.546	31×2＝62	33.852	0.395	13.37
20	四层H边纵筋	⌀18	3.6－max（3.0/6，0.4，0.5）－0.6＋1.5×30×0.018＝3.31	1	3.31	1.998	6.61
21	四层H边纵筋	⌀8	3.6－max（3.0/6，0.4，0.5）－0.03＝3.07	1	3.07	1.998	6.13
22	四层B边纵筋	⌀16	3.6－max（3.016，0.4，0.5）－0.6＋1.5×30×0.016＝3.31	1	3.31	1.578	5.22
23	四层B边纵筋	⌀16	3.6－max（3.0/6，0.4，0.5）－0.03＝3.07	1	3.07	1.578	4.84
24	四层角筋	⌀16	3.6－max（3.0/6，0.4，0.5）－0.6＋1.5×30×0.016＝3.31	3	3.31	1.578	5.22
25	四层角筋	⌀16	3.6－max（3.0/6，0.4，0.5）－0.03＝3.07	1	3.07	1.578	4.84
26	四层箍筋2	ϕ8	2×（0.4＋0.4）－8×0.03＋1.9×0.008×2＋max（10×0.008，0.075）×2＝1.55	31	48.05	0.395	18.98
27	四层箍筋1	ϕ8	（0.4－2×0.03）＋2×11.9×0.008＋2×0.008＝0.546	62	33.85	0.395	13.37

注：1　顶层柱内侧纵筋直锚长度为570mm，钢筋锚固长度 l_{aE}＝30×16＝480（mm），l_{aE}＝30×18－540（mm），所以该钢筋在梁内直锚即可满足要求。

2　柱箍筋加密区长度：a. 底层加密区长度：净高 $H_n/3$；b. 其他层在框架梁上、下及梁柱相交区域，梁上、下加密区高度为max（净高，$H_n/6$，500）。

要点10：某住宅楼框架柱受力钢筋和箍筋工程量计算

【例3-9】　某住宅楼的框架柱独立基础和基础层编号如图3-20、图3-21所示，要求手工计算工程的角柱、边柱及中柱各一个，试计算框架柱受力钢筋和箍筋的工程量。

计算柱钢筋工程量前，先查阅基础编号及尺寸、配筋等信息。对于框架柱，查阅施工图中框架柱对应的独立基础及柱配筋表，见表3-17～表3-19。

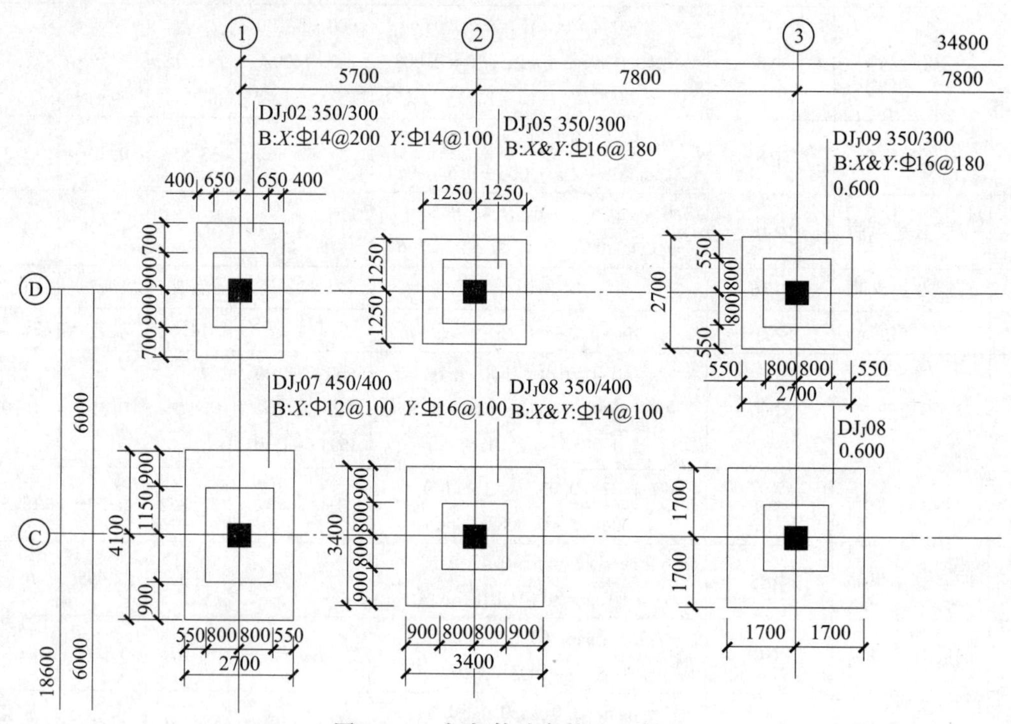

图3-20　框架柱独立基础示意图

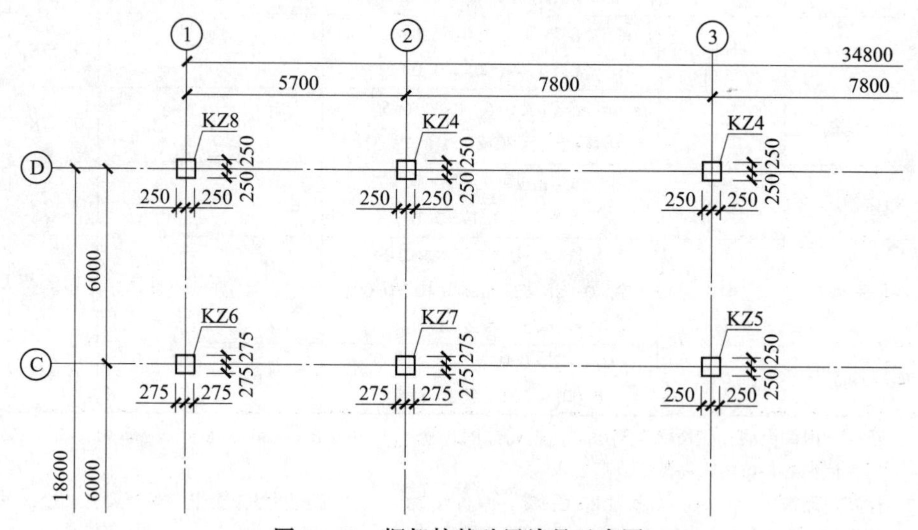

图3-21　框架柱基础层编号示意图

表 3－17　桩基础配筋表

基础编号	基础尺寸（mm）							配　筋		
	A	B	H	A_1	B_1	h_1	h_2	①	②	③
J－2	3200	2100	650	1800	1300	350	300	⏀14@100	⏀14@200	3 支同柱箍筋
J－5	2500	2500	650	1500	1500	350	300	⏀16@180	⏀16@180	3 支同柱箍筋
J－8	3400	3400	750	2000	2000	350	400	⏀14@100	⏀14@100	3 支同柱箍筋

表 3－18　框架柱配筋表

柱号	标高（m）	$b\times h$（mm）	全部纵筋	角筋	b 边一侧中部筋	h 边一侧中部筋	箍筋类型号	箍筋
KZ4	基础顶面～－0.200	500×500	12⏀18	—	—	—	1（4×4）	ϕ10@100/200
	－0.200～14.450	500×500	12⏀18	—	—	—	1（4×4）	ϕ8@100/200
KZ5	基础顶面～3.650	500×500	—	4⏀20	2⏀18	2⏀18	1（4×4）	ϕ10@100/200
	3.650～14.450	500×500	12⏀18	—	—	—	1（4×4）	ϕ8@100/200
KZ8	基础顶面～3.650	500×500	—	4⏀22	2⏀20	2⏀20	1（4×4）	ϕ8@100/200
	3.650～14.450	500×500	—	4⏀22	2⏀18	2⏀18	1（4×4）	ϕ8@100/200

表 3－19　结构层标高及层高

楼梯间屋面层	17.450	—
屋面层	14.450	3.000
四层	10.850	3.600
三层	7.250	3.600
二层	3.650	3.600
一层	－0.200	3.850
层号	标高（m）	层高（m）

【解】

1. 计算 J－2 基础插筋及 KZ8 纵筋的长度和质量

（1）J－2 基础插筋长度

H_n＝5.00－0.20－0.65（基础高）－0.50（梁高）＝3.65（m），

由于 650－40≥0.8l_{aE}，所以 a＝Max［6d，150mm］＝150mm，

长度＝［水平弯折长度 a＋（基础高度－保护层）＋H_n/3］×根数

4⏀22：［0.15＋（0.65－0.04）＋3.65/3］×4＝7.92（m），

8⏀20：［0.15＋（0.65－0.04）＋3.65/3］×8＝15.84（m）。

（2）KZ8 的柱纵筋

1）基础顶面——第二层

二层：H_n/6＝（3.6－0.6）/6＝0.5（m），

中部纵筋长度＝（基础层＋一层高－基础层非连接区 H_n/3＋二层非连接区 H_n/6）×根数

8⌀20：（3.65 + 3.85 − 3.65/3 + 0.50） × 8 = 54.267（m）。

2）第二层——屋面

中部纵筋长度 1 = （二层～顶层层高 − 二层非连接区 $H_n/6$ − 顶层梁高 + $1.5L_{aE}$） × 根数

中部纵筋长度 2 = （二层～顶层层高 − 二层非连接区 $H_n/6$ − 保护层 + $12d$） × 根数

二层：$H_n/6 = 0.5$（m），顶层梁高 $H = 600$（mm），

4⌀18：（14.45 − 3.65 − 0.50 − 0.60 + 1.5 × 31 × 0.018） × 4 = 42.148（m），

4⌀18：（14.45 − 3.65 − 0.50 − 0.03 + 12 × 0.018） × 4 = 41.944（m）。

3）基础顶面——屋面

3⌀22：（14.45 + 5.00 − 0.65 − 3.65/3 − 0.60 + 1.5 × 31 × 0.022） × 3 = 54.018（m），

1⌀22：（14.45 + 5.00 − 0.65 − 3.65/3 − 0.03 + 12 × 0.022） × 1 = 17.817（m）。

KZ8 柱中 ⌀22 的总质量：

（7.92 + 54.018 + 17.817） × 2.984 = 237.99（kg） = 0.238（t）。

KZ8 柱中 ⌀20 的质量：

（15.84 + 54.267） × 2.466 = 172.88（kg） = 0.173（t）。

KZ8 柱中 ⌀18 的质量：

（42.148 + 41.944） × 1.998 = 168.016（kg） = 0.168（t）。

2. KZ8 箍筋ϕ8 的长度和质量

（1）基础顶面至 3.650m，箍筋长度

外箍筋：0.50 × 4 − 0.03 × 8 + 4 × 0.008 + 11.9 × 0.008 × 2 = 1.982（m），

内箍筋：

［（0.50 − 0.03 × 2 − 0.022）/3 + 0.02］ × 2 + （0.5 − 0.06） × 2 + 4 × 0.008 + 11.9 × 0.008 × 2 = 1.421（m），

合计：外箍筋 + 内箍筋 × 2 = 1.982 + 1.421 × 2 = 4.824（m）。

（2）3.650m～14.450m，ϕ8 箍筋长度

外箍筋：0.50 × 4 − 0.03 × 8 + 4 × 0.008 + 11.9 × 0.008 × 2 = 1.982（m），

内箍筋：［（0.50 − 0.03 × 2 − 0.022）/3 + 0.018］ × 2 + （0.5 − 0.06） × 2 + 27.8 × 0.008 = 1.417（m），

合计：外箍筋 + 内箍筋 × 2 = 1.982 + 1.417 × 2 = 4.816（m）。

箍筋根数：

基础插筋 2 根非复合箍。

（3）ϕ8 箍筋数量

基础层：H_n = 5.00 − 0.20 − 0.65 − 0.50 = 3.65（m），

下部加密区：3.65/3 ÷ 0.10 + 1 = 14（根），

上部加密区：（Max ｛3.65/6，0.5，0.5｝ + 0.50）/0.10 + 1 = 13（根），

中部非加密区：（3.65 − 3.65/3 − Max ｛3.65/6，0.5，0.5｝） ÷ 0.20 − 1 = 9（根）。

第一层：H_n = 3.85 − 0.60 = 3.25（m），

下部加密区：3.25/6 ÷ 0.10 + 1 = 7（根），

上部加密区：（3.25/6 + 0.6） ÷ 0.10 + 1 = 13（根），

中部非加密区：（3.25－3.15/6×2）÷0.20－1＝10（根）。

第二层和第三层：H_n＝3.60－0.60＝3（m），

下部加密区：3.00/6÷0.10＋1＝6（根），

上部加密区：（3.00/6＋0.6）÷0.10＋1＝12（根），

中部非加密区：（3.00－3.00/6×2）÷0.20－1＝9（根）。

第四层：H_n＝3.00－0.60＝2.400（m），

下部加密区：Max｛H_n/6，0.5，H_c｝÷0.10＋1＝6（根），

上部加密区：[Max｛H_n/6，0.5，H_c｝＋0.60]÷0.10＋1＝12（根），

中部非加密区：（2.40－0.50×2）÷0.20－1＝6（根）。

（4）箍筋总长度

2×1.982＋（13＋12＋8＋6＋10）×4.824＋[（6＋12＋9）×2＋6＋12＋6]×4.816＝615.99（mm），

箍筋质量：615.99×0.395＝243.32（kg）＝0.243（t）。

3. 计算J－5插筋及KZ4柱纵筋的长度和质量

（1）J－5插筋插筋长度

12⌀18：[0.15＋（0.65－0.04）＋3.65/3]×12＝23.720（m）。

（2）KZ4柱纵筋长度

4⌀18：（14.45＋5－0.65－3.65/3－0.6＋1.5×31×0.018）×4＝71.280（m），

8⌀18：（14.45＋5－0.65－3.65/3－0.03＋12×0.018）×8＝142.152（m）。

柱中⌀18的质量为：

（23.720＋71.28＋142.152）×1.998＝473.830（kg）＝0.474（t）。

4. KZ4箍筋的长度和质量

（1）基础顶面至－0.200m，ϕ10箍筋长度

外箍筋：0.50×4－0.03×8＋4×0.010＋11.9×0.010×2＝2.038（m），

内箍筋：

[（0.50－0.03×2－0.018）/3＋0.018]×2＋[0.5－0.06]×2＋4×0.010＋11.9×0.010×2＝1.475（m），

合计：外箍筋＋内箍筋×2＝2.038＋1.475×2＝4.988（m）。

（2）－0.200m～14.450m，ϕ8箍筋长度

外箍筋：0.50×4－0.03×8＋4×0.008＋11.9×0.008×2＝1.982（m），

内箍筋：

[（0.50－0.03×2－0.018）/3＋0.018]×2＋[0.5－0.06]×2＋4×0.008＋11.9×0.008×2＝1.420（m），

合计：外箍筋＋内箍筋×2＝1.982＋1.420×2＝4.822（m）。

由于J－5基础深度同J－2相同，KZ4和KZ8截面尺寸及梁高相同，所以箍筋根数与KZ8相同。

（3）ϕ8箍筋总长度

2×2.038＋（14＋13＋9）×4.988＝183.644（m）。

（4）ф10 箍筋总长度

［6＋12＋10＋（6＋12＋9）×2＋6＋12＋6］×4.822＝511.132（m）。

（5）KZ4 箍筋总质量

183.644×0.617＋511.132×0.395＝315.21（kg）＝0.315（t）。

5．计算 J－8 插筋及 KZ5 纵筋的长度和质量

（1）J－8 插筋

基础插筋 H_n＝4.4－0.2－0.75（基础高）－0.5（梁高）＝2.95（m），

4⊈20：（0.15＋0.75－0.04＋2.95/3）×4＝7.373（m），

8⊈18：（0.15＋0.75－0.04＋2.95/3）×8＝14.747（m）。

（2）KZ5 柱主筋

1）基础顶面——第二层：

4⊈20：（3.65＋4.4－0.75－2.95/3＋0.5）×4＝27.28（m），

8⊈18：（3.65＋4.4－0.75－2.95/3＋0.5）×8＝54.56（m）。

2）第二层——顶层：

12⊈18：（14.45－3.65－0.5－0.03＋12×0.018）×12＝125.832（m）。

3）柱中⊈20 质量：

（7.373＋27.28）×2.466＝85.45（kg）＝0.085（t）。

4）柱中⊈18 的质量：

（14.747＋54.56＋125.832）×1.998＝389.89（kg）＝0.390（t）。

6．KZ5 箍筋的长度和质量

（1）基础顶面至 3.650m，ф10 箍筋长度

1）外箍筋：

0.50×4－0.03×8＋4×0.010＋11.9×0.010×2＝2.038（m）。

2）内箍筋：

［（0.50－0.03×2－0.018）/3＋0.018］×2＋（0.5－0.06）×2＋4×0.010＋11.9×0.010×2＝1.475（m），

合计：外箍筋＋内箍筋×2＝2.038＋1.475×2＝4.988（m）。

（2）3.650m～14.450m，ф8 箍筋长度

1）外箍筋：

0.50×4－0.03×8＋4×0.008＋11.9×0.008×2＝1.982（m），

2）内箍筋：

［（0.50－0.03×2－0.018）/3＋0.018］×2＋（0.5－0.06）×2＋4×0.008＋11.9×0.008×2＝1.420（m），

合计：外箍筋＋内箍筋×2＝1.982＋1.420×2＝4.822（m）。

（3）KZ5 中箍筋数量

1）基础层：

下部加密区：2.95/3÷0.10＋1＝11（根），

上部加密区：（2.95/6＋0.5）/0.10＋1＝11（根），

中部非加密区：(2.95 − 2.95/3 − 2.95/6) /0.20 − 1 = 7 (根)。

2) 第一层：

H_n = 3.85 − 0.6 = 3.25 (m),

下部加密区：3.25/6 ÷ 0.10 + 1 = 7 (根),

上部加密区：(3.25/6 + 0.60) ÷ 0.10 + 1 = 13 (根),

中部非加密区：(3.25 − 3.25/6 × 2) /0.20 − 1 = 10 (根)。

3) 第二层和第三层：

H_n = 3.60 − 0.60 = 3.00 (m),

下部加密区：3.00/6 ÷ 0.10 + 1 = 6 (根),

上部加密区：(3.00/6 + 0.60) ÷ 0.10 + 1 = 12 (根),

中部非加密区：(3.00 − 3.00/6 × 2) /0.2 − 1 = 9 (根)。

4) 第四层：

H_n = 3.00 − 0.60 = 2.4 (m),

下部加密区：Max {H_n/6, 500, H_c} ÷ 0.10 + 1 = 6 (根),

上部加密区：[Max {H_n/6, 500, H_c} + 0.6] ÷ 0.10 + 1 = 12 (根),

中部非加密区：(2.40 − 0.5 × 2) /0.2 − 1 = 6 (根)。

5) 箍筋总质量：

2 × 2.038 × 0.617 + (11 + 11 + 7 + 7 + 13 + 10) × 4.988 × 0.617 + [(6 + 12 + 9) × 2 + 6 + 12 + 6] × 4.822 × 0.395 = 332.66 (kg) = 0.333 (t)。

要点 11：某平法柱钢筋工程量计算

【例 3 − 10】　某平法柱示意图如图 3 − 22 所示，建筑基本情况见表 3 − 20，建筑构造基本情况表见表 3 − 21，试计算该平法柱的钢筋工程量。

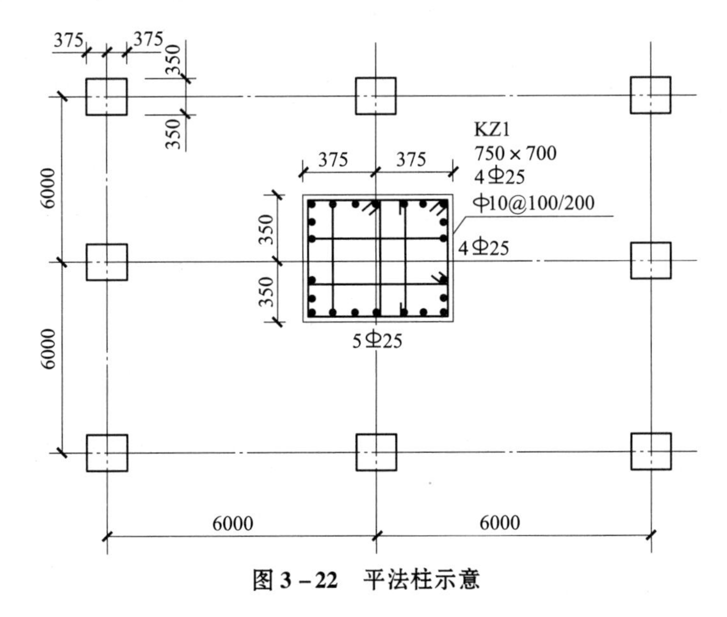

图 3 − 22　平法柱示意

表 3－20　建筑基本情况表

层号	标高（m）	层高（m）	梁高（mm）
0	－4.63	4.5	基础板厚 1200
1	－0.13	4.5	700
2	4.37	4.2	700
3	8.57	3.6	700
4	12.17	3.6	700
5	15.77	—	700

表 3－21　建筑构造基本情况表

混凝土强度等级	抗震等级	基础保护层	柱保护层	梁保护层	钢筋连接方式
C30	一级抗震	40mm	30mm	25mm	绑扎搭接

【解】

1．0 层（基础层）

0 层（基础层）框架柱钢筋工程量计算见表 3－22。

表 3－22　0 层（基础层）框架柱钢筋工程量计算表

序号	构件信息	个数	总质量（kg）	单根质量（kg）	根数	钢筋直径	单长计算（mm）	备注
1	0 层（基础层）	1	3638.331	3638.331				
1－1	KZ1		3638.331					
1－1－1	C/1	9	3638.331	404.259				
1－1－1－1	1		209.349	23.261	9	Φ25	（0＋3000＋2×1.4×850＋0.3×1.4×850）＋（300）＋（0×47.6×25）＋（0）－（0）＝6037 300 └ 5737	插筋基础层
1－1－1－2	2		155.700	17.300	9	Φ25	（0＋3000＋1.4×850）＋（300）＋（0×47.6×25）＋（0）－（0）＝4490 300 └ 4190	插筋基础层
1－1－1－3	3		19.432	9.716	2	Φ20	（0＋3000＋2×0＋700）＋（240）＋（0×0×20）＋（0）－（0）＝3940 240 └ 3700	插筋基础层

续表 3－22

序号	构件信息	个数	总质量（kg）	单根质量（kg）	根数	钢筋直径	单长计算（mm）	备注
1－1－1－4	4		15.980	7.990	2	⌀20	（0＋3000＋0）＋（240）＋（0×0×20）＋（0）－（0）＝3240 240 3000	插筋基础层
1－1－1－5	5		3.798	1.899	2	⌀10	（710）×2＋（710）×2＋（0×37.8×10）＋（23.8×10）－（0）＝3078 710 710	箍筋

2. 1 层（首层）

1 层（首层）框架柱钢筋工程量计算见表 3－23。

表 3－23　1 层（首层）框架柱钢筋工程量计算表

序号	构件信息	个数	总质量（kg）	单根质量（kg）	根数	钢筋直径	单长计算（mm）	备注
2	1 层（首层）	1	9471.843	9471.843				
2－1	KZ1		9471.843					
2－1－1	C/1	9	9471.843	1052.427				
2－1－1－1	1		275.337	30.593	9	⌀25	（4500＋4500－3000＋750＋1.4×850）＋（0×47.6×25）＋（0）－（0）＝7940 7940	纵向主筋底层
2－1－1－2	2		275.337	30.593	9	⌀25	（4500＋4500－3000－1.4×850－0.3×1.4×850＋750＋0.3×1.4×850＋1.4×850×2）＋（0×47.6×25）＋（0）－（0）＝7940 7940	纵向主筋底层
2－1－1－3	3		33.292	16.646	2	⌀20	（4500＋4500－3000＋750＋0）＋（0×0×20）＋（0）－（0）＝6750 6750	纵向主筋底层
2－1－1－4	4		33.292	16.646	2	⌀20	（4500＋4500－3000－0－700＋750＋700＋0×2）＋（0×0×20）＋（0）－（0）＝6750 6750	纵向主筋底层

续表 3－23

序号	构件信息	个数	总质量（kg）	单根质量（kg）	根数	钢筋直径	单长计算（mm）	备注
2－1－1－5	5		157.617	1.899	83	⌀10	（710）×2＋（710）×2＋（0×37.8×10）＋（23.8×10）－（0）＝3078 710 710	箍筋
2－1－1－6	6		112.216	1.352	83	⌀10	（267）×2＋（710）×2＋（0×37.8×10）＋（23.8×10）－（0）＝2192 267 710	箍筋
2－1－1－7	7		116.781	1.407	83	⌀10	（710）×2＋（311）×2＋（0×37.8×10）＋（23.8×10）－（0）＝2280 710 310	箍筋
2－1－1－8	8		48.555	0.585	83	⌀10	（710）＋（0×37.8×10）＋（2×11.9×10）－（0）＝948 710	箍筋

3. 2层（普通层）

2层（普通层）框架柱钢筋工程量计算见表3－24。

表3－24　2层（普通层）框架柱钢筋工程量计算表

序号	构件信息	个数	总质量（kg）	单根质量（kg）	根数	钢筋直径	单长计算（mm）	备注
3	2层（普通层）	1	5719.122	5719.122				
3－1	KZ1		5719.122					
3－1－1	C/1	9	5719.122	635.458				
3－1－1－1	1		186.912	20.768	9	⌀25	（4200－750＋750＋1.4×850）＋（0×47.6×25）＋（0）－（0）＝5390 5390	纵向主筋中间层
3－1－1－2	2		186.912	20.768	9	⌀25	（4200－750－1.4×850－0.3×1.4×850＋750＋0.3×1.4×850＋1.4×850×2）＋（0×47.6×25）＋（0）－（0）＝5390 5390	纵向主筋中间层

续表 3－24

序号	构件信息	个数	总质量（kg）	单根质量（kg）	根数	钢筋直径	单长计算（mm）	备注
3－1－1－3	3		20.714	10.357	2	Φ20	（4200－750＋750＋0）＋（0×0×20）＋（0）－（0）＝4200 4200	纵向主筋中间层
3－1－1－4	4		20.714	10.357	2	Φ20	（4200－750－0－700＋750＋700＋0×2）＋（0×0×20）＋（0）－（0）＝4200 4200	纵向主筋中间层
3－1－1－5	5		79.758	1.899	42	Φ10	（710）×2＋（710）×2＋（0×37.8×10）＋（23.8×10）－（0）＝3078 710 710	箍筋
3－1－1－6	6		56.784	1.352	42	Φ10	（267）×2＋（710）×2＋（0×37.8×10）＋（23.8×10）－（0）＝2192 267 710	箍筋
3－1－1－7	7		59.094	1.407	42	Φ10	（710）×2＋（311）×2＋（0×37.8×10）＋（23.8×10）－（0）＝2280 710 311	箍筋
3－1－1－8	8		24.570	0.585	42	Φ10	（710）＋（0×37.8×10）＋（2×11.9×10）－（0）＝948 710	箍筋

4. 3层（普通层）

3层（普通层）框架柱钢筋工程量计算见表3－25。

表3－25　3层（普通层）框架柱钢筋工程量计算表

序号	构件信息	个数	总质量（kg）	单根质量（kg）	根数	钢筋直径	单长计算（mm）	备注
4	3层（普通层）	1	5008.212	5008.212				
4－1	KZ1		5008.212					
4－1－1	C/1	9	5008.212	556.468				

续表 3－25

序号	构件信息	个数	总质量（kg）	单根质量（kg）	根数	钢筋直径	单长计算（mm）	备注
4－1－1－1	1		166.104	18.456	9	⌀25	（3600－750＋750＋1.4×850）＋（0×47.6×25）＋（0）－（0）＝4790 4790	纵向主筋中间层
4－1－1－2	2		166.104	18.456	9	⌀25	（3600－750－1.4×850－0.3×1.4×850＋750＋0.3×1.4×850＋1.4×850×2）＋（0×47.6×25）＋（0）－（0）＝4790 4790	纵向主筋中间层
4－1－1－3	3		17.756	8.878	2	⌀20	（3600－750＋750＋0）＋（0×0×20）＋（0）－（0）＝3600 3600	纵向主筋中间层
4－1－1－4	4		17.756	8.878	2	⌀20	（3600－750－0－700＋750＋700＋0×2）＋（0×0×20）＋（0）－（0）＝3600 3600	纵向主筋中间层
4－1－1－5	5		68.364	1.899	36	⌀10	（710）×2＋（710）×2＋（0×37.8×10）＋（23.8×10）－（0）＝3078 710 710	箍筋
4－1－1－6	6		48.672	1.352	36	⌀10	（267）×2＋（710）×2＋（0×37.8×10）＋（23.8×10）－（0）＝2192 267 710	箍筋
4－1－1－7	7		50.652	1.407	36	⌀10	（710）×2＋（311）×2＋（0×37.8×10）＋（23.8×10）－（0）＝2280 710 311	箍筋
4－1－1－8	8		21.060	0.585	36	⌀10	（710）＋（0×37.8×10）＋（2×11.9×10）－（0）＝948 710	箍筋

5. 4层（普通层）

4层（普通层）框架柱钢筋工程量计算见表3－26。

表3－26　4层（普通层）框架柱钢筋工程量计算表

序号	构件信息	个数	总质量（kg）	单根质量（kg）	根数	钢筋直径	单长计算（mm）	备注
5	4层（普通层）	1	5008.212	5008.212				
5－1	KZ1		5008.212					
5－1－1	C/1	9	5008.212	556.468				
5－1－1－1	1		166.104	18.456	9	⌀25	（3600－750＋750＋1.4×850）＋（0×47.6×25）＋（0）－（0）＝4790 4790	纵向主筋中间层
5－1－1－2	2		166.104	18.456	9	⌀25	（3600－750－1.4×850－0.3×1.4×850＋750＋0.3×1.4×850＋1.4×850×2）＋（0×47.6×25）＋（0）－（0）＝4790 4790	纵向主筋中间层
5－1－1－3	3		17.756	8.878	2	⌀20	（3600－750＋750＋0）＋（0×0×20）＋（0）－（0）＝3600 3600	纵向主筋中间层
5－1－1－4	4		17.756	8.878	2	⌀20	（3600－750－0－700＋750＋700＋0×2）＋（0×0×20）＋（0）－（0）＝3600 3600	纵向主筋中间层
5－1－1－5	5		68.364	1.899	36	⌀10	（710）×2＋（710）×2＋（0×37.8×10）＋（23.8×10）－（0）＝3078 710 710	箍筋
5－1－1－6	6		48.672	1.352	36	⌀10	（267）×2＋（710）×2＋（0×37.8×10）＋（23.8×10）－（0）＝2192 267 710	箍筋

续表 3－26

序号	构件信息	个数	总质量（kg）	单根质量（kg）	根数	钢筋直径	单长计算（mm）	备注
5－1－1－7	7		50.652	1.407	36	ϕ10	（710）×2＋（311）×2＋（0×37.8×10）＋（23.8×10）－（0）＝2280 710 311	箍筋
5－1－1－8	8		21.060	0.585	36	ϕ10	（710）＋（0×37.8×10）＋（2×11.9×10）－（0）＝948 710	箍筋

6. 5层（普通层）

5层（普通层）框架柱钢筋工程量计算见表3－27。

表 3－27　5层（普通层）框架柱钢筋工程量计算表

序号	构件信息	个数	总质量（kg）	单根质量（kg）	根数	钢筋直径	单长计算（mm）	备注
6	5层（普通层）	1	3403.962	3403.962				
6－1	KZ1		3403.962					
6－1－1	C/1	9	3403.962	378.218				
6－1－1－1	1		108.189	12.021	9	⌀25	（3600－750－30）＋（12×25）＋（0×47.6×25）＋（0）－（0）＝3120 300　2820	纵向主筋顶层
6－1－1－2	2		54.549	6.061	9	⌀25	（3600－750－1.4×850－0.3×1.4×850－30）＋（12×25）＋（0×47.6×25）＋（0）－（0）＝1573 300　1273	纵向主筋顶层
6－1－1－3	3		15.092	7.546	2	⌀20	（3600－750－30）＋（12×20）＋（0×0×20）＋（0）－（0）＝3060 240　2820	纵向主筋顶层

续表 3－27

序号	构件信息	个数	总质量（kg）	单根质量（kg）	根数	钢筋直径	单长计算（mm）	备注
6－1－1－4	4		11.640	5.820	2	⏀20	（3600－750－0－700－30）＋（12×20）＋（0×0×20）＋（0）－（0）＝2360 240 2120	纵向主筋顶层
6－1－1－5	5		68.364	1.899	36	⏀10	（710）×2＋（710）×2＋（0×37.8×10）＋（23.8×10）－（0）＝3078 710 710	箍筋
6－1－1－6	6		48.672	1.352	36	⏀10	（267）×2＋（710）×2＋（0×37.8×10）＋（23.8×10）－（0）＝2192 267 710	箍筋
6－1－1－7	7		50.652	1.407	36	⏀10	（710）×2＋（311）×2＋（0×37.8×10）＋（23.8×10）－（0）＝2280 710 311	箍筋
6－1－1－8	8		21.060	0.585	36	⏀10	（710）＋（0×37.8×10）＋（2×11.9×10）－（0）＝948 710	箍筋

合计：框架柱钢筋工程量＝3638.331＋9471.843＋5719.122＋5008.212＋5008.212＋3403.962＝32249.682（kg）＝32.25（t）。

第4章　剪力墙的平法计价

要点1：剪力墙平法施工图表示方法

剪力墙平法施工图，在剪力墙平面布置图上采用列表注写方式或截面注写方式。

列表注写方式是指分别在剪力墙柱表、剪力墙身表和剪力墙梁表中，对应于剪力墙平面布置图上的编号，用绘制截面配筋图并注写几何尺寸及配筋具体数值的方式，来表达剪力墙平法施工图。

截面注写方式是指在分标准层绘制的剪力墙平面布置图上，以直接在墙柱、墙梁、墙身上注写截面尺寸和配筋具体数值的方式来表达剪力墙平法施工图。

剪力墙平面布置图可采用适当比例单独绘制，也可与柱、梁平面布置图合并绘制。当剪力墙较复杂或采用截面注写方式时，应按标准层分别绘制剪力墙平面布置图。

在剪力墙平法施工图中，应注明各结构层的楼面标高、结构层高及相应的结构层号，尚应注明上部结构嵌固部位位置。

对于轴线未居中的剪力墙（包括端柱），应标注其偏心定位尺寸。

要点2：剪力墙编号

将剪力墙按剪力墙柱、剪力墙身、剪力墙梁（墙柱、墙身、墙梁）三类构件分别编号。

1. 墙柱编号

墙柱编号，由墙柱类型代号和序号组成，表达形式见表4-1。

表4-1　墙柱编号

墙柱类型	编　　号	序　　号
约束边缘构件	YBZ	××
构造边缘构件	GBZ	××
非边缘暗柱	AZ	××
扶壁柱	FBZ	××

注：1　约束边缘构件包括约束边缘暗柱、约束边缘端柱、约束边缘翼墙、约束边缘转角墙四种，如图4-1所示。

2　构造边缘构件包括构造边缘暗柱、构造边缘端柱、构造边缘翼墙、构造边缘转角墙四种，如图4-2所示。

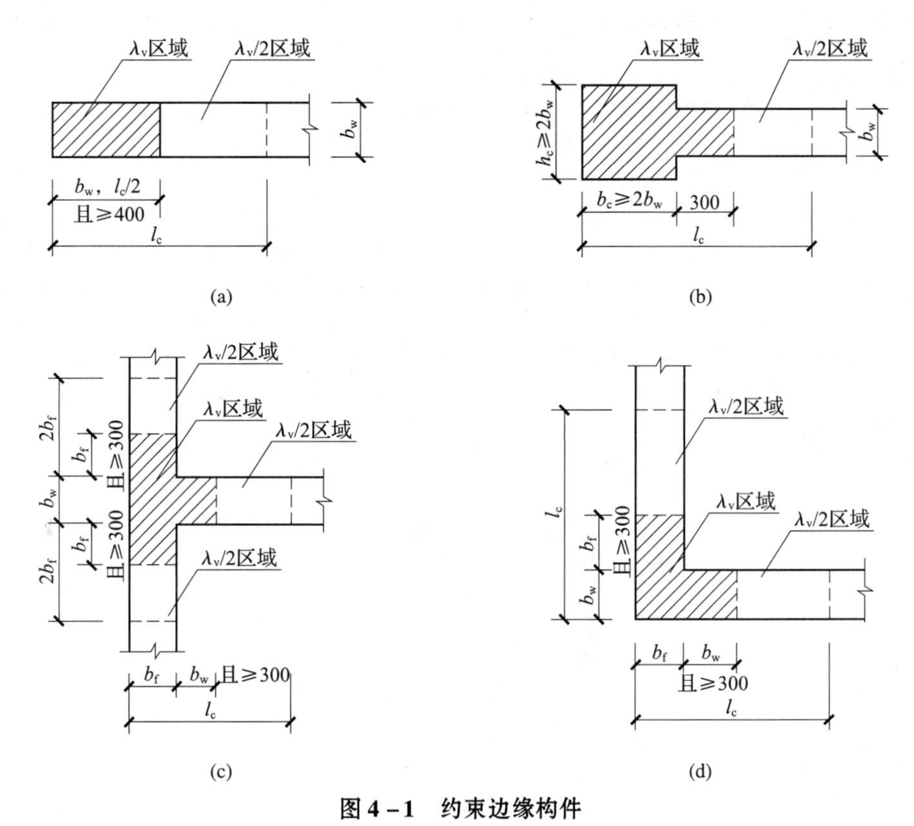

图4-1　约束边缘构件

（a）约束边缘暗柱；（b）约束边缘端柱；（c）约束边缘翼墙；（d）约束边缘转角墙

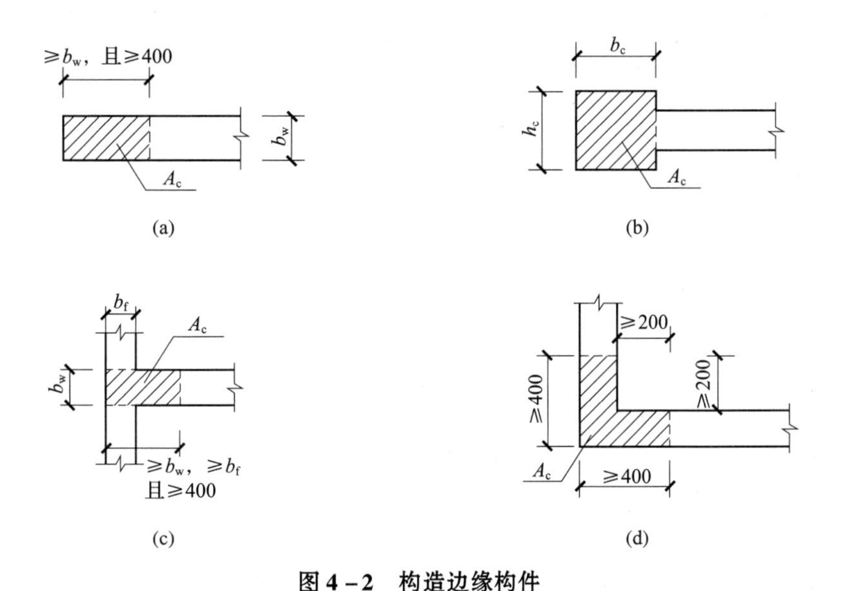

图4-2　构造边缘构件

（a）构造边缘暗柱；（b）构造边缘端柱；（c）构造边缘翼墙；（d）构造边缘转角墙

2. 墙身编号

墙身编号由墙身代号、序号以及墙身所配置的水平与竖向分布钢筋的排数组成，其中，排数注写在括号内，表达形式为：

Q×× (×排)

注：1 在编号中：如若干墙柱的截面尺寸与配筋均相同，仅截面与轴线的关系不同时，可将其编为同一墙柱号；又如若干墙身的厚度尺寸和配筋均相同，仅墙厚与轴线的关系不同或墙身长度不同时，也可将其编为同一墙身号，但应在图中注明与轴线的几何关系。

2 当墙身所设置的水平与竖向分布钢筋的排数为2时可不注。

3 对于分布钢筋网的排数规定：非抗震：当剪力墙厚度大于160mm时，应配置双排；当其厚度不大于160mm时，宜配置双排。抗震：当剪力墙厚度不大于400mm时，应配置双排；当剪力墙厚度大于400mm，但不大于700mm时，宜配置3排；当剪力墙厚度大于70mm时，宜配置4排。各排水平分布钢筋和竖向分布钢筋的直径与间距宜保持一致。当剪力墙配置的分布钢筋多于2排时，剪力墙拉筋两端应同时勾住外排水平纵筋和竖向纵筋，还应与剪力墙内排水平纵筋和竖向纵筋绑扎在一起。

3. 墙梁编号

墙梁编号，由墙梁类型代号和序号组成，表达形式见表4-2。

表4-2 墙梁编号

墙梁类型	代号	序号
连梁	LL	××
连梁（对角暗撑配筋）	LL（JC）	××
连梁（交叉斜筋配筋）	LL（JX）	××
连梁（集中对角斜筋配筋）	LL（DX）	××
暗梁	AL	××
边框梁	BKL	××

要点3：剪力墙列表注写方式

1. 墙柱表

剪力墙柱表，如图4-3所示。

剪力墙柱表中表达的内容包括：

（1）墙柱编号（表4-1）

绘制该墙柱的截面配筋图，标注墙柱几何尺寸。

1）约束边缘构件：需注明阴影部分尺寸。

2）构造边缘构件：需注明阴影部分尺寸。

3）扶壁柱及非边缘暗柱需标注几何尺寸。

（2）各段墙柱的起止标高

注写各段墙柱的起止标高，自墙柱根部往上以变截面位置或截面未变但配筋改变处为界分段注写。墙柱根部标高系指基础顶面标高（部分框支剪力墙结构则为框支梁顶面标高）。

截面	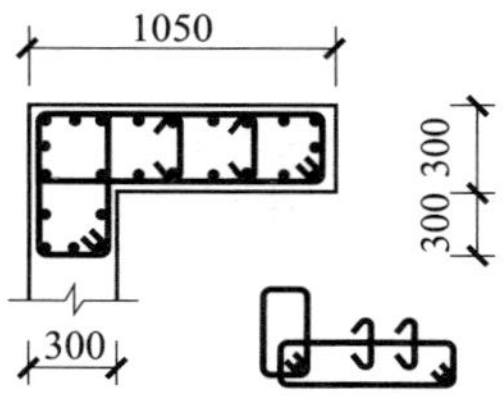 1050; 300 300; 300	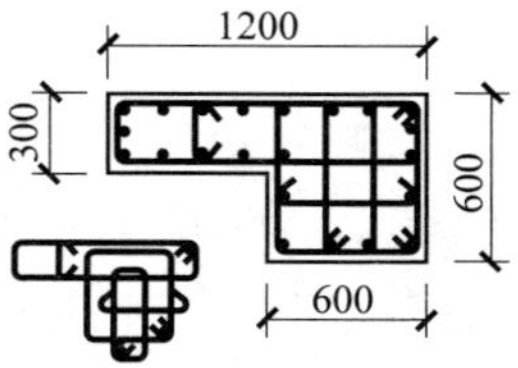 1200; 300; 600; 600	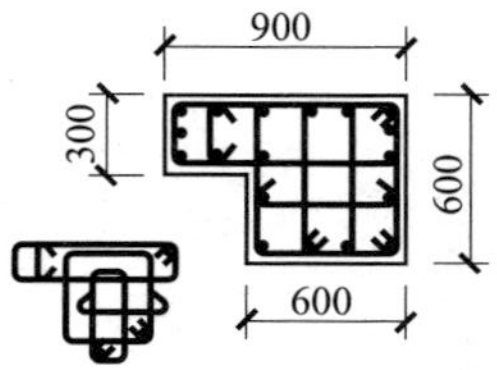 900; 300; 600; 600	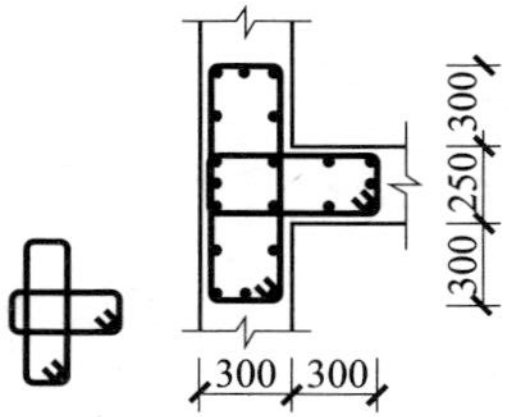 300 250 300; 300 300
编号	YBZ1	YBZ2	YBZ3	YBZ4
标高	−0.030~12.270	−0.030~12.270	−0.030~12.270	−0.030~12.270
纵筋	24Φ20	22Φ20	18Φ22	20Φ20
箍筋	Φ10@100	Φ10@100	Φ10@100	Φ10@100

截面	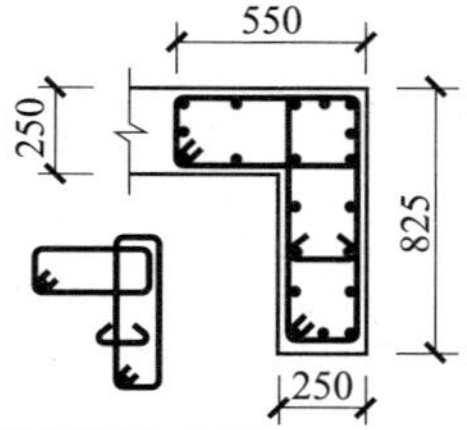 550; 250; 825; 250	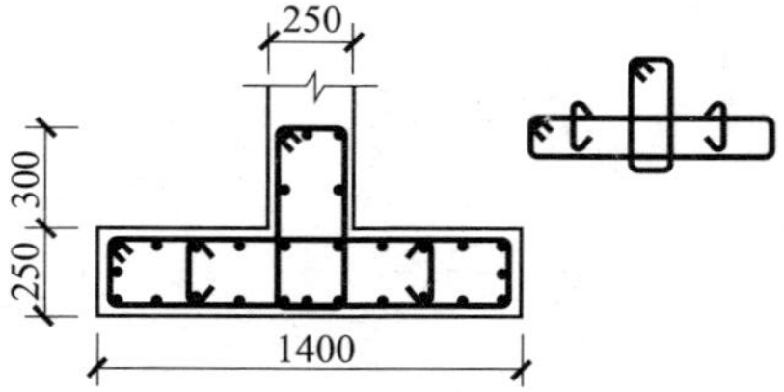 250; 300; 250; 1400	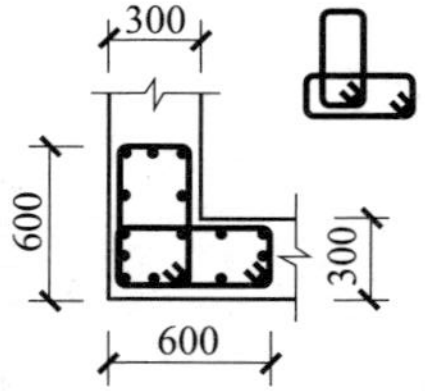 300; 600; 300; 600
编号	YBZ5	YBZ6	YBZ7
标高	−0.030~12.270	−0.030~12.270	−0.030~12.270
纵筋	20Φ20	23Φ20	16Φ20
箍筋	Φ10@100	Φ10@100	Φ10@100

图4－3　剪力墙柱表

注：本图表为－0.030～12.270剪力墙平法施工图（部分剪力墙柱表）。

（3）各段墙柱的纵向钢筋和箍筋

注写各段墙柱的纵向钢筋和箍筋，注写值应与在表中绘制的截面配筋图对应一致。纵向钢筋注总配筋值；墙柱箍筋的注写方式与柱箍筋相同。约束边缘构件除注写阴影部位的箍筋外，尚需在剪力墙平面布置图中注写非阴影区内布置的拉筋（或箍筋）。

2．墙身表

剪力墙身表包括以下内容：

（1）墙身编号

注写墙身编号（含水平与竖向分布钢筋的排数）。

（2）各段墙身起止标高

注写各段墙身起止标高，自墙身根部往上以变截面位置或截面未变但配筋改变处为界分段注写。墙身根部标高系指基础顶面标高（部分框支剪力墙结构则为框支梁顶面标高）。

（3）配筋

注写水平分布钢筋、竖向分布钢筋和拉筋的具体数值。注写数值为一排水平分布钢筋和竖向分布钢筋的规格与间距，具体设置几排已经在墙身编号后面表达。

拉筋应注明布置方式“双向”或“梅花双向”，如图4－4所示（图中a为竖向分布钢筋间距，b为水平分布钢筋间距）。

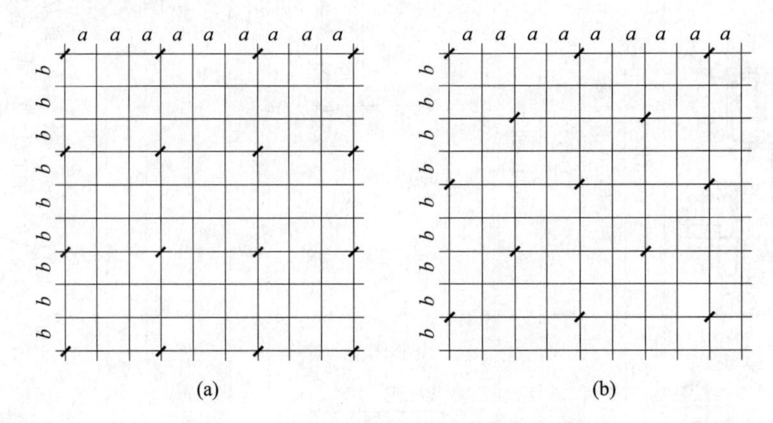

图4－4　双向拉筋与梅花双向拉筋示意图

（a）拉筋@3a3b双向（a≤200、b≤200）；（b）拉筋@4a4b梅花双向（a≤150、b≤150）

3．墙身梁

墙身梁的内容包括：

1）墙梁编号（表4－2）。

2）墙梁所在楼层号。

3）墙梁顶面标高高差。墙梁顶面标高高差系指相对于墙梁所在结构层楼面标高的高差值，高于者为正值，低于者为负值，当无高差时不注。

4）墙梁截面尺寸$b \times h$，上部纵筋、下部纵筋和箍筋的具体数值。

5）当连梁设有对角暗撑时［代号为LL（JC）××］，注写暗撑的截面尺寸（箍筋外皮尺寸)；注写一根暗撑的全部纵筋，并标注 ×2 表明有两根暗撑相互交叉；注写暗撑箍筋的具体数值。

6）当连梁设有交叉斜筋时［代号为 LL（JX）××］，注写连梁一侧对角斜筋的配筋值，并标注 ×2 表明对称设置；注写对角斜筋在连梁端部设置的拉筋根数、规格及直径，并标注 ×4 表示四个角都设置；注写连梁一侧折线筋配筋值，并标注 ×2 表明对称设置。

7）当连梁设有集中对角斜筋时［代号为 LL（DX）××］，注写一条对角线上的对角斜筋，并标注 ×2 表明对称设置。

墙梁侧面纵筋的配置，当墙身水平分布钢筋满足连梁、暗梁及边框梁的梁侧面纵向构造钢筋的要求时，该筋配置同墙身水平分布钢筋，表中不注，施工按标准构造详图的要求即可；当不满足时，应在表中补充注明梁侧面纵筋的具体数值（其在支座内的锚固要求同连梁中受力钢筋）。

要点 4：剪力墙截面注写方式

选用适当比例原位放大绘制剪力墙平面布置图，其中对墙柱绘制配筋截面图；对所有墙柱、墙身、墙梁进行编号，并分别在相同编号的墙柱、墙身、墙梁中选择一根墙柱、一道墙身、一根墙梁进行注写，其注写方式如下：

1）从相同编号的墙柱中选择一个截面，注明几何尺寸，标注全部纵筋及箍筋的具体数值。

注：约束边缘构件除需注明阴影部分具体尺寸外，尚需注明约束边缘构件沿墙肢长度 l_c，约束边缘翼墙中沿墙肢长度尺寸为 $2b_f$ 时可不注。除注写阴影部位的箍筋外尚需注写非阴影区内布置的拉筋（或箍筋）。当仅 l_c 不同时，可编为同一构件，但应单独注明 l_c 的具体尺寸并标注非阴影区内布置的拉筋（或箍筋）。

2）从相同编号的墙身中选择一道墙身，按顺序引注的内容为：墙身编号（应包括注写在括号内墙身所配置的水平与竖向分布钢筋的排数）、墙厚尺寸、水平分布钢筋、竖向分布钢筋和拉筋的具体数值。

3）从相同编号的墙梁中选择一根墙梁，按顺序引注的内容为：

①注写墙梁编号、墙梁截面尺寸 $b \times h$、墙梁箍筋、上部纵筋、下部纵筋和墙梁顶面标高高差的具体数值。

②当连梁设有对角暗撑时［代号为 LL（JC）××］，注写暗撑的截面尺寸（箍筋外皮尺寸）；注写一根暗撑的全部纵筋，并标注 ×2 表明有两根暗撑相互交叉；注写暗撑箍筋的具体数值。

③当连梁设有交叉斜筋时［代号为 LL（JX）××］，注写连梁一侧对角斜筋的配筋值，并标注 ×2 表明对称设置；注写对角斜筋在连梁端部设置的拉筋根数、规格及直径，并标注 ×4 表示四个角都设置；注写连梁一侧折线筋配筋值，并标注 ×2 表明对称设置。

④当连梁设有集中对角斜筋时［代号为 LL（DX）××］，注写一条对角线上的对角斜筋，并标注 ×2 表明对称设置。

当墙身水平分布钢筋不能满足连梁、暗梁及边框梁的梁侧面纵向构造钢筋的要求时，应补充注明梁侧面纵筋的具体数值；注写时，以大写字母 N 打头，接续注写直径与间距。其在支座内的锚固要求同连梁中受力钢筋。

【例 4-1】 N⌀10@150，表示墙梁两个侧面纵筋对称配置为：HRB400 级钢筋，直径⌀10，间距为 150mm。

要点 5：剪力墙洞口表示方法

无论采用列表注写方式还是截面注写方式，剪力墙上的洞口均可在剪力墙平面布置图上原位表达。洞口的具体表示方法：

1. 在剪力墙平面布置图上绘制

在剪力墙平面布置图上绘制洞口示意，并标注洞口中心的平面定位尺寸。

2. 在洞口中心位置引注

（1）洞口编号　矩形洞口为 JD××（××为序号），圆形洞口为 YD××（××为序号）。

（2）洞口几何尺寸　矩形洞口为洞宽×洞高（$b \times h$），圆形洞口为洞口直径值。

（3）洞口中心相对标高　洞口中心相对标高系相对于结构层楼（地）面标高的洞口中心高度。当其高于结构层楼面时为正值，低于结构层楼面时为负值。

（4）洞口每边补强钢筋

1）当矩形洞口的洞宽、洞高均不大于 800mm 时，此项注写为洞口每边补强钢筋的具体数值（如果按标准构造详图设置补强钢筋时可不注）。当洞宽、洞高方向补强钢筋不一致时，分别注写洞宽方向、洞高方向补强钢筋，以“/”分隔。

【例 4-2】 JD4800×300+3.1003⌀18/3⌀14，表示 4 号矩形洞口，洞宽 800mm、洞高 300mm，洞口中心距本结构层楼面 3100mm，洞宽方面补强钢筋为 3⌀18，洞高方向补强钢筋为 3⌀14。

2）当矩形或圆形洞口的洞宽或直径大于 800mm 时，在洞口的上、下需设置补强暗梁，此项注写为洞口上、下每边暗梁的纵筋与箍筋的具体数值（在标准构造详图中，补强暗梁梁高一律定为 400mm，施工时按标准构造详图取值，设计不注。当设计者采用与该构造详图不同的做法时，应另行注明），圆形洞口时尚需注明环向加强钢筋的具体数值；当洞口上、下边为剪力墙连梁时，此项免注；洞口竖向两侧设置边缘构件时，亦不在此项表达（当洞口两侧不设置边缘构件时，设计者应给出具体做法）。

【例 4-3】 YD 5 1000+1.800 6⌀20 ⌀8@150 2⌀16，表示 5 号圆形洞口，直径 1000mm，洞口中心距本结构层楼面 1800mm，洞口上、下设补强暗梁，每边暗梁纵筋为 6⌀20，箍筋为⌀8@150，环向加强钢筋为 2⌀16。

3）当圆形洞口设置在连梁中部 1/3 范围（且圆洞直径不应大于 1/3 梁高）时，需注写在圆洞上、下水平设置的每边补强纵筋与箍筋。

4）当圆形洞口设置在墙身或暗梁、边框梁位置，且洞口直径不大于 300mm 时，此项注写为洞口上下左右每边布置的补强纵筋的具体数值。

5）当圆形洞口直径大于300mm，但不大于800mm时，其加强钢筋按照圆外切正六边形的边长方向布置，设计仅需注写六边形中一边补强钢筋的具体数值。

要点6：地下室外墙表示方法

地下室外墙仅适用于起挡土作用的地下室外围护墙。地下室外墙中墙柱、连梁及洞口等的表示方法同地上剪力墙。

地下室外墙编号，由墙身代号序号组成。表达为：

DWQ××，

地下室外墙的注写方式，包括集中标注墙体编号、厚度、贯通筋、拉筋等和原位标注附加非贯通筋等两部分内容。当仅设置贯通筋，未设置附加非贯通筋时，则仅做集中标注。

1．集中标注

集中标注的内容包括：

1）地下室外墙编号，包括代号、序号、墙身长度（注为××轴~××轴）。

2）地下室外墙厚度 b=×××mm。

3）地下室外墙的外侧、内侧贯通筋和拉筋。

①以OS代表外墙外侧贯通筋。其中，外侧水平贯通筋以H打头注写，外侧竖向贯通筋以V打头注写。

②以IS代表外墙内侧贯通筋。其中，内侧水平贯通筋以H打头注写，内侧竖向贯通筋以V打头注写。

③以tb打头注写拉筋直径、强度等级及间距，并注明“双向”或“梅花双向”。

【例4-4】 DWQ2（①~⑥），b_w=300；OS：H⊈18@200，V⊈20@200；IS：H⊈16@200，V⊈18@200；tb：ф6@400@400双向。表示2号外墙，长度范围为①~⑥之间，墙厚为300mm；外侧水平贯通筋为⊈18@200，竖向贯通筋为⊈20@200；内侧水平贯通筋为⊈16@200，竖向贯通筋为⊈18@200；双向拉筋为ф6，水平间距为400mm，竖向间距为400mm。

2．原位标注

地下室外墙的原位标注，主要表示在外墙外侧配置的水平非贯通筋或竖向非贯通筋。当配置水平非贯通筋时，在地下室墙体平面图上原位标注。在地下室外墙外侧绘制粗实线段代表水平非贯通筋，在其上注写钢筋编号并以H打头注写钢筋强度等级、直径、分布间距，以及自支座中线向两边跨内的伸出长度值。当自支座中线向两侧对称伸出时，可仅在单侧标注跨内伸出长度，另一侧不注，此种情况下非贯通筋总长度为标注长度的2倍。边支座处非贯通钢筋的伸出长度值从支座外边缘算起。

地下室外墙外侧非贯通筋通常采用“隔一布一”方式与集中标注的贯通筋间隔布置，其标注间距应与贯通筋相同，两者组合后的实际分布间距为各自标注间距的1/2。

当在地下室外墙外侧底部、顶部、中层楼板位置配置竖向非贯通筋时，应补充绘制地下室外墙竖向截面轮廓图并在其上原位标注。表示方法为在地下室外墙竖向截面轮廓图外侧绘制粗实线段代表竖向非贯通筋，在其上注写钢筋编号并以 V 打头注写钢筋强度等级、直径、分布间距，以及向上（下）层的伸出长度值，并在外墙竖向截面图名下注明分布范围（××轴~××轴）。

地下室外墙外侧水平、竖向非贯通筋配置相同者，可仅选择一处注写，其他可仅注写编号。

当在地下室外墙顶部设置通长加强钢筋时应注明。

要点7：剪力墙的工程量计算规则

《房屋建筑与装饰工程工程量计算规范》GB 50854—2013 附录 E.4 给出了现浇混凝土墙的工程量计算规则，见表4-3。

表4-3　现浇混凝土墙

项目编码	项目名称	项目特征	计量单位	工程量计算规则	工作内容
010504001	直形墙	1. 混凝土种类； 2. 混凝土强度等级	m^3	按设计图示尺寸以体积计算； 扣除门窗洞口及单个面积 $>0.3m^2$ 的孔洞所占体积，墙垛及突出墙面部分并入墙体体积计算内	1. 模板及支架（撑）制作、安装、拆除、堆放、运输及清理模内杂物、刷隔离剂等； 2. 混凝土制作、运输、浇筑、振捣、养护
010504002	弧形墙				
010504003	短肢剪力墙				
010504004	挡土墙				

注：短肢剪力墙是指截面厚度不大于300mm、各肢截面高度与厚度之比的最大值大于4但不大于8的剪力墙；各肢截面高度与厚度之比的最大值大于4的剪力墙按柱项目编码列项。

从上表中，我们可以得出，混凝土墙（即剪力墙）工程量计算公式为：

$V=$（墙厚×墙长－门窗洞口）×墙高＋突出墙面部分。

要点8：某工程局部剪力墙构造边缘端柱工程量计算

【例4-5】　某工程局部剪力墙柱表如图4-5所示，混凝土强度等级为C30，试计算剪力墙端柱（CDZ1）的混凝土工程量。

【解】

从本题的剪力墙柱表我们可以知道，该剪力墙柱是变截面，应当分段计算其体积；按照不同墙厚，分别编制工程量清单。

1. 300mm 厚剪力墙的混凝土工程量

$V=[8.67-(-0.03)+(30.27-8.67)]\times(0.6\times0.6+0.6\times0.3)=[8.7+21.6]\times0.54=16.36(m^3)$。

2. 250mm 剪力墙的混凝土工程量

$V=(59.07-30.27)\times(0.6\times0.6+0.6\times0.25)=28.8\times0.51=14.69\ (m^3)$。

工程量清单编制见表4－4。

层号	标高(m)	层高(m)
屋面2	65.670	
塔层2	62.370	3.30
屋面1(塔层1)	59.070	3.30
16	55.470	3.60
15	51.870	3.60
14	48.270	3.60
13	44.670	3.60
12	41.070	3.60
11	37.470	3.60
10	33.870	3.60
9	30.270	3.60
8	26.670	3.60
7	23.070	3.60
6	19.470	3.60
5	15.870	3.60
4	12.270	3.60
3	8.670	3.60
2	4.470	4.20
1	-0.030	4.50
-1	-4.530	4.50
-2	-9.030	4.50

底部加强部位

结构层楼面标高
结构层面

截面	1200；300(250)；600；600			600；600		400；400
编号	GDZ1			GDZ2		
标高	-0.030~8.670	8.670~30.270	(30.270~59.070)	-0.030~8.670	8.670~59.070	59.070~65.670
纵筋	22⌀22	22⌀20	(22⌀18)	12⌀25	12⌀22	12⌀20
箍筋	⌀10@100	⌀10@100/200	(⌀10@100/200)	⌀10@100	⌀10@100/200	⌀10@100/200
截面	1050；300(250)；300(250)；未注明的尺寸按标准构造详图			300(250)；300(250)；未注明的尺寸按标准构造详图		
编号	GJZ1			GYZ1		
标高	-0.030~8.670	8.670~30.270	(30.270~59.070)	-0.030~8.670	8.670~30.270	(30.270~59.070)
纵筋	24⌀20	24⌀18	(24⌀16)	20⌀20	20⌀18	(20⌀18)
箍筋	⌀10@100	⌀10@150	(⌀10@150)	⌀10@100	⌀10@150	(⌀10@150)

图4－5　某工程局部剪力墙柱表

表4－4　分部分项工程量清单

工程名称：××工程　　　　第1页　　共1页

序号	项目编码	项目名称	项目特征	计量单位	工程数量
1	010504001001	直形墙	混凝土强度等级 C30	m^3	16.36
2	010504001002	直形墙	混凝土强度等级 C30	m^3	14.69

要点9：某工程剪力墙非边缘暗柱工程量计算

【例4－6】　某工程剪力墙平面布置图如图4－6所示，试计算暗柱 AZ2－3 的体积。

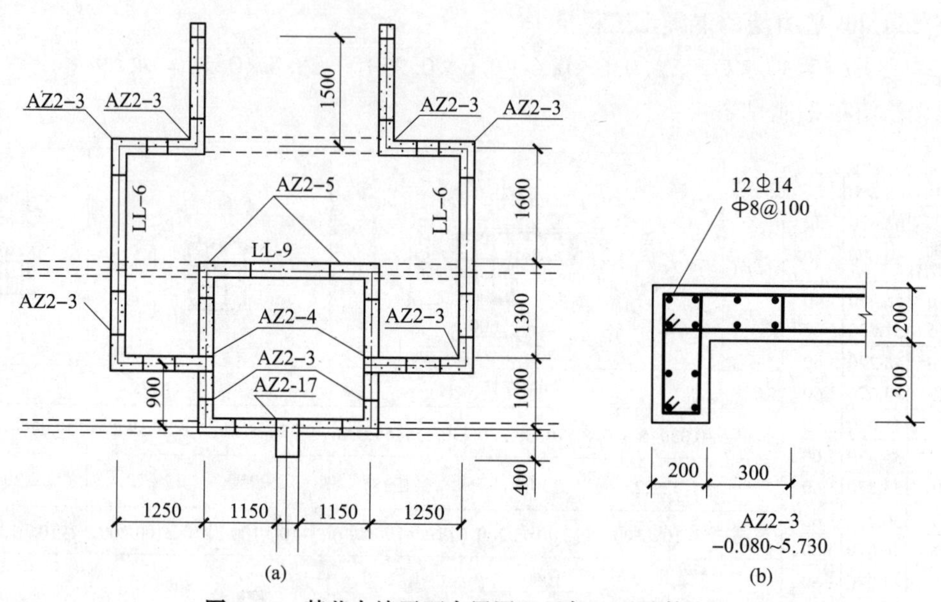

图4-6　某剪力墙平面布置图（局部）及墙柱详图

（a）某剪力墙平面布置图（局部）；（b）暗柱 AZ2-3 详图

【解】

统计暗柱 AZ2-3 的个数：$N=8$ 个，

剪力墙柱高 $H=5.73+0.08=5.81$（m），

$V=8\times(0.2\times0.5+0.3\times0.2)\times5.81=7.44$（$m^3$）。

工程量清单见表4-5。

表4-5　分部分项工程量清单

工程名称：××工程　　　　第1页　　共1页

序号	项目编码	项目名称	项目特征	计量单位	工程数量
1	010504001001	直形墙	混凝土强度等级 C30	m^3	7.44

要点10：某剪力墙结构构造端柱工程量清单计价表编制

【例4-7】　某剪力墙结构构造端柱工程量清单见表4-6，场外集中搅拌（$50m^3/h$），运距为8km，施工现场采用泵送混凝土（$30m^3/h$），根据企业情况确定管理费率为5.1%，利润率为3.2%，不考虑风险因素。试编制其工程量清单计价表。

表4-6　分部分项工程量清单

工程名称：××工程　　　　第1页　　共1页

序号	项目编码	项目名称	项目特征	计量单位	工程数量
1	010504001001	直形墙	混凝土强度等级 C30	m^3	16.35

【解】

在本题中，我们采用工程量清单格式，应用定额的消耗量进行计价。定额选用《山东省建筑工程消耗量定额》，价格采用《山东省建筑工程价目表》。在采用国家或地区颁布的定额计价时，应当注意以下几点：

1）清单设置项目是综合项，定额子项是单项，所以在利用定额进行计价时，一定要套全定额子项，不要漏项；例如本题中的混凝土柱，清单项目包括混凝土柱的全部施工过程，即从混凝土的制作、运输、泵送、浇筑、振捣及养护等所有工序，分别由 4－4－1、4－4－3、4－4－5、4－4－10、4－2－30 等 5 个子项组成，缺一不可。

2）应当注意清单设置项目的工程量计算规则与所选用的定额相应子项的工程量计算规则是否一致，如果不一致，就不能直接用清单的工程量去套用定额计价，而是要按照定额的工程量计算规则重新计算工程量，在定额计价后，折合成分部分项工程量清单的综合单价。本题选用定额工程量计算规则与计价规范一致，所以可以直接采用清单的工程量。

3）应当注意工程量的单位。清单项目单位是 m^3，定额单位是 $10m^3$，要注意计价时单位之间的转换。

本题中，工程量清单项目人工、材料、机械费用分析表见表 4－7。

表 4－7　工程量清单项目人工、材料、机械费用分析表

工程名称：××工程　　　　第 1 页　　共 1 页

清单项目名称	工程内容	定额编号	计量单位	数量	费用组成	
					基价（元）	合价（元）
直形墙	场外集中搅拌混凝土 $50m^3/h$	4－4－1	$10m^3$	1.635	151.01	246.90
	混凝土运输车运距 5km 内	4－4－3	$10m^3$	1.635	274.66	449.07
	混凝土运输车每增 1km	4－4－5	$10m^3$	1.635	97.08	158.73
	泵送混凝土 $30m^3/h$	4－4－10	$10m^3$	1.635	293.70	480.20
	C30 混凝土现浇墙	4－2－30	$10m^3$	1.635	2247.78	3675.12
合　计	5010.02 元					

合价：5010.02×（1＋5.1%＋3.2%）＝5425.85（元），

综合单价：5425.85÷16.35＝331.86（元/m^3）。

分部分项工程和单价措施项目清单与计价表见表 4－8。

表 4－8　分部分项工程和单价措施项目清单与计价表

工程名称：××工程　　　　标段：　　　　第 1 页　　共 1 页

序号	项目编号	项目名称	项目特征描述	计量单位	工程量	金额（元）		
						综合单价	合价	其中
								暂估价
1	010504001001	直形墙	混凝土强度等级 C30	m^3	16.35	331.86	5425.85	—

综合单价分析表见表 4－9。

表 4－9　综合单价分析表

工程名称：　　　　　　　　　　　　标段：　　　　　　　　　　　第 1 页　　共 1 页

项目编码	010504001001		项目名称		直形墙			计量单位	m³	工程量	16.35
综合单价组成明细											
定额编号	定额名称	定额单位	数量	单价（元）				合价（元）			
				人工费	材料费	机械费	管理费和利润	人工费	材料费	机械费	管理费和利润
4－4－1	场外集中搅拌混凝土 50m³/h	10m³	1.635	16.80	19.00	115.21	12.53	27.47	31.07	188.37	20.49
4－4－3	混凝土运输车运距 5km 内	10m³	1.635	—	—	274.66	22.80	—	—	449.07	37.28
4－4－5	混凝土运输车每增 1km	10m³	1.635	—	—	98.07	8.14	—	—	160.34	13.31
4－4－10	泵送混凝土 30m³/h	10m³	1.635	209.44	26.59	57.67	24.38	342.43	43.47	94.29	39.86
4－2－30	C30 混凝土现浇墙	10m³	1.635	536.48	1698.68	9.91	186.34	877.14	2777.34	16.20	304.67
人工单价		小　计						1247.04	2851.88	908.27	415.61
28 元/工日		未计价材料费									
清单项目综合单价								331.86 元			
材料费明细	主要材料名称、规格、型号			单位		数量		单价（元）	合价（元）	暂估单价（元）	暂估合价（元）
	C30 混凝土，石子 <40mm			m³		16.35		166.24	2718.02	—	—
	其他材料费							—		—	
	材料费小计							—		—	

要点 11：某电梯间剪力墙墙身钢筋工程量计算

【例 4－8】　某电梯间施工图如图 4－7 所示，该剪力墙的混凝土强度等级为 C30，保护层厚度为 15mm，$l_{aE}=27d$，双排配筋，片筏基础，厚度为 800mm，墙纵筋锚入基础底部，水平长度为 150mm。试计算该电梯间④轴 Q1 钢筋的工程量，并编制其分部分项工程量清单。

电梯机房顶	52.800		
屋面一	48.600	48.600	4.200
14	44.700	44.650	3.950
13	41.400	41.350	3.300
12	38.100	38.050	3.300
11	34.800	34.750	3.300
10	31.500	31.450	3.300
9	28.200	28.150	3.300
8	24.900	24.850	3.300
7	21.600	21.550	3.300
6	18.300	18.250	3.300
5	15.000	14.950	3.300
4	11.700	11.650	3.300
3	8.400	8.350	3.300
2	4.200	4.150	4.200
1	±0.000	−0.050	4.200
−1	−4.400	−4.450	4.400
−2	−8.000	−8.050	3.600
楼层	建筑标高(m)	结构标高(m)	结构层高(m)

底部加强区部位（3 层至 −2 层）

结构层楼面标高
结构层高

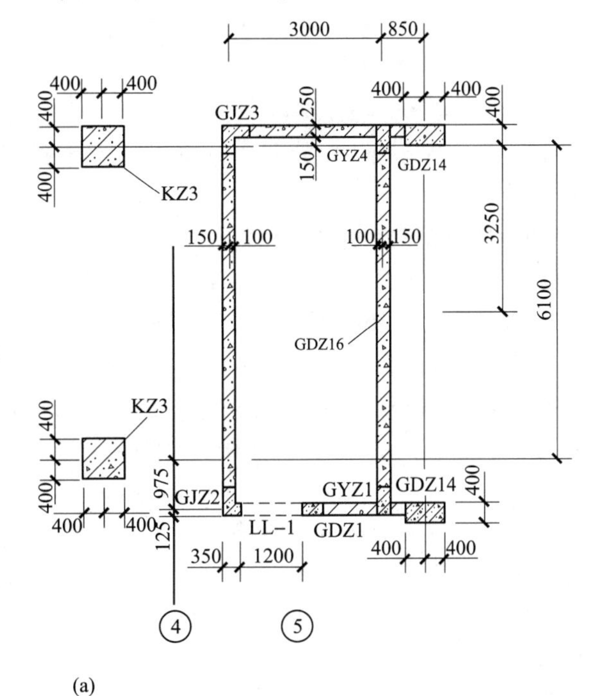

(a)

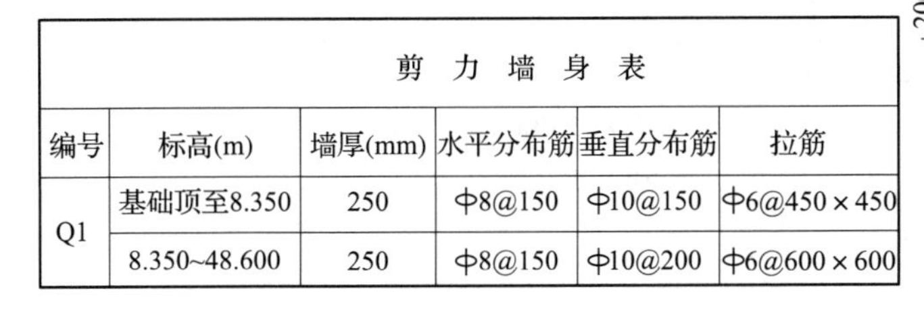

剪力墙身表					
编号	标高(m)	墙厚(mm)	水平分布筋	垂直分布筋	拉筋
Q1	基础顶至8.350	250	Φ8@150	Φ10@150	Φ6@450×450
	8.350~48.600	250	Φ8@150	Φ10@200	Φ6@600×600

(b)

编号	GJZ2
标高	48.600~52.800
纵筋	10Φ14
箍筋及拉筋	Φ8@200

编号	GJZ3
标高	48.600~52.800
纵筋	12Φ14
箍筋及拉筋	Φ8@200

(c)

图 4－7　某工程电梯间施工图

（a）电梯间剪力墙平面布置图；（b）Q1 墙身表；（c）GJZ 详图

【解】

1. 墙身水平钢筋ф8@150的计算

（1）单根外侧水平钢筋的长度$L_{外}$

$L_{外}$ =（6100+400+975+125）-2×15+2×6.25d

=（6100+400+975+125）-2×15+2×6.25×8=7670（mm）。

（2）单根内侧水平钢筋的长度$L_{内}$

$L_{内}$ =（6100+400+975+125）-2×15+15d+2×6.25d

=（6100+400+975+125）-2×15+15×8+2×6.25×8=7790（mm）。

（3）墙身水平钢筋ф8@150根数的计算：

由图纸可知，Q1水平筋的间距沿墙的高度没有变化，墙身水平钢筋ф8@15的根数：

N_1 =（4.2+3.95+3.3×11+4.2×2+4.4+3.6）÷0.15+1=407（根），

合计：墙身水平钢筋质量G_1 = 407×（7.79+7.67）×0.395kg/m = 2485.43kg = 2.485t。

2. 墙身竖直钢筋ф10的计算

由施工图纸可知，该剪力墙竖向钢筋的间距有变化，所以工程量要分段统计。

（1）基础顶至8.35m处墙身竖直钢筋（ф10@150）的计算

1）首层（-8.05m～-4.45m）墙身纵筋长度：

首层墙身单根纵筋长度L_1 =（800+150+6.25d）+3600+1.2l_{aE}+6.25d

=（800+150+6.25d）+3600+1.2×27×10+6.25×10=4999（mm）。

2）-4.45m～8.35m墙身纵筋长度：

墙身单根纵筋长度L_2 =（4400+1.2l_{aE}+2×6.25d）+（4200+1.2l_{aE}+2×6.25d）×2+（3300+1.2l_{aE}+2×6.25d）=（4400+1.2×27×10+2×6.25×10）+（4200+1.2×27×10+2×6.25×10）×2+（3300+1.2×27×10+2×6.25×10）=17896（mm）。

注意：根据构造要求，剪力墙竖向钢筋应一层一搭接。

3）竖向钢筋根数的计算：

N_1 =｛［（6100+400+975+125）-500-500］-2×50｝÷150+1=45（根）。

小计：（基础顶至8.35m处墙身竖直钢筋ф10@150）

G_1 =2×45×（17.896+4.999）×0.617kg/m=1271.36kg=1.27t。

（2）8.35m到48.6m处墙身竖直钢筋（ф10@200）的计算

1）中间层墙身竖直钢筋的长度计算：

中间层墙身纵筋长度也应考虑一层一搭接的问题，其长度计算如下：

L_3 =（3300+1.2l_{aE}+2×6.25d）×10+（3950+1.2l_{aE}+2×6.25d）

=（3300+1.2×27×10+2×6.25×10）×10+（3950+1.2×27×10+2×6.25×10）=41889（mm）。

2）顶层墙身纵筋长度L_4计算：

$L_4 = 4200 + l_{aE} + 2 \times 6.25d = 4200 + 27 \times 10 + 2 \times 6.25 \times 10 = 4595$（mm）。

3）8.35m ~48.6m 处墙身竖直钢筋根数的计算：

$N_2 = \{[(6100 + 400 + 975 + 125) - 500 - 500] - 2 \times 50\} \div 200 + 1 = 34$（根）。

小计：(8.35m ~48.6m 处墙身竖直钢筋Φ10@200)

$G_2 = 2 \times 34 \times (41.889 + 4.595) \times 0.617\text{kg/m} = 1950.28\text{kg} = 1.950\text{t}$。

合计：墙身竖直钢筋Φ10 的 $G = 1.27 + 1.95 = 3.22$（t）。

3. 剪力墙内拉筋的计算

（1）基础顶至 8.35m 处拉筋Φ6@450×450

单根拉筋长度 $L = 250 - 2 \times 15 + 2d + 2 \times 6.25d = 250 - 2 \times 15 + 2 \times 6 + 2 \times 6.25 \times 6 = 307$（mm）。

个数 $N_1 = [(6100 + 400 + 975 + 125 - 500 - 500) \times (8050 + 8350)] \div (450 \times 450) = 535$（个）。

（2）8.35m ~48.6m 处拉筋Φ6@600×600

单根拉筋长度 $L = 250 - 2 \times 15 + 2d + 2 \times 6.25d = 250 - 2 \times 15 + 2 \times 6 + 2 \times 6.25 \times 6 = 307$（mm）。

个数 $N_2 = [(6100 + 400 + 975 + 125 - 500 - 500) \times (48600 - 8350)] \div (600 \times 600) = 738$（个）。

合计：剪力墙内拉筋的质量：

$G = (738 + 535) \times 0.307 \times 0.222\text{kg/m} = 86.76\text{kg} = 0.087\text{t}$。

工程量清单编制见表 4 – 10。

表 4 – 10 分部分项工程量清单

序号	项目编码	项目名称	项目特征	计量单位	工程数量
1	010515001001	现浇构件钢筋	现浇混凝土剪力墙拉筋：Φ6	t	0.087
2	010515001002	现浇构件钢筋	现浇混凝土剪力墙钢筋：Φ10	t	3.22
3	010515001003	现浇构件钢筋	现浇混凝土剪力墙钢筋：Φ8	t	2.485

要点 12：某建筑一层电梯井墙柱钢筋工程量计算

【例 4 – 9】 某建筑层高 3.6m，其中一层电梯井墙柱配筋图如图 4 – 8 所示，剪力墙柱表、剪力墙身表分别见表 4 – 11、表 4 – 12。试计算一层电梯井墙柱钢筋工程量。

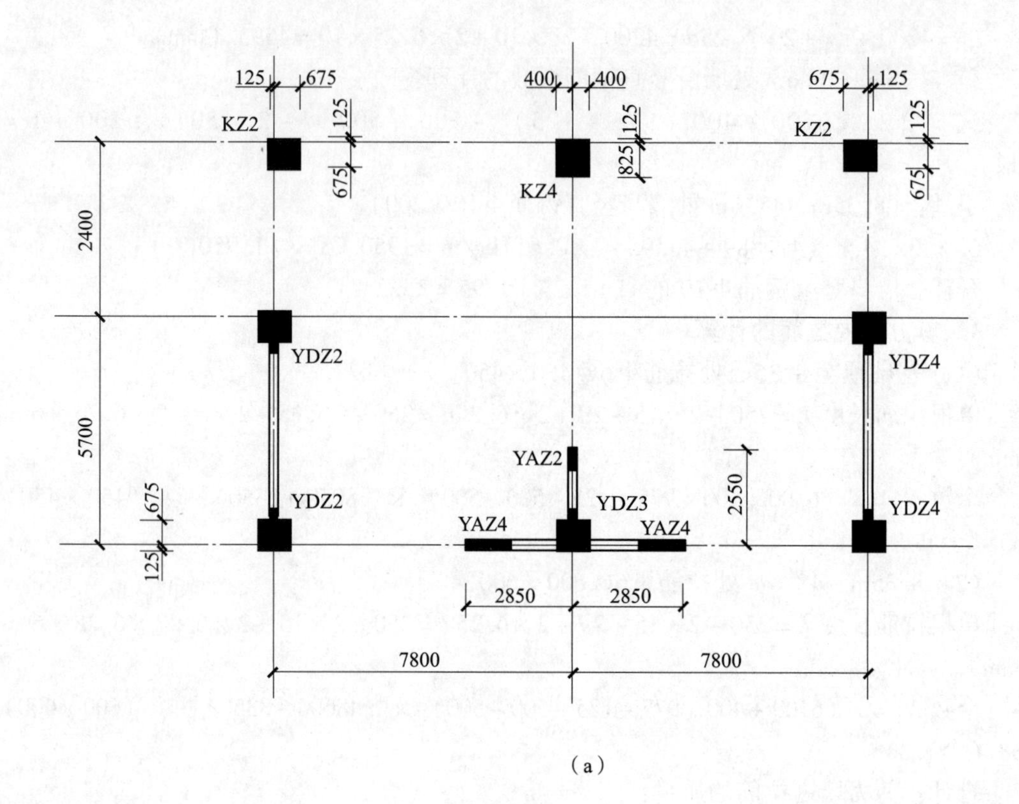

（a）

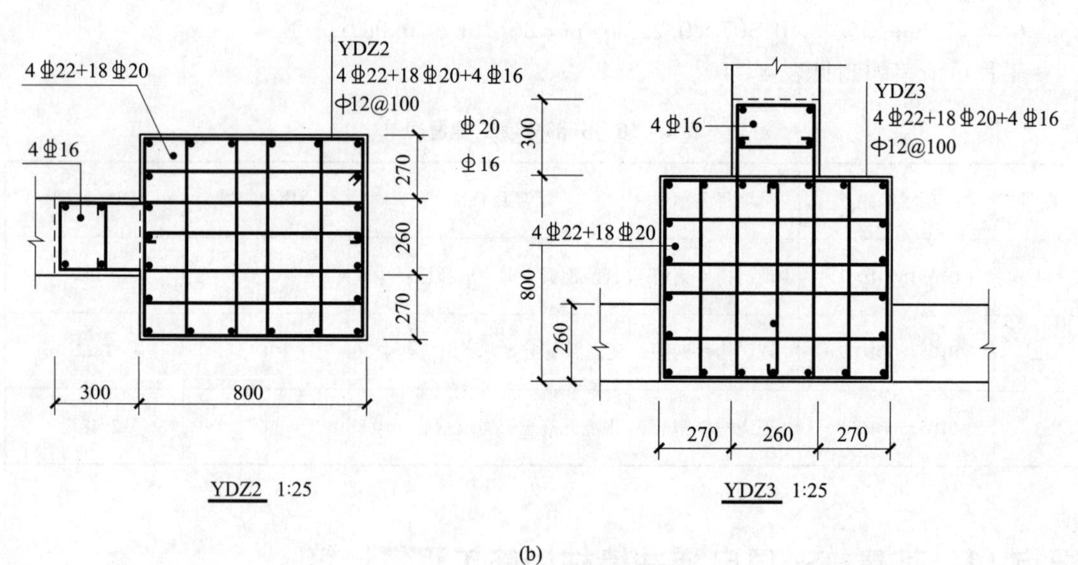

(b)

图 4－8 电梯井墙柱配筋图

（a）电梯井墙柱配筋图（一）；（b）电梯井墙柱配筋图（二）

表4－11　剪力墙柱表

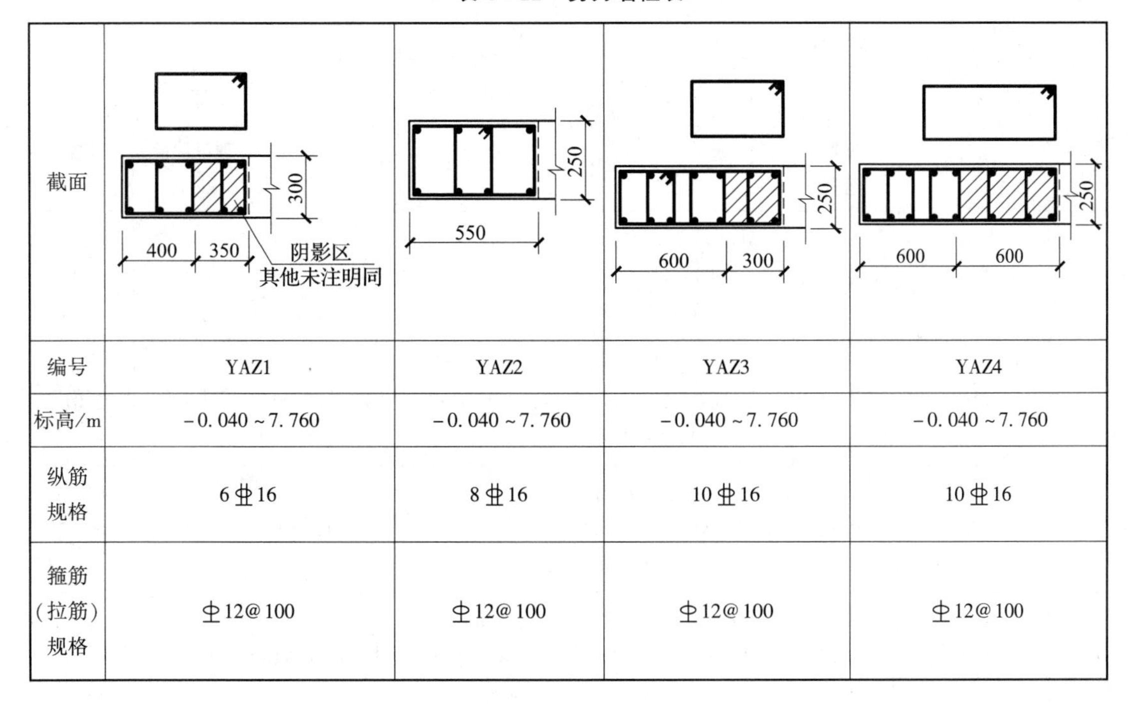

截面				
编号	YAZ1	YAZ2	YAZ3	YAZ4
标高/m	－0.040～7.760	－0.040～7.760	－0.040～7.760	－0.040～7.760
纵筋规格	6Φ16	8Φ16	10Φ16	10Φ16
箍筋（拉筋）规格	Φ12@100	Φ12@100	Φ12@100	Φ12@100

表4－12　剪力墙身表

编号	标高（m）	墙厚（mm）	水平分布筋规格	垂直分布筋规格	拉筋规格
Q－1（2排）	－0.040～7.760	250	Φ10@150	Φ10@150	Φ6@150
Q－2（2排）	－0.040～7.760	250	Φ12@150	Φ12@150	Φ6@150

【解】

1. 一层电梯井墙柱（YDZ2）配筋计算

一层电梯井墙柱（YDZ2）配筋计算，见表4－13。

表4－13　一层电梯井墙柱（YDZ2）配筋计算表

序号	钢筋名称：一层电梯井墙柱（YDZ2）	构件数量：1	钢筋总重量：0.753t				
	钢筋类型	钢筋直径	长度（mm）	根数	总长度（m）	理论重量（kg/m）	重量（kg）
1	竖向主筋	Φ22	3900	4	15.6	2.584	40.310
2	竖向主筋	Φ20	3900	18	70.2	2.466	173.113
3	竖向主筋	Φ16	3900	4	15.6	1.578	24.617

续表 4－13

序号	钢筋名称：一层电梯井墙柱（YDZ2）	构件数量：1	钢筋总重量：0.753t				
	钢筋类型	钢筋直径	长度（mm）	根数	总长度（m）	理论重量（kg/m）	重量（kg）
4	箍筋	ф12	［（800－2×30）/5＋12/2×2］×2＋（800－2×30＋12）×2＋1.9×12×2＋10×12×2＝2110	39	82.29	0.888	73.074
5	箍筋	ф12	［（800－2×30）/5＋12/2×2］×2＋（800－2×30＋12）×2＋1.9×12×2＋10×12×2＝2110	39	82.29	0.888	73.074
6	箍筋	ф12	（800－2×30＋12/2×2）×2＋（800－2×30＋12）×2＋1.9×12×2＋10×12×2＝3294	39	128.466	0.888	114.078
7	箍筋	ф12	（800－2×30＋12）×2＋［260＋（270－30＋15）/2×2＋12］×2＋1.9×12×2＋10×12×2＝2844	39	110.916	0.888	98.493
8	箍筋	ф12	（800＋300－30－15＋12）×2＋（260－15×2＋12）×2＋1.9×12×2＋10×12×2＝2904	39	113.256	0.888	100.571
9	拉筋	ф12	（800－2×30＋2×12＋12）＋1.9×12×2＋10×12×2＝1062	39	41.418	0.888	36.779
10	拉筋	ф12	（260－15×2＋2×12＋12）＋1.9×12×2＋10×12×2＝552	39	21.528	0.888	19.117

2. 一层电梯井墙柱 YDZ2 配筋计算

一层电梯井墙柱（YDZ2）配筋计算，见表 4－14。

表 4－14　一层电梯井墙柱（YDZ2）配筋计算表

序号	钢筋名称：一层电梯井墙柱（YDZ2）	构件数量：1	钢筋总重量：0.753t				
	钢筋类型	钢筋直径	长度（mm）	根数	总长度（m）	理论重量（kg/m）	重量（kg）
1	竖向主筋	⌀22	3900	4	15.6	2.584	40.310
2	竖向主筋	⌀20	3900	18	70.2	2.466	173.113
3	竖向主筋	⌀16	3900	4	15.6	1.578	24.617

续表 4－14

序号	钢筋名称：一层电梯井墙柱（YDZ2）	构件数量：1	钢筋总重量：0.753t				
	钢筋类型	钢筋直径	长度（mm）	根数	总长度（m）	理论重量（kg/m）	重量（kg）
4	箍筋	Φ12	［（800－2×30）/5＋12/2×2］×2＋（800－2×30＋12）×2＋1.9×12×2＋10×12×2＝2110	39	82.29	0.888	73.074
5	箍筋	Φ12	［（800－2×30）/5＋12/2×2］×2＋（800－2×30＋12）×2＋1.9×12×2＋10×12×2＝2110	39	82.29	0.888	73.074
6	箍筋	Φ12	（800－2×30＋12/2×2）×2＋（800－2×30＋12）×2＋1.9×12×2＋10×12×2＝3294	39	128.466	0.888	114.078
7	箍筋	Φ12	（800－2×30＋12）×2＋［260＋（270－30＋15）/2×2＋12］×2＋1.9×12×2＋10×12×2＝2844	39	110.916	0.888	98.493
8	箍筋	Φ12	（800＋300－30－15＋12）×2＋［260－15×2＋12］×2＋1.9×12×2＋10×12×2＝2904	39	113.256	0.888	100.571
9	拉筋	Φ12	（800－2×30＋2×12＋12）＋1.9×12×2＋10×12×2＝1062	39	41.418	0.888	36.779
10	拉筋	Φ12	（260－15×2＋2×12＋12）＋1.9×12×2＋10×12×2＝552	39	21.528	0.888	19.117

3. 一层电梯井墙柱（YDZ3）配筋计算

一层电梯井墙柱（YDZ3）配筋计算，见表4－15。

表 4－15　一层电梯井墙柱（YDZ3）配筋计算表

序号	钢筋名称：一层电梯井墙柱（YDZ3）	构件数量：1	钢筋总重量：0.758t				
	钢筋类型	钢筋直径	长度（mm）	根数	总长度（m）	理论重量（kg/m）	重量（kg）
1	竖向主筋	Φ22	3900	4	15.6	2.984	46.550
2	竖向主筋	Φ20	3900	18	70.2	2.466	173.113
3	竖向主筋	Φ16	3900	4	15.6	1.578	24.617

续表 4－15

序号	钢筋名称：一层电梯井墙柱（YDZ3）	构件数量：1	钢筋总重量：0.758t				
	钢筋类型	钢筋直径	长度（mm）	根数	总长度（m）	理论重量（kg/m）	重量（kg）
4	箍筋	ф12	（800－2×30＋12）×2＋［（800－2×30）/5＋12）］×2＋1.9×12×2＋10×12×2＝2110	39	82.29	0.888	73.074
5	箍筋	ф12	（800－2×30＋12）×2＋［（800－2×30）/5＋12］×2＋1.9×12×2＋10×12×2＝2110	39	82.29	0.888	73.074
6	箍筋	ф12	（800－2×30＋12）×2＋（800－2×30＋12）×2＋1.9×12×2＋10×12×2＝3294	39	128.466	0.888	114.078
7	箍筋	ф12	［（270＋15－30）/2×2＋260＋12］×2＋（800－2×30＋12）×2＋1.9×12×2＋10×12×2＝2844	39	110.916	0.888	98.493
8	箍筋	ф12	（800＋300－30－30＋12）×2＋（260－2×15＋12）×2＋1.9×12×2＋10×12×2＝2874	39	112.086	0.888	99.532
9	拉筋	ф12	（800－30×2＋12×2＋12）＋1.9×12×2＋10×12×2＝1062	39	41.418	0.888	36.779
10	拉筋	ф12	（260－15×2＋12×2＋12）＋1.9×12×2＋10×12×2＝552	39	21.528	0.888	19.117

4. 一层电梯井墙柱（YAZ2）配筋计算

一层电梯井墙柱（YAZ2）配筋计算，见表 4－16。

表 4－16　一层电梯井墙柱（YAZ2）配筋计算表

序号	钢筋名称：一层电梯井墙柱（YAZ2）	构件数量：1	钢筋总重量：0.151t				
	钢筋类型	钢筋直径	长度（mm）	根数	总长度（m）	理论重量（kg/m）	重量（kg）
1	竖向主筋	⌀16	3900	8	31.2	1.578	49.234

续表 4－16

序号	钢筋名称：一层电梯井墙柱（YAZ2）	构件数量：1	钢筋总重量：0.151t				
	钢筋类型	钢筋直径	长度（mm）	根数	总长度（m）	理论重量（kg/m）	重量（kg）
2	（1）箍筋	⌀12	［（540－2×15）/3＋12］×2＋（260－2×15＋12）×2＋1.9×12×2＋10×12×2＝1134	39	44.226	0.888	39.273
3	（2）箍筋	⌀12	（540－2×15＋12）×2＋（260－2×15＋12）×2＋1.9×12×2＋10×12×2＝1814	39	70.746	0.888	62.822

5．一层电梯井墙柱（YAZ4）配筋计算

一层电梯井墙柱（YAZ4）配筋计算，见表 4－17。

表 4－17　一层电梯井墙柱（YAZ4）配筋计算表

序号	钢筋类型：一层电梯井墙柱（YAZ4）	构件数量：1	钢筋总重量：0.285t				
	钢筋类型	钢筋直径	长度（mm）	根数	总长度（m）	理论重量（kg/m）	重量（kg）
1	竖向主筋	⌀16	3900	10	31.2	1.578	49.234
2	墙竖向筋	⌀10	3600＋1.6×300＋2×10×10＝4280	6	25.68	0.617	15.845
3	箍筋	⌀12	［（600－15×2）/4＋12］×2＋（260－2×15＋12）×2＋1.9×12×2＋12×10×2＝1076	39	42.081	0.888	37.368
4	箍筋	⌀12	［（600－15×2）＋12］×2＋（260－2×15＋12）×2＋1.9×12×2＋12×10×2＝1934	39	75.426	0.888	66.978
5	箍筋	⌀12	［（600－15×2）/4＋600－15×2＋12］×2＋（260－2×15＋12）×2＋1.9×12×2＋12×10×2＝2219	39	86.541	0.888	76.848
6	拉筋	⌀12	（260－15×2＋2×12＋12）＋1.9×12×2＋12×10×2＝552	39	21.528	0.888	19.117
7	拉筋	⌀12	（260－15×2＋2×12＋12）＋1.9×12×2＋12×10×2＝552	39	21.528	0.888	19.117

6. 剪力墙（1 轴线）配筋计算

剪力墙（1 轴线）配筋计算，见表 4 – 18。

表 4 – 18　剪力墙（1 轴线）配筋计算表

序号	构件名称：剪力墙（1 轴线）	构件数量：1（500）暗梁	钢筋总重量：0.287t				
	钢筋类型	钢筋直径	长度（mm）	根数	总长度（m）	理论重量（kg/m）	重量（kg）
1	横向钢筋	ф10	5700 – 675 × 2 – 2 × 300 + 2 × 20 × 10 + 2 × 10 × 10 = 4350	26	113.1	0.617	69.783
2	竖向钢筋	ф10	3900 + 1.6 × 300 + 2 × 10 × 10 = 4580	25	114.5	0.617	70.647
3	横向钢筋	ф10	5700 – 675 × 2 – 2 × 300 + 2 × 20 × 10 + 2 × 10 × 10 = 4350	26	113.1	0.617	69.783
4	竖向钢筋	ф10	3900 + 1.6 × 300 + 2 × 10 × 10 = 4580	25	114.5	0.617	70.647
5	拉筋	ф6	260 – 15 × 2 + 2 × 6 + 6 + 1.9 × 6 × 2 + 75 × 2 = 421	63	26.523	0.222	5.888

7. 剪力墙（2 轴线）配筋计算

剪力墙（2 轴线）配筋计算，见表 4 – 19。

表 4 – 19　剪力墙（2 轴线）配筋计算表

序号	构件名称：剪力墙（2 轴线）	构件数量：1（800）梁	钢筋总重量：0.083t				
	钢筋类型	钢筋直径	长度/mm	根数	总长度（m）	理论重量（kg/m）	重量（kg）
1	横向钢筋	ф10	2550 – 675 – 300 – 540 + 2 × 20 × 10 + 2 × 10 × 10 = 1635	21	34.335	0.617	21.185
2	竖向钢筋	ф10	3900 + 1.6 × 300 + 2 × 10 × 10 = 4580	7	32.06	0.617	19.781
3	横向钢筋	ф10	2550 – 675 – 300 – 540 + 2 × 20 × 10 + 2 × 10 × 10 = 1635	21	34.335	0.617	21.185
4	竖向钢筋	ф10	3900 + 1.6 × 300 + 2 × 10 × 10 = 4580	7	32.06	0.617	19.781
5	拉筋	ф6	260 – 15 × 2 + 2 × 6 + 6 + 1.9 × 6 × 2 + 75 × 2 = 421	16	6.736	0.222	1.495

8. 剪力墙（A 轴线）配筋计算

剪力墙（A 轴线）配筋计算，见表 4 – 20。

表4-20　剪力墙（A轴线）配筋计算表

<table>
<tr><td rowspan="2">序号</td><td>构件名称：剪力墙（A轴线）</td><td>构件数量：1（800）梁</td><td colspan="5">钢筋总重量：0.106t</td></tr>
<tr><td>钢筋类型</td><td>钢筋直径</td><td>长度（mm）</td><td>根数</td><td>总长度（m）</td><td>理论重量（kg/m）</td><td>重量（kg）</td></tr>
<tr><td>1</td><td>横向钢筋</td><td>Φ10</td><td>2850－1200－400＋2×20×10＋2×10×10＝1850</td><td>26</td><td>48.1</td><td>0.617</td><td>29.678</td></tr>
<tr><td>2</td><td>竖向钢筋</td><td>Φ10</td><td>3900＋1.6×300＋2×10×10＝4580</td><td>8</td><td>36.64</td><td>0.617</td><td>22.607</td></tr>
<tr><td>3</td><td>横向钢筋</td><td>Φ10</td><td>2850－1200－400＋2×20×10＋2×10×10＝1850</td><td>26</td><td>48.1</td><td>0.617</td><td>29.678</td></tr>
<tr><td>4</td><td>竖向钢筋</td><td>Φ10</td><td>3900＋1.6×300＋2×10×10＝4580</td><td>8</td><td>36.64</td><td>0.617</td><td>22.607</td></tr>
<tr><td>5</td><td>拉筋</td><td>Φ6</td><td>260－15×2＋2×6＋6＋1.9×6×2＋75×2＝421</td><td>19</td><td>7.999</td><td>0.222</td><td>1.776</td></tr>
</table>

要点13：某住宅楼电梯井剪力墙钢筋工程量计算

【例4-10】　某住宅楼电梯井采用剪力墙结构，建筑抗震等级为2级，混凝土强度等级为C45，剪力墙保护层为15mm。钢筋直径不大于18mm的，钢筋接头采用绑扎连接，钢筋直径大于18mm的，钢筋接头采用焊接连接形式。基础顶面至标高－0.030m，层高为3600mm，基础顶面至标高－0.030m，剪力墙墙身、柱平面布置，如图4-9所示。剪力墙墙身配筋表见表4-21。剪力墙柱配筋表见表4-22。试计算剪力墙钢筋工程量。

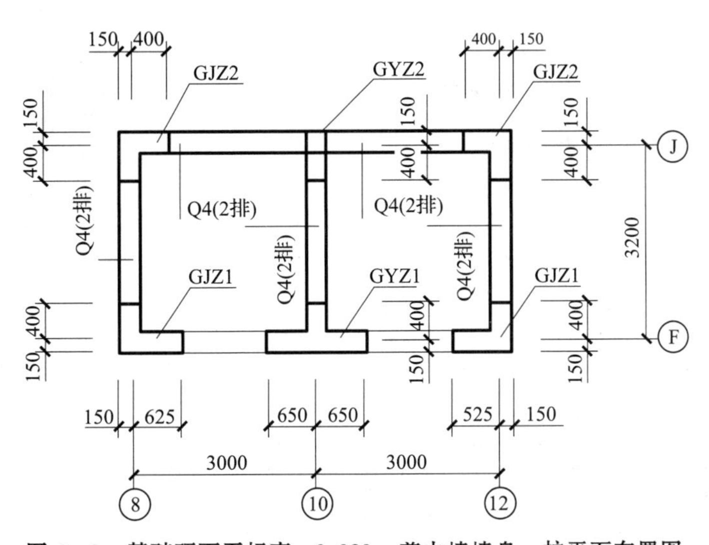

图4-9　基础顶面至标高－0.030m剪力墙墙身、柱平面布置图

表 4－21 剪力墙墙身配筋表

墙号	墙厚/mm	排数	水平分布筋规格	竖向分布筋规格	拉筋规格及布置
Q4（2排）	250	2	Φ^{R}10@200	Φ^{R}10@200	Φ6@400/400（竖向/横向）呈梅花状布置

表 4－22 剪力墙柱配筋表

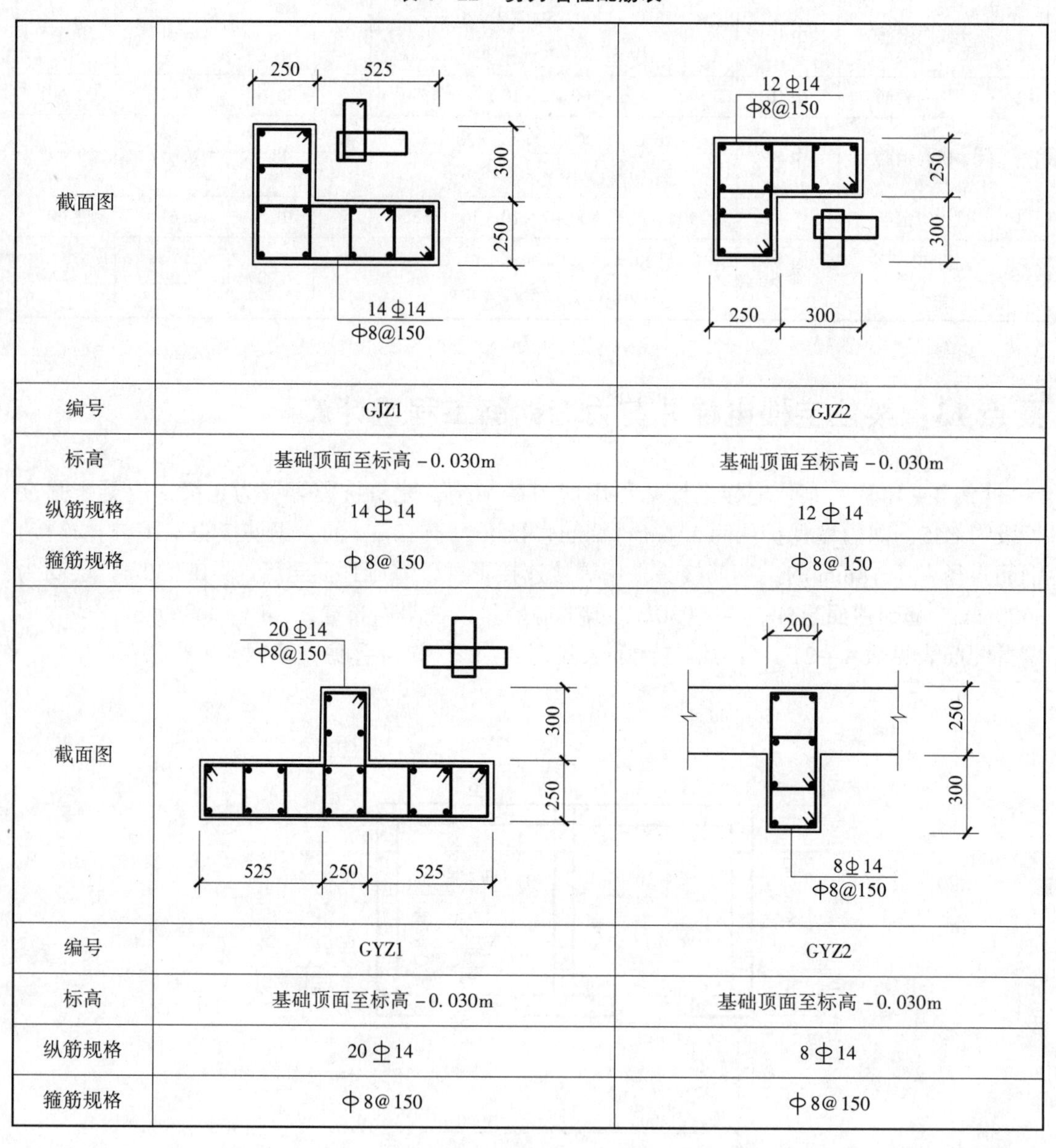

截面图	（GJZ1截面图）	（GJZ2截面图）
编号	GJZ1	GJZ2
标高	基础顶面至标高－0.030m	基础顶面至标高－0.030m
纵筋规格	14Φ14	12Φ14
箍筋规格	Φ8@150	Φ8@150
截面图	（GYZ1截面图）	（GYZ2截面图）
编号	GYZ1	GYZ2
标高	基础顶面至标高－0.030m	基础顶面至标高－0.030m
纵筋规格	20Φ14	8Φ14
箍筋规格	Φ8@150	Φ8@150

基础顶面至标高－0.030m剪力墙梁平面布置，如图4－10所示。剪力墙连梁配筋表，见表4－23。

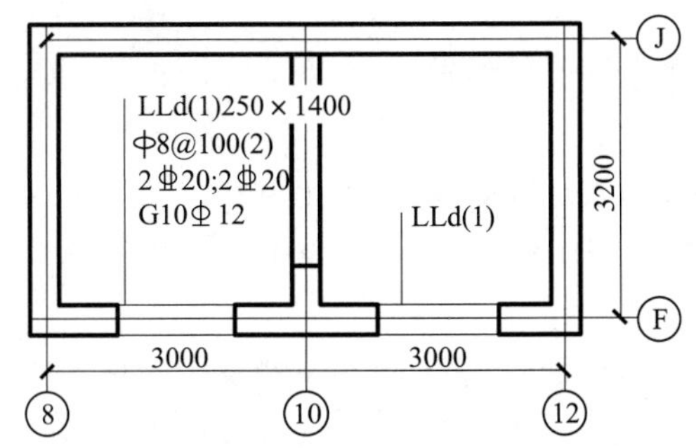

图4-10 基础顶面至标高-0.030m剪力墙梁平面布置图

表4-23 剪力墙连梁配筋表

编号	所在楼层号	梁顶相对标高	梁截面 $b\times h/mm$	上部纵筋规格	下部纵筋规格	侧面纵筋规格	箍筋规格
LLd（1）	-1	-0.030	250×1400	2⏀20	2⏀20	10⏀12	Φ8@100（2）

【解】

1. 剪力墙墙身钢筋工程量计算

（1）墙身水平钢筋计算

Ⓙ轴线剪力墙墙身外侧水平筋长度＝（150＋3000＋3000＋150）－15×2＝6300－30＝6270（mm）

Ⓙ轴线剪力墙墙身外侧水平筋计算简图：6270

Ⓙ轴线剪力墙墙身内侧水平筋长度＝（3000－400＋3000－400）＋（29×10）＋（29×10）＝5200＋290＋290＝5780（mm）

Ⓙ轴线剪力墙墙身内侧水平筋计算简图：5780

Ⓙ轴线剪力墙墙身内外侧水平筋根数＝（3600－15）÷200＋1＝18＋1＝19（根）

⑧轴线剪力墙墙身外侧水平筋长度＝（150＋3200＋150）－15×2＝3500－30＝3470（mm）

⑧轴线剪力墙墙身外侧水平筋计算简图：3470

⑧轴线剪力墙墙身内侧水平筋长度＝（3200－400－400）＋（29×10）＋（29×10）＝2400＋290＋290＝2980（mm）

⑧轴线剪力墙墙身内侧水平筋计算简图：2980

⑧轴线剪力墙墙身内外侧水平筋根数＝（3600－15）÷200＋1＝18＋1＝19（根）

⑩轴线剪力墙为内墙，墙身内外侧水平筋长度相同，均按内外侧水平筋计算公式计算

⑩轴线剪力墙墙身内外侧水平筋长度＝（3200－400－400）＋（29×10）＋（29×10）＝2400＋290＋290＝2980（mm）

⑩轴线剪力墙墙身内侧水平筋计算简图：2980

⑩轴线剪力墙墙身水平筋总根数＝［（3600－15）÷200＋1］×2＝（18＋1）×2＝

38（根）

⑫轴线剪力墙墙身水平筋同⑧轴线剪力墙墙身水平筋

水平钢筋工程量小计：

墙身水平钢筋工程量 =（6.270×19+5.780×19+3.470×19+2.980×19+2.980×38+3.470×19+2.980×19）×0.617=587.29×0.617=362.36（kg）

（2）墙身竖向钢筋计算

Ⓙ轴线剪力墙墙身竖向筋长度=3600+1.2×32×10=3600+384=3984（mm），

Ⓙ轴线剪力墙墙身竖向筋计算简图：3984，

Ⓙ轴线剪力墙墙身竖向筋根数 = ｛［（3000－400+3000－400）－250］÷200+1｝×2=26×2=52（根），

⑧轴线剪力墙墙身竖向筋长度=3600+1.2×32×10=3600+384=3984（mm），

⑧轴线剪力墙墙身竖向筋计算简图：3984，

⑧轴线剪力墙墙身竖向筋根数 = ｛［（3200－400－400）－250］÷200+1｝×2=12×2=24（根），

⑩轴线剪力墙墙身竖向筋、⑫轴线剪力墙墙身竖向筋与⑧轴线剪力墙墙身竖向筋相同。

竖向钢筋工程量小计：

墙身竖向钢筋工程量 = ［（3.984×52）+（3.984×24）×3］×0.617=494.016×0.617=304.81（kg）。

（3）墙身拉筋计算

Ⓙ轴线剪力墙拉筋长度 =（250－15×2+2×6）+1.9×6×2+75×2=404.8（mm），

Ⓙ轴线剪力墙拉筋计算简图：220，

Ⓙ轴线剪力墙拉筋根数 = ［（3000－400+3000－400）×3600］÷（400×400）=18720000÷160000=117（根），

⑧轴线剪力墙拉筋长度 =（250－15×2+2×6）+1.9×6×2+75×2=404.8（mm），

⑧轴线剪力墙拉筋计算简图：220，

⑧轴线剪力墙拉筋根数 = ［（3200－400－400）×3600］÷（400×400）=8640000÷160000=54（根），

⑩轴线剪力墙拉筋、⑫轴线剪力墙拉筋与⑧轴线剪力墙拉筋相同。

拉筋钢筋工程量小计：

墙身拉筋钢筋工程量 = ［（0.4048×117）+（0.4048×54）×3］×0.260=112.9392×0.260=29.36（kg）。

（4）剪力墙墙身钢筋工程量合计

剪力墙墙身钢筋工程量=362.36+304.81+29.36=696.53（kg）。

2. 剪力墙墙柱钢筋工程量计算

（1）剪力墙墙柱纵筋计算

GJZ1 纵筋长度=3600－500+500+1.2×32×14=4138（mm），

GJZ1 纵筋长度计算简图：3984，

GJZ1 纵筋根数，按剪力墙柱配筋表（表4－22）为14根。

GJZ2 纵筋长度＝3600－500＋500＋1.2×32×14＝4138（mm），

GJZ2 纵筋长度计算简图：3984，

GJZ2 纵筋根数，按剪力墙柱配筋表（表4－22）为12根。

GJZ1 纵筋长度＝3600－500＋500＋1.2×32×14＝4138（mm），

GYZ1 纵筋长度计算简图：3984，

GYZ1 纵筋根数，按剪力墙柱配筋表（表4－22）为20根。

GYZ2 纵筋长度计算简图：3984，

GYZ2 纵筋根数，按剪力墙柱配筋表（表4－22）为8根。

墙柱纵筋钢筋工程量小计：

GJZ1 有2根，GJZ2 有2根，GYZ1 有1根，GYZ2 有1根。

墙柱纵筋钢筋工程量＝（2×4.138×14＋2×4.138×12＋4.138×20＋4.138×8）×1.208＝331.04×1.208＝399.90（kg）。

（2）剪力墙墙柱箍筋计算

GIZ1 箍筋1长度＝（250＋525＋250）×2－30×8＋8×8＋1.9×8×2＋80×2＝2064（mm），

GJZ1 箍筋1长度计算简图：190 715，

GJZ1 箍筋1根数＝（3600－50）÷150＋1＝25（根）。

GJZ1 箍筋2长度＝（250＋300＋250）×2－30×8＋8×8＋1.9×8×2＋80×2＝1614（mm），

GJZ1 箍筋2长度计算简图：190 490，

GJZ1 箍筋2根数＝（3600－50）÷150＋1＝25（根）。

GJZ2 箍筋1长度＝（250＋300＋250）×2－30×8＋8×8＋1.9×8×2＋80×2＝1614（mm），

GJZ2 箍筋1长度计算简图：190 490，

GJZ2 箍筋1根数＝（3600－50）÷150＋1＝25（根）。

GJZ2 箍筋2长度＝（250＋300＋250）×2－30×8＋8×8＋1.9×8×2＋80×2＝1614（mm），

GJZ2 箍筋2长度计算简图：190 490，

GJZ2 箍筋2根数＝（3600－50）÷150＋1＝25（根）。

GYZ1 箍筋1长度＝（525＋250＋525＋250）×2－30×8＋8×8＋1.9×8×2＋80×2＝3114（mm），

GYZ1 箍筋1长度计算简图：190 1240，

GYZ1 箍筋1根数＝（3600－50）÷150＋1＝25（根），

GYZ1 箍筋 2 长度 = （250 + 300 + 250） × 2 − 30 × 8 + 8 × 8 + 1.9 × 8 × 2 + 80 × 2 = 1614（mm），

GYZ1 箍筋 2 长度计算简图：190 490，

GYZ1 箍筋 2 根数 = （3600 − 50） ÷ 150 + 1 = 25（根）。

GYZ2 箍筋长度 = （250 + 300 + 200） × 2 − 30 × 8 + 8 × 8 + 1.9 × 8 × 2 + 80 × 2 = 1514（mm），

GYZ2 箍筋长度计算简图：140 490，

GYZ2 箍筋根数 = （3600 − 50） ÷ 150 + 1 = 25（根）。

墙柱箍筋钢筋工程量小计：

墙柱箍筋钢筋工程量 = ［2 ×（2.064 × 25） + 2 ×（1.614 × 25） + 2 ×（1.614 × 25） + 2 ×（1.614 × 25） + （3.114 × 25） + （1.614 × 25） + （1.514 × 25）］ × 0.395 = 461.21 × 0.395 = 182.18（kg）。

（3）剪力墙墙柱拉筋计算

GJZ1 拉筋长度 = 250 − 30 × 2 + 2 × 8 + 1.9 × 8 × 2 + 80 × 2 = 396（mm），

GJZ1 拉筋长度计算简图：190，

按剪力墙柱配筋表（表 4 − 22），GJZ1 同一截面有 3 根长度相同的拉筋。

GJZ1 拉筋根数 = 3 × ［（3600 − 50） ÷ 150 + 1］ = 3 × 25 = 75（根），

GJZ2 拉筋长度 = 250 − 30 × 2 + 2 × 8 + 1.9 × 8 × 2 + 80 × 2 = 396（mm），

GJZ2 拉筋长度计算简图：190，

按剪力墙柱配筋表（表 4 − 22），GJZ2 同一截面有 2 根长度相同的拉筋。

GJZ2 拉筋根数 = 2 × ［（3600 − 50） ÷ 150 + 1］ = 2 × 25 = 50（根）。

GYZ1 拉筋长度 = 250 − 30 × 2 + 2 × 8 + 1.9 × 8 × 2 + 80 × 2 = 396（mm），

GYZ1 拉筋长度计算简图：190，

按剪力墙柱配筋表（表 4 − 22），GYZ1 同一截面有 5 根长度相同的拉筋。

GYZ1 拉筋根数 = 5 × ［（3600 − 50） ÷ 150 + 1］ = 5 × 25 = 125（根）。

GYZ2 拉筋长度 = 200 − 30 × 2 + 2 × 8 + 1.9 × 8 × 2 + 80 × 2 = 346（mm），

GYZ2 拉筋长度计算简图：140，

按剪力墙柱配筋表（表 4 − 22），GYZ2 同一截面有 2 根长度相同的拉筋。

GYZ2 拉筋根数 = 2 × ［（3600 − 50） ÷ 150 + 1］ = 2 × 25 = 50（根）。

墙柱拉筋钢筋工程量小计：

墙柱拉筋钢筋工程量 = （0.396 × 75 + 0.396 × 50 + 0.396 × 125 + 0.346 × 50） × 0.395 = 116.3 × 0.395 = 45.94（kg）。

（4）剪力墙墙柱钢筋工程量合计

剪力墙墙柱钢筋工程量 = 399.90 + 182.18 + 45.94 = 628.02（kg）。

3. 剪力墙墙梁钢筋计算

（1）连梁钢筋实例计算

⑧～⑩轴 LLd（1）上部纵筋长度 = （675 − 25 + 15 × 20） + （3000 − 2 × 525） + 31 ×

20 = 3520（mm），

⑧～⑩轴 LLd（1）上部纵筋计算简图：300 ⌊ 3220 ，

⑧～⑩轴 LLd（1）上部纵筋根数，按图示标注为2根。

⑧～⑩轴 LLd（1）下部纵筋长度 =（675 − 25 + 15 × 20）+（3000 − 2 × 525）+ 31 × 20 = 3520（mm），

⑧～⑩轴 LLd（1）下部纵筋计算简图：300 ⌊ 3220 ，

⑧～⑩轴 LLd（1）下部纵筋根数，按图示标注为2根。

⑧～⑩轴 LLd（1）侧面纵筋长度 = 31 × 12 +（3000 − 2 × 525）+ 31 × 12 = 2694（mm），

⑧～⑩轴 LLd（1）侧面纵筋计算简图：2694 ，

⑧～⑩轴 LLd（1）侧面纵筋根数，按图示标注为10根。

⑧～⑩轴 LLd（1）箍筋长度 =（250 − 2 × 25）× 2 +（1400 − 2 × 25）× 2 + 8 × 8 + 1.9 × 8 × 2 + 10 × 8 × 2 = 400 + 2700 + 64 + 30.4 + 160 = 3354（mm），

⑧～⑩轴 LLd（1）箍筋计算简图：1350 200 ，

⑧～⑩轴 LLd（1）箍筋根数 =（1950 − 50 × 2）÷ 100 + 1 = 20（根）。

⑧～⑩轴 LLd（1）拉筋长度 =（250 − 25）+ 2 × 6 + 1.9 × 6 × 2 + 75 × 2 = 410（mm），

⑧～⑩轴 LLd（1）拉筋计算简图：200 ，

拉筋排数 = [（1400 − 2 × 25）÷ 200 − 1] ÷ 2 = 3（排），

每排根数 =（1950 − 100）÷ 200 + 1 = 11（根），

拉筋总根数 = 3 × 11 = 33（根）。

⑩～⑫轴 LLd（1）钢筋与⑧～⑩轴 LLd（1）钢筋的长度与根数相同。

连梁钢筋工程量小计：

连梁钢筋工程量 = 2 × [（3.520 × 2 + 3.520 × 2）× 2.466 +（2.694 × 10）× 0.888 +（3.354 × 20）× 0.395 +（0.410 × 33）× 0.260] = 2 ×（34.72 + 23.92 + 26.50 + 3.52）= 177.32（kg），

电梯井剪力墙钢筋工程量 = 696.53 + 628.02 + 177.32 = 1501.87（kg）。

（2）剪力墙暗梁钢筋计算方法同连梁，此处不再重复。

第5章　梁的平法计价

要点1：梁平法施工图表示方法

梁平法施工图，即在梁平面布置图上，采用平面注写方式或截面注写方式来表达设计者的设计意图。梁平法施工图设计的第一步是按梁的标准层绘制梁平面布置图。设计人员采用平面注写方式或截面注写方式，直接在梁平面布置图上表达梁的截面尺寸、配筋等相关设计信息。

梁平面布置图应分别按梁的不同结构层（标准层），将全部梁和与其相关联的柱、墙、板一起采用适当比例绘制。在梁平法施工图中，尚应注明各结构层的顶面标高及相应的结构层号。

对于轴线未居中的梁，应标注其偏心定位尺寸（贴柱边的梁可不注）。

要点2：梁平面注写方式

梁的平面注写方式，是指在梁平面布置图上，分别在不同编号的梁中各选一根梁，在其上注写截面尺寸及配筋具体数值的方式来表达梁平法施工图，如图5－1所示。

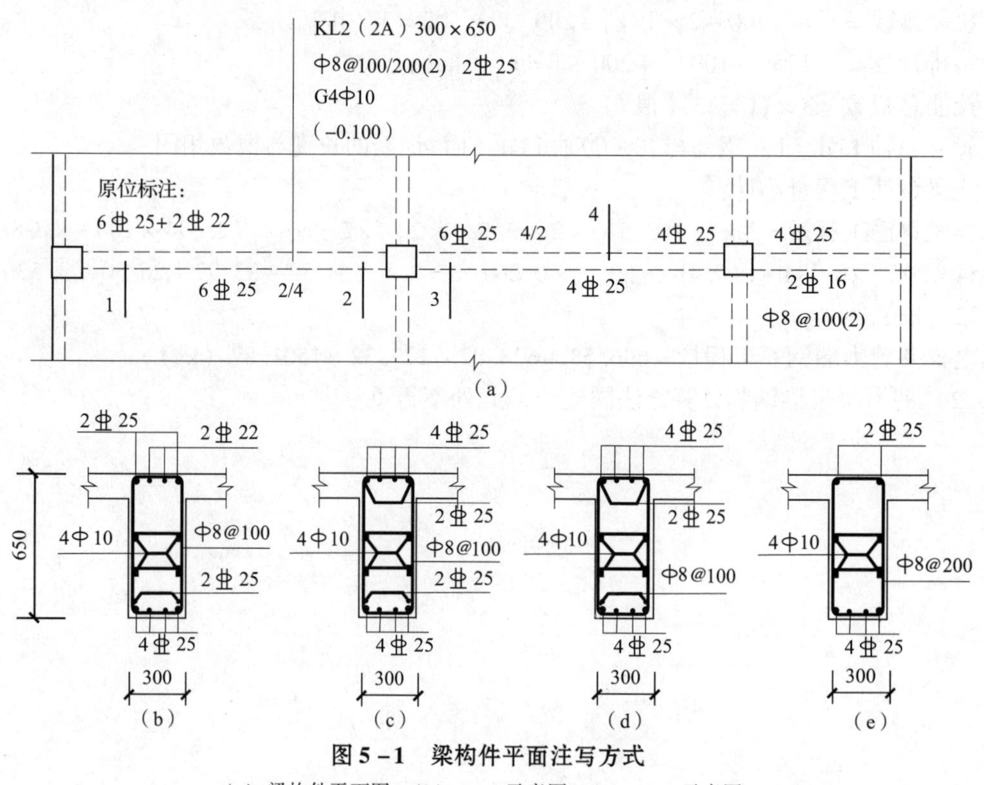

图5－1　梁构件平面注写方式

（a）梁构件平面图；（b）1—1示意图；（c）2—2示意图；
（d）3—3示意图；（e）4—4示意图

平面注写包括集中标注与原位标注，集中标注表达梁的通用数值，原位标注表达梁的特殊数值。当集中标注中的某项数值不适用于梁的某部位时，则将该项数值原位标注，施工时，原位标注取值优先。下面分别介绍两种标注形式。

1. 集中标注

集中标注内容主要表达通用于梁各跨的设计数值，通常包括五项必注内容和一项选注内容。集中标注从梁中任一跨引出，将其需要集中标注的全部内容注明。

（1）梁编号

梁编号由梁类型代号、序号、跨数及有无悬挑代号几项组成。梁类型与相应的代号见表5－1。该项为必注值。

表5－1　梁类型与相应代号

梁 类 型	代　号	序　号	跨数及是否带有悬挑
楼层框架梁	KL	××	（××）、（××A）或（××B）
屋面框架梁	WKL	××	（××）、（××A）或（××B）
非框架梁	L	××	（××）、（××A）或（××B）
框支梁	KZL	××	（××）、（××A）或（××B）
悬挑梁	XL	××	
井字梁	JZL	××	（××）、（××A）或（××B）

注：（××A）为一端有悬挑，（××B）为两端有悬挑，悬挑不计入跨数。井字梁的跨数见有关内容。

当符合下列条件时，两个梁可以编成同一编号：

1）两个梁的跨数相同，而且对应跨的跨度和支座情况相同。

2）两个梁在各跨的截面尺寸对应相同。

3）两个梁的配筋相同（集中标注和原位标注相同）。

相同尺寸和配筋的梁，在平面图上布置的位置（轴线正中或轴线偏中）不同，不影响梁的代号。

（2）梁截面尺寸

截面尺寸的标注方法如下：

1）当为等截面梁时，用 $b \times h$ 表示。

2）当为竖向加腋梁时，用 $b \times h\mathrm{GY}c_1 \times c_2$ 表示，其中 c_1 表示腋长，c_2 表示腋高，如图5－2所示。

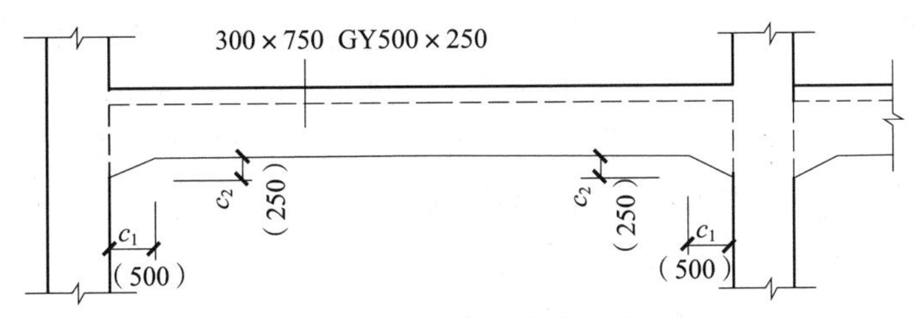

图5－2　竖向加腋梁标注

3）当为水平加腋梁时，用 $b \times h\mathrm{PY}c_1 \times c_2$表示，其中 c_1表示腋长，c_2表示腋宽，如图5－3所示。

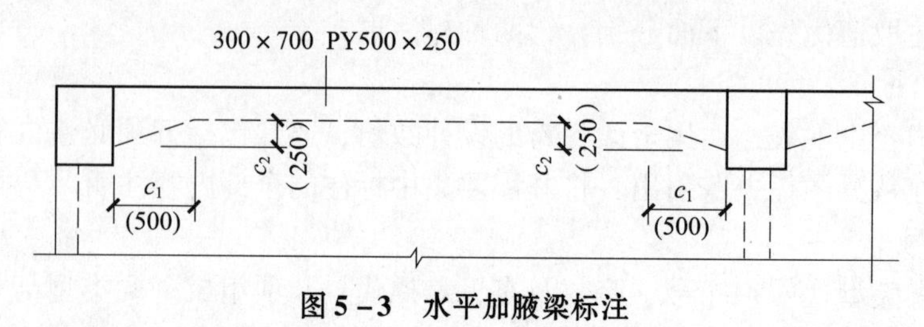

图5－3　水平加腋梁标注

4）当有悬挑梁且根部和端部的高度不同时，用斜线分隔根部与端部的高度值，即为 $b \times h_1/h_2$，其中 h_1为梁根部高度值，h_2为梁端部高度值，如图5－4 所示。

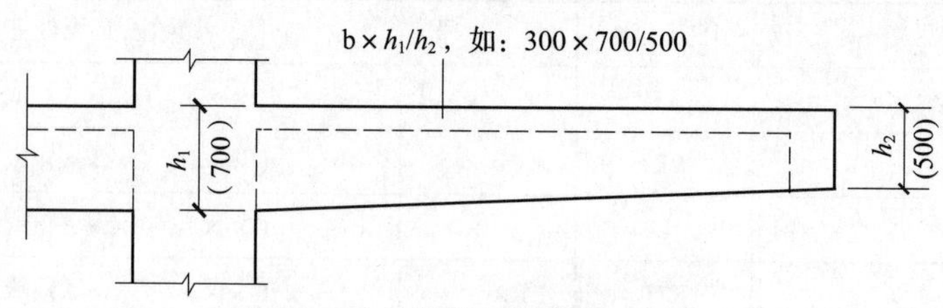

图5－4　悬挑梁不等高截面标注

（3）梁箍筋

梁箍筋注写包括钢筋级别、直径、加密区与非加密区间距及肢数，均为必注值。箍筋加密区与非加密区的不同间距及肢数需用斜线“/”分隔；当梁箍筋为同一种间距及肢数时，则不需用斜线；当加密区与非加密区的箍筋肢数相同时，则将肢数注写一次；箍筋肢数应写在括号内。加密区范围见相应抗震等级的标准构造详图。

【例5－1】　Φ10@100/200（4），表示箍筋为HPB300钢筋，直径Φ10，加密区间距为100mm，非加密区间距为200mm，均为四肢箍。

当抗震设计中的非框架梁、悬挑梁、井字梁，及非抗震设计中的各类梁采用不同的箍筋间距及肢数时，也用斜线“/”将其分隔开来。注写时，先注写梁支座端部的箍筋（包括箍筋的箍数、钢筋级别、直径、间距与肢数），在斜线后注写梁跨中部分的箍筋间距及肢数。

【例5－2】　13Φ10@150/200（4），表示箍筋为HPB300钢筋，直径Φ10，梁的两端各有13个四肢箍，间距为150mm；梁跨中部分间距为200mm，四肢箍。

（4）梁上部通长筋或架立筋

梁构件的上部通长筋或架立筋配置（通长筋可为相同或不同直径采用搭接连接、机械连接或焊接的钢筋），所注规格与根数应根据结构受力要求及箍筋肢数等构造要求而定。当同排纵筋中既有通长筋又有架立筋时，应用加号“＋”将通长筋和架立筋相连。注写时，需将角部纵筋写在加号的前面，架立筋写在加号后面的括号内，以示不同直径及与通长筋的区别。当全部采用架立筋时，则将其写入括号内。

【例5－3】　2⌀22用于双肢箍，2⌀22＋（4Φ12）用于六肢箍，其中2⌀22为通长筋，4Φ12为架立筋。

(5) 梁侧面纵向构造钢筋或受扭钢筋配置

当梁腹板高度 h_w≥450mm 时，需配置纵向构造钢筋，所注规格与根数应符合规范规定。此项注写值以大写字母 G 打头，接续注写设置在梁两个侧面的总配筋值，且对称配置。

【例 5-4】 G4 Φ12，表示梁的两个侧面共配置 4 Φ12 的纵向构造钢筋，每侧各配置 2 Φ12。

当梁侧面需配置受扭纵向钢筋时，此项注写值以大写字母 N 打头，接续注写配置在梁两个侧面的总配筋值，且对称配置。受扭纵向钢筋应满足梁侧面纵向构造钢筋的间距要求，且不再重复配置纵向构造钢筋。

注：1. 当为梁侧面构造钢筋时，其搭接与锚固长度可取为 $15d$。

2. 当为梁侧面受扭纵向钢筋时，其搭接长度为 l_l 或 l_{lE}（抗震），锚固长度为 l_a 或 l_{aE}（抗震）；其锚固方式同框架梁下部纵筋。

(6) 梁顶面标高高差

梁顶面标高高差，系指相对于结构层楼面标高的高差值，对于位于结构夹层的梁，则指相对于结构夹层楼面标高的高差。有高差时，需将其写入括号内，无高差时不注。

注：当某梁的顶面高于所在结构层的楼面标高时，其标高高差为正值，反之为负值。

【例 5-5】 某结构标准层的楼面标高为 44.950m 和 48.250m，当某梁的梁顶面标高高差注写为（-0.050）时，即表明该梁顶面标高分别相对于 44.950m 和 48.250m 低 0.05m。

2. 原位标注

原位标注的内容主要是表达梁本跨内的设计数值以及修正集中标注内容中不适用于本跨的内容。

(1) 梁支座上部纵筋

梁支座上部纵筋是指标注该部位含通长筋在内的所有纵筋。

1) 当上部纵筋多于一排时，用斜线“/”将各排纵筋自上而下分开。

2) 当同排纵筋有两种直径时，用“+”将两种直径的纵筋相连，注写时角筋写在前面。

3) 当梁中间支座两边的上部纵筋不同时，须在支座两边分别标注；当梁中间支座两边的上部纵筋相同时，可仅在支座的一边标注配筋值，另一边省去不注，如图 5-5 所示。

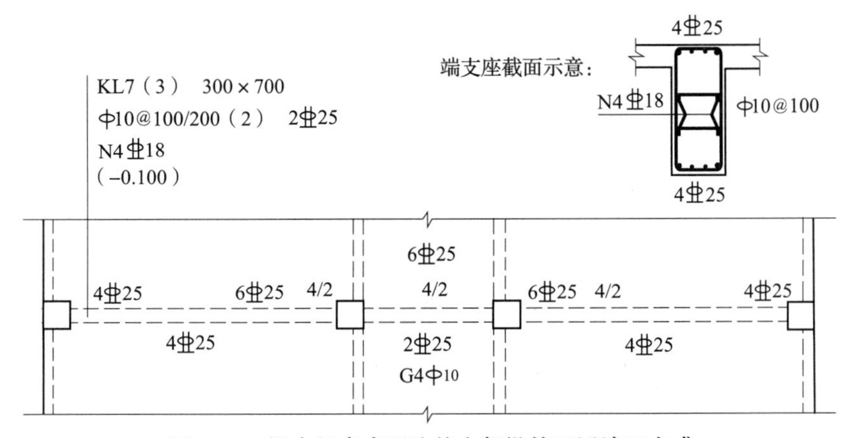

图 5-5 梁中间支座两边的上部纵筋不同注写方式

（2）梁下部纵筋

1）当下部纵筋多于一排时，用斜线“/”将各排纵筋自上而下分开。

2）当同排纵筋有两种直径时，用加号“+”将两种直径的纵筋相连，注写时角筋写在前面。

3）当梁下部纵筋不全部伸入支座时，将梁支座下部纵筋减少的数量写在括号内。

4）当梁的集中标注中已分别注写了梁上部和下部均为通长的纵筋值时，则不需在梁下部重复做原位标注。

5）当梁设置竖向加腋时，加腋部位下部斜纵筋应在支座下部以Y打头注写在括号内（图5-6），图集11G101—1中框架梁竖向加腋结构适用于加腋部位参与框架梁计算，其他情况设计者应另行给出构造。当梁设置水平加腋时，水平加腋内上、下部斜纵筋应在加腋支座上部以Y打头注写在括号内，上、下部斜纵筋之间用“/”分隔（图5-7）。

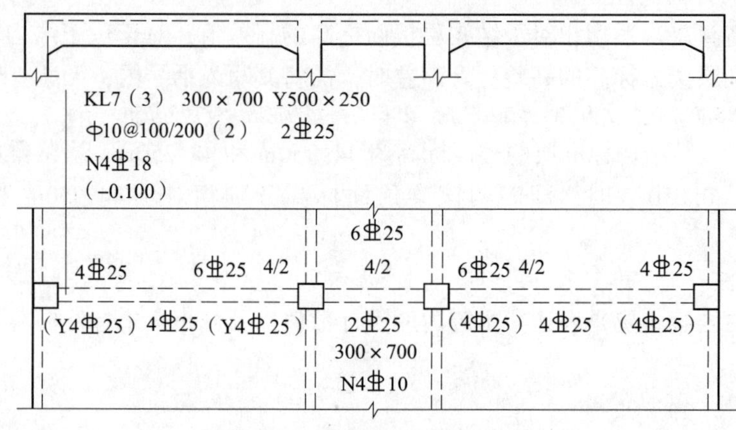

图5-6　梁加腋平面注写方式

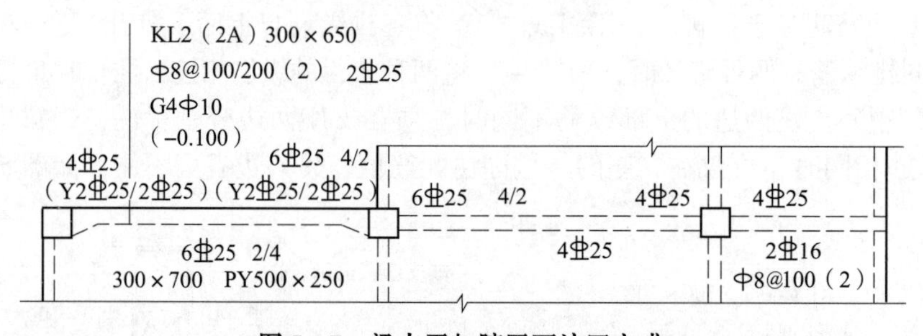

图5-7　梁水平加腋平面注写方式

（3）修正内容

当在梁上集中标注的内容（即梁截面尺寸、箍筋、上部通长筋或架立筋，梁侧面纵向构造钢筋或受扭纵向钢筋，以及梁顶面标高高差中的某一项或几项数值）不适用于某跨或某悬挑部分时，则将其不同数值原位标注在该跨或该悬挑部位，施工时应按原位标注数值取用。

当在多跨梁的集中标注中已注明加腋，而该梁某跨的根部却不需要加腋时，则应在该跨原位标注等截面的$b\times h$，以修正集中标注中的加腋信息。

（4）附加箍筋或吊筋

平法标注是将其直接画在平面图中的主梁上，用线引注总配筋值（附加箍筋的肢数注在括号内）如图5－8所示。当多数附加箍筋或吊筋相同时，可在梁平法施工图上统一注明，少数与统一注明值不同时，再原位引注。

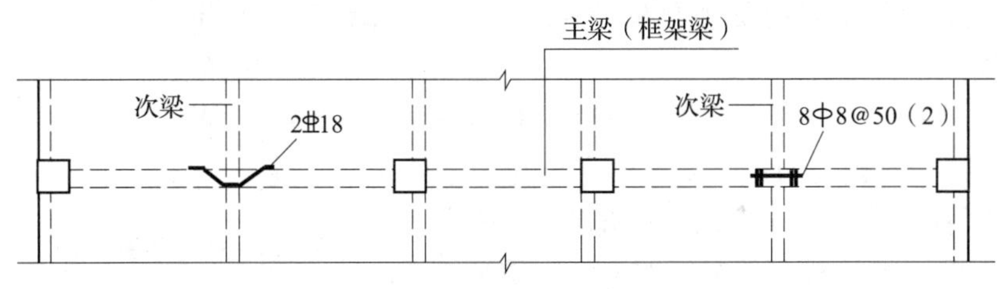

图5－8　附加箍筋和吊筋的画法示例

3. 井字梁注写方式

井字梁通常由非框架梁构成，并以框架梁为支座（特殊情况下以专门设置的非框架大梁为支座）。在此情况下，为明确区分井字梁与作为井字梁支座的梁，井字梁用单粗虚线表示（当井字梁顶面高出板面时可用单粗实线表示），作为井字梁支座的梁用双细虚线表示（当梁顶面高出板面时可用双细实线表示）。

井字梁系指在同一矩形平面内相互正交所组成的结构构件，井字梁所分布范围称为"矩形平面网格区域"（简称"网格区域"）。当在结构平面布置中仅有由四根框架梁框起的一片网格区域时，所有在该区域相互正交的井字梁均为单跨；当有多片网格区域相连时，贯通多片网格区域的井字梁为多跨，且相邻两片网格区域分界处即为该井字梁的中间支座。对某根井字梁编代号时，其跨数为其总支座数减1；在该梁的任意两个支座之间，无论有几根同类梁与其相交，均不作为支座（图5－9）。

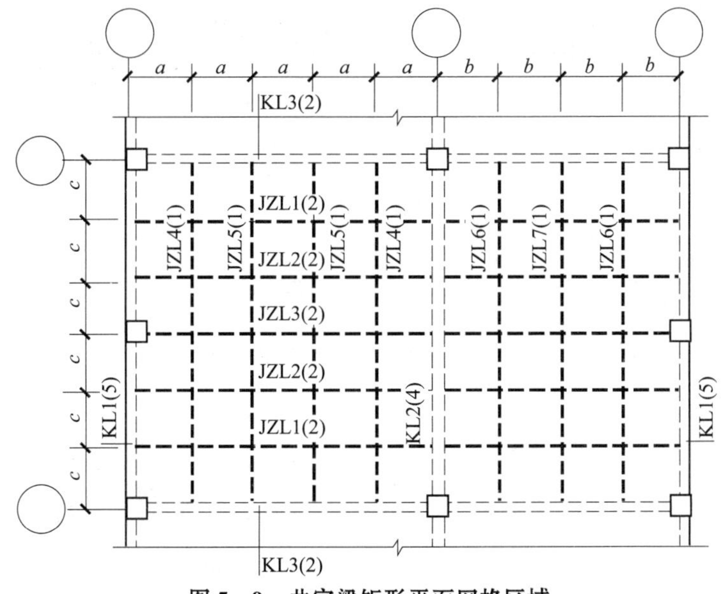

图5－9　井字梁矩形平面网格区域

井字梁的端部支座和中间支座上部纵筋的伸出长度α_0值，应由设计者在原位加注具体数值予以注明。

当采用平面注写方式时，则在原位标注的支座上部纵筋后面括号内加注具体伸出长度值。

当为截面注写方式时，则在梁端截面配筋图上注写的上部纵筋后面括号内加注具体伸出长度值，如图5-10所示。

设计时应注意：当井字梁连续设置在两排或多排网格区域时，才具有上面提及的井字梁中间支座。当某根井字梁端支座与其所在网格区域之外的非框架梁相连时，该位置上部钢筋的连续布置方式需由设计者注明。

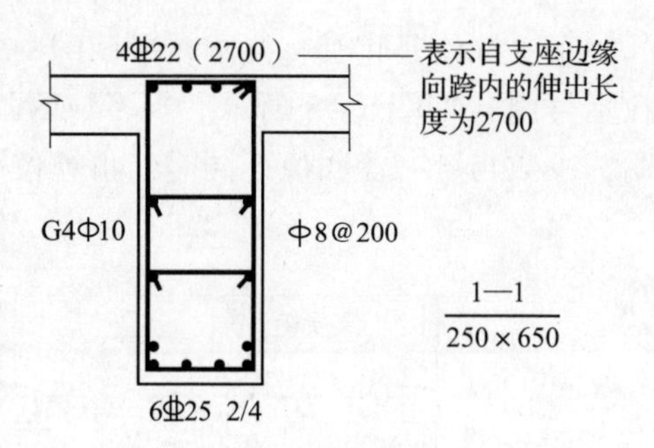

图5-10　井字梁截面注写方式示例

要点3：梁截面注写方式

在实际工程中，梁构件的截面注写方式应用较少，因此在此只做简单介绍。

梁截面的截面注写方式是在标准层绘制的梁平面布置图上，分别在不同编号的梁中各选择一根梁用剖面号引出配筋图，并在其上注写截面尺寸和配筋具体数值的方式来表达梁平法施工图。在截面注写的配筋图中可注写的内容有：梁截面尺寸、上部钢筋和下部钢筋、侧面构造钢筋或受扭钢筋、箍筋等，其表达方式与梁平面注写方式相同，如图5-11所示。

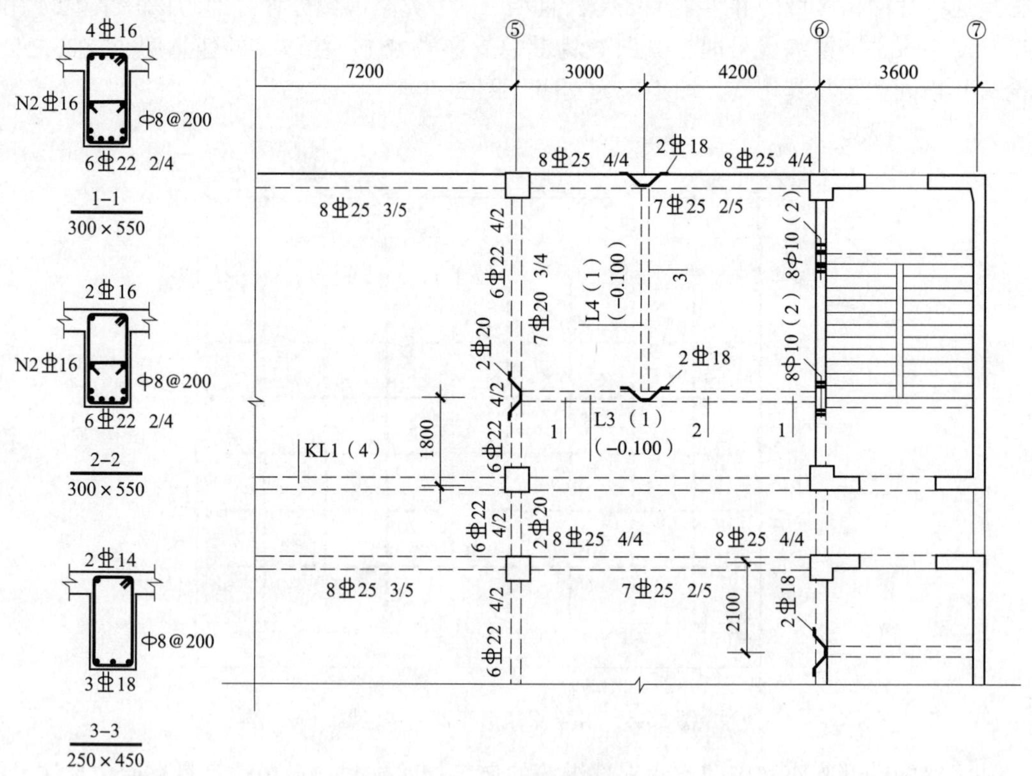

图5-11　梁截面注写方式

注：本图为15.870～26.670梁平法施工图（局部）。

对所有梁进行编号，从相同编号的梁中选择一根梁，先将“单边截面号”画在该梁上，再将截面配筋详图画在本图或其他图上。当某梁的顶面标高与结构层的楼面标高不同时，尚应继其梁编号后注写梁顶面标高高差（注写规定与平面注写方式相同）。

在截面配筋详图上注写截面尺寸 $b \times h$、上部筋、下部筋、侧面构造筋或受扭筋以及箍筋的具体数值时，其表达形式与平面注写方式相同。

一般，截面注写方式既可以单独使用，也可与平面注写方式结合使用。

注：在梁平法施工图的平面图中，当局部区域的梁布置过密时，除了采用截面注写方式表达外，也可将加密区用虚线框出，适当放大比例后再用平面注写方式表示。当表达异形截面梁的尺寸与配筋时，用截面注写方式相对比较方便。

要点4：梁的工程量计算规则

《房屋建筑与装饰工程工程量计算规范》GB 50854—2013 附录 E.3 给出了现浇混凝土梁的工程量计算规则，见表5－2。

表5－2　现浇混凝土梁工程量计算规则

项目编码	项目名称	项目特征	计量单位	工程量计算规则	工作内容
010503001	基础梁	1. 混凝土种类； 2. 混凝土强度等级	m^3	按设计图示尺寸以体积计算。伸入墙内的梁头、梁垫并入梁体积内。 梁长： 1. 梁与柱连接时，梁长算至柱侧面； 2. 主梁与次梁连接时，次梁长算至主梁侧面	1. 模板及支架（撑）制作、安装、拆除、堆放、运输及清理模内杂物、刷隔离剂等； 2. 混凝土制作、运输、浇筑、振捣、养护
010503002	矩形梁				
010503003	异形梁				
010503004	圈梁				
010503005	过梁				
010503006	弧形、拱形梁				

要点5：某楼层框架梁混凝土工程量计算及清单编制

【例5－6】　某工程二层梁、柱的局部平面布置图，如图5－12、图5－13所示。根据设计说明，梁混凝土强度等级为C30。楼面标高如图5－14所示，试计算KL1－13的混凝土工程量，并编制该项目的工程量清单。

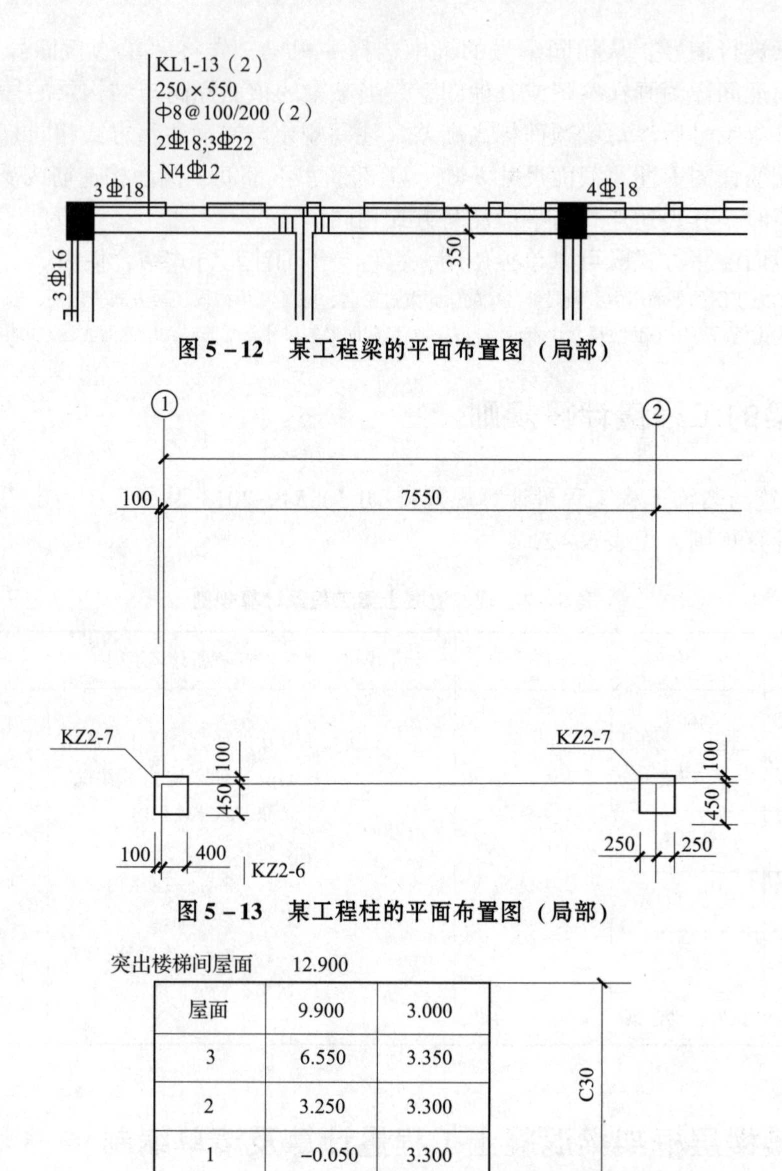

图 5－12　某工程梁的平面布置图（局部）

图 5－13　某工程柱的平面布置图（局部）

层号	标高（m）	层高（m）	混凝土强度等级
突出楼梯间屋面	12.900		
屋面	9.900	3.000	C30
3	6.550	3.350	C30
2	3.250	3.300	C30
1	−0.050	3.300	C30

图 5－14　某工程结构层楼面标高及结构层层高

【解】

如图 5－12 所示，编号 KL1－13 的图纸编号是 KL1－13（2），表示该梁两跨，定位轴线是①轴、②轴，轴线长度为 7.5m；梁的截面尺寸为 250mm×550mm。想要计算梁的体积，最主要是确定梁长。在梁的平面布置图上，梁的净长是柱内边到柱内边之间的长度。计算梁的体积时，要配合阅读相同层数的柱的平面布置图来计算梁净长。如图 5－13 所示，①轴是 KZ2－7，偏轴，具体该柱定位尺寸为：100mm 和 400mm，②轴同样是 KZ2－7，但定位轴线即该柱的中心线，具体该柱定位尺寸为：250mm 和 250mm，所以 KL1－13 的长度：

$$L_{净} = 7.55 - 0.4 - 0.25 = 6.9 \text{（m）}$$

该梁的混凝土体积：

$$V = 0.25 \times 0.55 \times 6.9 = 0.949 \text{（m}^3\text{）}$$

工程量清单编制见表 5－3。

表 5－3　分部分项工程量清单

工程名称：××工程　　　　　　　　　　　　　　　　　　第 1 页　　共 1 页

序号	项目编码	项目名称	项目特征	计量单位	工程数量
1	010503002001	矩形梁	混凝土强度等级 C30	m^3	0.949

应注意的是，该梁在平面布置图上注写时，没有注明高差，说明该梁与二层结构层无高差，即梁的顶标高是 +3.25m，梁底标高为 3.25 − 0.55 = 2.70（m）。

要点 6：某非框架梁混凝土工程量计算及清单编制

【例 5－7】　某工程梁局部平面布置图如图 5－15 所示，由设计说明得知，梁的混凝土强度等级为 C30，试计算 L1－6 的混凝土工程量，并编制 L1－6 的混凝土工程量清单。

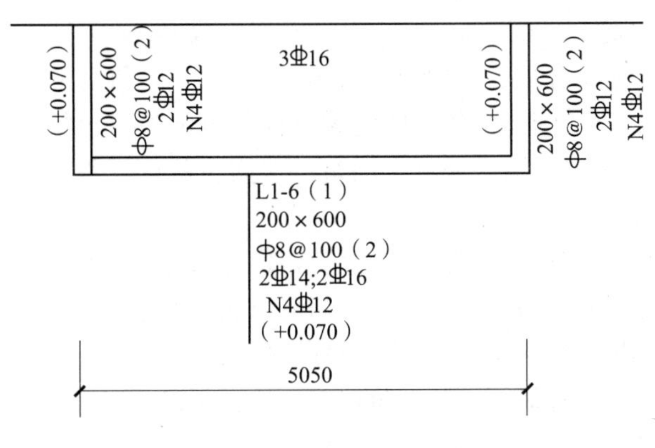

图 5－15　某工程梁局部平面布置图

【解】

梁的混凝土体积计算程序：逐层统计梁的类型和根数→计算每一类型的梁的混凝土体积→按不同的层数汇总梁的混凝土体积→汇总整个工程梁的混凝土体积。

其中，梁的种类及根数要按照轴线依次计算，先水平，后竖直，统计方法可参见本书第 3 章柱的统计方法。

梁的混凝土体积 $V = [0.2 \times 0.6 \times (5.05 - 2 \times 0.3)] \times 1 = 0.534$（$m^3$）。

应注意的是，在计算该梁的长度时，梁长不是轴线尺寸 5.05m，而是净长，即 5.05 − 2 × 0.3 = 4.45（m）。

工程量清单项目表见表 5－4。

表 5-4　分部分项工程量清单

工程名称：××工程　　　　第1页　共1页

序号	项目编码	项目名称	项目特征	计量单位	工程数量
1	010503002001	矩形梁	混凝土强度等级 C30	m^3	0.534

要点 7：某混凝土梁工程量清单计价表编制

【例 5-8】　某工程 C30 混凝土单梁清单见表 5-5，混凝土采用现场搅拌，根据企业情况确定管理费率为 5.1%，利润率为 3.2%，不考虑风险因素。编制其工程量清单计价表。

表 5-5　分部分项工程量清单

工程名称：××工程　　　　第1页　共1页

序号	项目编码	项目名称	项目特征	计量单位	工程数量
1	010503002001	矩形梁	混凝土强度等级 C30	m^3	9.43

【解】

在本题中，我们采用工程量清单格式，应用定额的消耗量进行计价。定额选用《山东省建筑工程消耗量定额》，价格采用《山东省建筑工程价目表》。在采用国家或地区颁布的定额计价时，应当注意以下几点：

1）清单设置项目是综合项，定额子项是单项，所以在利用定额进行计价时，一定要套全定额子项，不要漏项，例如本题中的混凝土柱，清单项目包括混凝土柱的全部施工过程，即混凝土的制作、场内运输、混凝土浇筑、振捣、养护等所有的工序，分别由 4-2-23、4-4-16 2 个子项组成，缺一不可。

2）应当注意工程量清单设置项目的工程量计算规则与所选用的定额相应子项的工程量计算规则是否一致，如果不一致，就不能直接用清单的工程量去套用定额计价，而是要按照定额的工程量计算规则重新计算工程量，在定额计价后，折合成分部分项工程量清单的综合单价。本题选用定额工程量计算规则与计价规范一致，所以可以直接采用清单的工程量。

3）应当注意工程量的单位，清单项目单位是 m^3，定额单位是 $10m^3$，要注意计价时单位之间的转换。

本题中，工程量清单项目人工、材料、机械费用分析表见表 5-6。

表 5-6　工程量清单项目人工、材料、机械费用分析表

工程名称：××工程　　　　第1页　共1页

清单项目名称	工程内容	定额编号	计量单位	数量	费用组成其中	
					基价（元）	合价（元）
矩形梁	现场搅拌混凝土	4-4-16	$10m^3$	0.943	154.87	146.04
	C30 混凝土现浇梁	4-2-23	$10m^3$	0.943	2072.37	1954.24
合　计	2100.28 元					

合价：2100.28×（1+5.1%+3.2%）=2274.60（元）。

综合单价：2274.60÷9.43=241.21（元/m³）。

分部分项工程和单价措施项目清单与计价表见表5-7。

表5-7　分部分项工程和单价措施项目清单与计价表

工程名称：××工程　　　　标段：　　　　第1页　共1页

序号	项目编号	项目名称	项目特征描述	计量单位	工程量	金额（元）		
						综合单价	合价	其中 暂估价
1	010503002001	矩形梁	混凝土强度等级C30	m³	9.43	241.21	2274.60	—

综合单价分析表见表5-8。

表5-8　综合单价分析表

工程名称：　　　　标段：　　　　第1页　共1页

项目编码	010503002001		项目名称		矩形梁			计量单位	m³	工程量	9.43
综合单价组成明细											
定额编号	定额名称	定额单位	数量	单价（元）				合价（元）			
				人工费	材料费	机械费	管理费和利润	人工费	材料费	机械费	管理费和利润
4-4-16	现场搅拌混凝土	10m³	0.943	16.80	19.00	115.21	12.53	15.84	17.92	108.64	11.82
4-2-23	C30混凝土现浇梁	10m³	0.943	536.48	1698.68	9.91	186.34	505.90	1601.86	9.35	175.72
人工单价		小　计						521.74	1619.78	117.99	187.54
28元/工日		未计价材料费									
清单项目综合单价								241.21			
材料费明细	主要材料名称、规格、型号			单位		数量		单价（元）	合价（元）	暂估单价（元）	暂估合价（元）
	C30混凝土，石子<40mm			m³		9.43		166.24	1567.64	—	—
	其他材料费							—		—	
	材料费小计							—		—	

要点8：某混凝土工程框架梁钢筋工程量计算及清单编制

【例5-9】 某混凝土工程框架梁KL1-13配筋，如图5-16所示。通过阅读图纸可知，该工程混凝土强度等级C30，一类环境，建筑物抗震设防类别为乙类，抗震设防烈度6度，框架柱截面尺寸为450mm×450mm，角筋直径为20mm。试计算该构件的工程量，并编制该构件钢筋工程量清单。

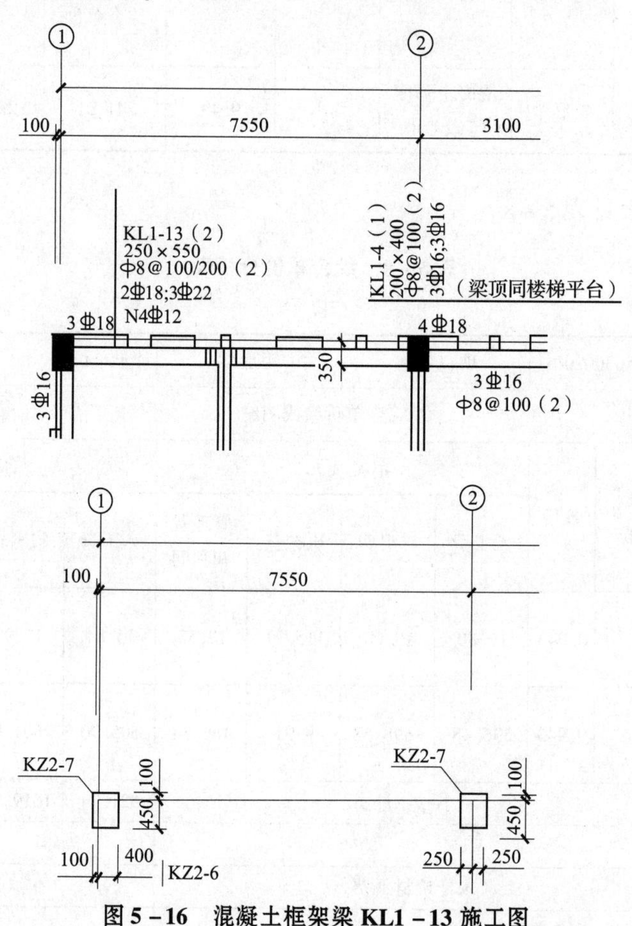

图5-16 混凝土框架梁KL1-13施工图

【解】

根据图5-16可知，该梁配筋内容如下：

1）箍筋采用ф8@100/200（2），即HPB300级钢筋，$d=8$mm，加密区间距为100mm，非加密区间距为200mm，两肢箍。

2）梁的上部通长纵筋为2⌀18；梁的下部通长纵筋为3⌀22。

3）梁上部负弯矩筋采用3⌀18。

4）受扭钢筋采用4⌀12，每边两根。

下面进行钢筋工程量计算。

1. 梁的上部通长纵筋2 ⌀18工程量的统计

梁上部通长钢筋的长度 L = 通跨净跨长 + 首尾端支座锚固值，

$$l_{aE}=37d=37\times18=666\ (\text{mm}),$$

如图5－17所示，计算梁上部纵筋的锚固长度 $0.5h_c+5d=0.5\times450+5\times18=315$（mm）。

由图5－16可知，柱的尺寸是500mm×500mm，不满足直锚要求，所以由图5－18可知，应下弯入柱内 $15d$，即 $15\times18=270$（mm）。

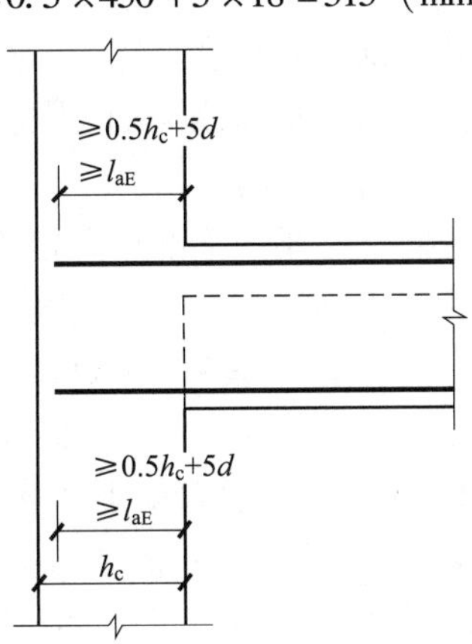

图5－17　纵筋在端支座的直锚构造

端部纵筋的锚固长度为：

柱宽－保护层厚度＋弯入柱内长度 $15d=500-30+270=740$（mm），

中间支座梁上部纵筋伸入跨内 $l_n/3$，其中 $l_n=7550-(400+250)=6900$（mm），$6900/3=2300$（mm），即中间支座梁上部纵筋伸入跨内2300mm。

中间支座梁上部纵筋锚固长度：

柱宽 $+l_n/3=450+2300=2750$（mm），

所以，梁的上部通长纵筋2 ⌀18的长度为：

$L=2\times(6900+740+2750)=20780\ (\text{mm})=20.78\ (\text{m})$，

$G=20.78\text{m}\times1.998\text{kg/m}=41.52\text{kg}=0.042\text{t}$。

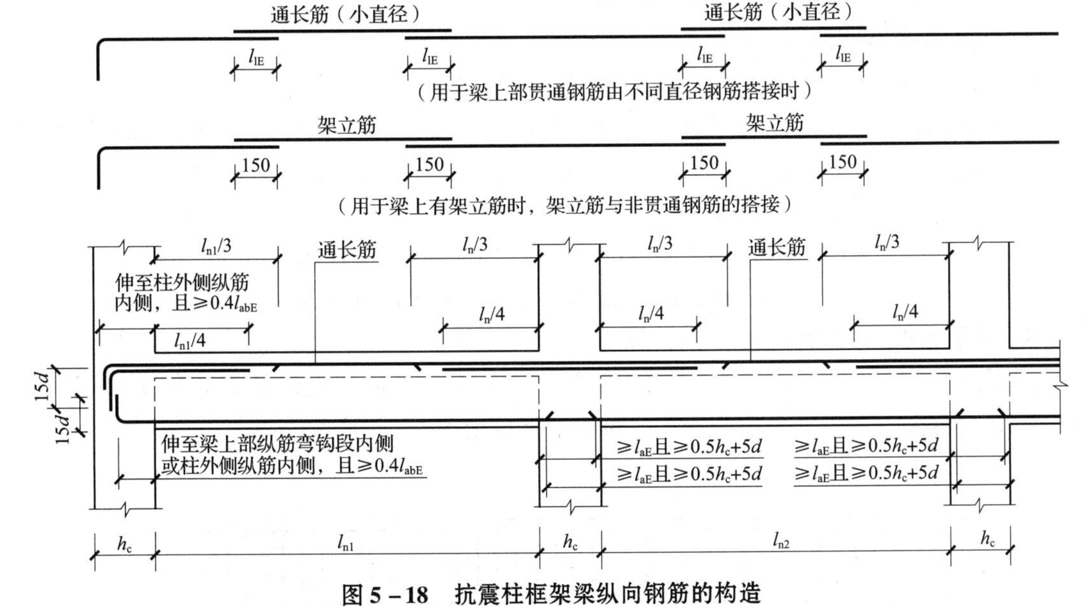

图5－18　抗震柱框架梁纵向钢筋的构造

注：当梁的上部既有贯通筋又有架立筋时，其中架立筋的搭接长度为150mm。

1　跨度值 l_n 为左跨 l_{ni} 和右跨 l_{ni+1} 中之较大值，其中 $i=1, 2, 3\cdots$。

2　图中 h_c 为柱截面沿框架方向的高度。

3　梁上部通长钢筋与非贯通钢筋直径相同时，连接位置宜位于跨中 $l_{ni}/3$ 范围内；梁下部钢筋连接位置宜位于支座 $l_{ni}/3$ 范围内；且在同一连接区段内钢筋接头面积百分率不宜大于50%。

4　三、四级框架梁可采用绑扎搭接或焊接连接。

2. 梁的下部纵向钢筋3⌀22的计量

下部钢筋长度＝净跨长＋左右支座锚固值

对于梁的下部纵向钢筋，$l_{aE}=37d=37\times22=814$（mm）。

由图5－17可知，验算梁的下部纵向钢筋在端部不满足直锚要求，所以梁的下部纵向钢筋在端部锚固长度是：

H_c＝保护层厚度－柱纵筋直径＝$500-30-20+15d=780$（mm）$>0.4l_{aE}=0.4\times814=325.6$（mm）。

中间支座梁的下部纵向钢筋锚固长度是Max$\{l_{aE}, 0.5h_c+5d\}$，取$l_{aE}=814$mm。

所以，梁的下部纵向钢筋3⌀22的长度为：

$$L=3\times(6900+780+814)=25482\text{(mm)}=25.482\text{(m)}$$

$$G=25.482\text{m}\times2.984\text{kg/m}=76.04\text{kg}=0.076\text{t}。$$

3. 梁端上部负弯矩筋3⌀18

梁上部负弯矩筋3⌀18，施工时一般这样放置：上排1⌀18，中间位置；下排2⌀18，一边一根，而端支座负筋长度：第一排为$l_n/3$＋端支座锚固值；第二排为$l_n/4$＋端支座锚固值。

梁上部负弯矩筋3⌀18的长度$L=l_n/3$＋端支座锚固值$+2\times$（$l_n/4$＋端支座锚固值）

$=6900/3+740+2\times(6900/4+740)$

$=7970$（mm）$=7.97$（m）。

$$G=7.97\text{m}\times1.998\text{kg/m}=15.92\text{kg}=0.016\text{t}$$

注：端支座锚固值740mm，详见上部纵筋端部锚固值的计算。

4. 受扭钢筋4⌀12

受扭钢筋的锚固长度取l_{aE}，$l_{aE}=37d=37\times12=444$（mm）。

由图8－18可知，端部满足直锚要求，所以端部支座锚固长度取l_{aE}即444mm，中间支座锚固长度由图8－19可知，也取l_{aE}即444（mm）。

所以，受扭钢筋4⌀12的长度为：

$$L=4\times(6900+2\times444)=31152\text{(mm)}=31.152\text{(m)}$$

$$G=31.152\text{m}\times0.888\text{kg/m}=27.66\text{kg}=0.028\text{t}$$

5. 箍筋⌀8@100/200（2）的计算

根据图5－19可知，框架梁箍筋加密区$\geq1.5h_b\geq500$mm。此处的h_b指的是梁截面高度，h_b为550mm。所以，本道例题中，箍筋加密区取$1.5h_b$，即825mm。

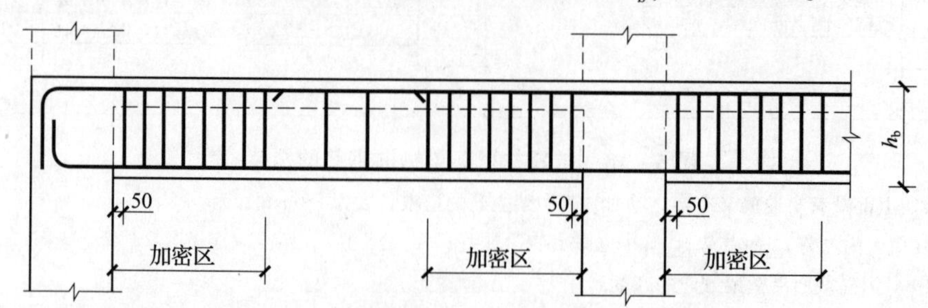

图5－19 抗震框架梁（KL）箍筋加密区范围

注：加密区：抗震等级为一级：$\geq2.0h_b$且≥500；

抗震等级为二级～四级：$\geq1.5h_b$且≥500。

箍筋长度 =（梁宽 − 2 × 保护层 + 梁高 − 2 × 保护层）× 2 + 2 × 11.9d + 8d　（5 − 1）

箍筋根数 = 加密区长度/加密区间距 + 非加密区长度/非加密区间距 + 1　（5 − 2）

应注意的是：因为构件扣减保护层时，都是扣至纵筋的外皮，因此拉筋和箍筋在每个保护层处均被多扣掉了直径值，造价人员在计算钢筋长度时，都是按照外皮计算的，所以应将多扣掉的长度计入，拉筋计算时可以增加 2d，箍筋计算时增加 8d。

由式②得，箍筋的根数为：

$n = [(825 + 825 - 2 \times 50) \div 100 + (6900 - 2 \times 825) \div 200] + 1 = 43$（根）。

由式①得，箍筋的长度为：

$L = 43 \times \{[(250 - 2 \times 30) + (550 - 2 \times 30)] \times 2 + 2 \times 11.9d + 8d\} = 1614.4$（mm）= 1.6144（m）。

箍筋的质量 $G = 43 \times 1.6144\text{m} \times 0.395\text{kg/m} = 27.42\text{kg} = 0.027\text{t}$。

工程量清单编制见表 5 − 9。

表 5 − 9　分部分项工程量清单

工程名称：××工程　　　　第 1 页　　共 1 页

序号	项目编码	项目名称	项目特征	计量单位	工程数量
1	010515001001	现浇构件钢筋	现浇混凝土梁钢筋：HRB400 级 d = 18mm	t	0.058
2	010515001002	现浇构件钢筋	现浇混凝土梁钢筋：HRB400 级 d = 22mm	t	0.076
3	010515001003	现浇构件钢筋	现浇混凝土梁钢筋：HRB400 级 d = 12mm	t	0.028
4	010515001004	现浇构件钢筋	现浇混凝土梁箍筋：HRB300 级 ф 8	t	0.027

要点 9：某平法梁钢筋工程量计算及清单编制

【例 5 − 10】　已知某平法梁结构如图 5 − 20 所示，梁柱基本情况见表 5 − 10，试计算平法梁钢筋工程量，并编制钢筋工程量清单。

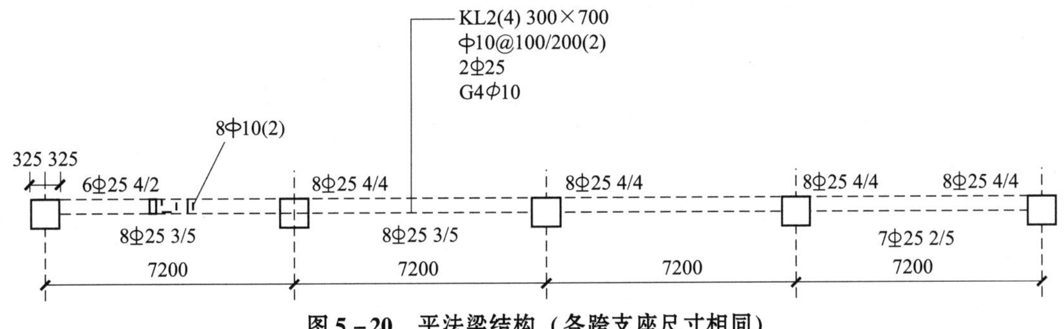

图 5 − 20　平法梁结构（各跨支座尺寸相同）

表 5-10　梁柱基本情况表

混凝土强度等级	抗震等级	梁保护层	柱保护层	钢筋连接方式	定尺长	l_{lE}
C25	一级抗震	25mm	30mm	绑扎搭接	8m	$1.4l_{aE}$

【解】

平法梁钢筋清单见表 5-11。

表 5-11　平法梁钢筋清单

KL2	总质量（kg）	单根质量（kg）	根数	钢筋直径	单长计算（mm）	备注
1	273.332	136.666	2	Φ25	（625+6550+650+6550+650+6550+650+6550+625）+375+375+（4×53.2×25）+0-0=35470 375 29400 375	1-4 跨上部负筋
2	24.528	12.264	2	Φ25	（625+2183）+（375）+（0×53.2×25）+（0）-（0）=3183 375 2808	1-1 跨上部负筋
3	20.328	10.164	2	Φ25	（625+1638）+（375）+（0×53.2×25）+（0）-（0）=2638 375 2263	1-1 跨上部负筋
4	115.962	19.327	6	Φ25	（2183+650+2183）+（0×53.2×25）+（0）-（0）=5016 5016	1-2，2-3，3-4 跨上部负筋
5	181.524	15.127	12	Φ25	（1638+650+1638）+（0×53.2×25）+（0）-（0）=3926 3926	1-2，2-3，3-4 跨上部负筋
6	24.528	12.624	2	Φ25	（2183+625）+（375）+（0×53.2×25）+（0）-（0）=3183 375 2808	4-4 跨上部负筋
7	40.656	10.164	4	Φ25	（1638+625）+（375）+（0×53.2×25）+（0）-（0）=2638 375 2263	4-4 跨上部负筋

续表 5－11

KL2	总质量（kg）	单根质量（kg）	根数	钢筋直径	单长计算（mm）	备注
8	303.000	37.875	8	Φ25	（625＋6550＋950）＋（375）＋（1×53.2×25）＋（0）－（0）＝9830 375 ∟ 8125	1－1，1－1 跨下部筋
9	602.912	37.682	16	Φ25	（950＋6550＋950）＋（1×53.2×25）＋（0）－（0）＝9780 8450	2－2，2－2，3－3，3－3 跨下部筋
10	265.125	37.875	7	Φ25	（950＋6550＋625）＋（375）＋（1×53.2×25）＋（0）－（0）＝9830 375 ∟ 2263	4－4，4－4 跨下部筋
11	152.468	0.811	188	Φ8	（266）×2＋（666）×2＋（0×350）＋（23.8×8）－（0）＝2054 266　666	1～4 跨箍筋，1～4：@100/200（－1）
12	68.864	4.304	16	Φ10	（150＋6550＋150）＋（0×43.4×10）＋（2×6.25×10）－（0）＝6975 6850	1－1，2－2，3－3，4－4 跨腰筋
13	12.960	0.090	144	Φ6	（262）＋（0×350）＋（2×11.9×6）－（0）＝405 262	1～4 跨拉钩筋
合计	2086.187kg					

工程量清单编制见表 5－12。

表 5－12　分部分项工程量清单

工程名称：××工程　　　　　　　　　　　　　　　　　　　　第1页　　共1页

序号	项目编码	项目名称	项目特征	计量单位	工程数量
1	010515001001	现浇构件钢筋	Φ25	t	0.640
2	010515001002	现浇构件钢筋	Φ25	t	1.212
3	010515001003	现浇构件钢筋	Φ10	t	0.069
4	010515001004	现浇构件钢筋	Φ8	t	0.152
5	010515001005	现浇构件钢筋	Φ6	t	0.013

要点 10：某多跨框架梁钢筋工程量计算

【例 5-11】 某多跨框架梁 KL1 的平法表示图如图 5-21 所示。抗震等级为二级，混凝土强度等级为 C30，锚固长度为 38d，搭接长度为 35d，保护层厚度为 25mm。试计算多跨框架梁钢筋工程量。

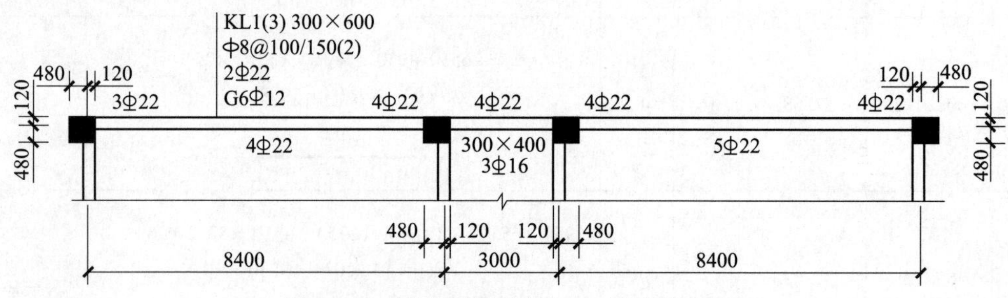

图 5-21 某多跨框架梁 KL1 平法表示图

【解】

一跨箍筋：二级抗震梁箍筋加密区长度为 1.5 × h_b（梁高），箍筋距离柱边 50mm。

箍筋根数：［（1.5 ×0.6 −0.05）/0.1 +1］ ×2 + （8.4 −0.12 −0.48 −1.5 ×0.6 ×2）/0.15 −1 =58（根）。

二跨箍筋：二级抗震梁箍筋加密区长度为 1.5 × h_b（梁高），箍筋距离柱边 50mm。

箍筋根数：［（1.5 ×0.4 −0.05）/0.1 +1］ ×2 + （3 −0.12 ×2 −1.5 ×0.4 ×2）/0.15 −1 =23（根）。

多跨框架梁 KL1 钢筋计算见表 5-13。

表 5-13 多跨框架梁 KL1 钢筋计算表

序号	构件名称：KL1	构件数量：1	构件钢筋重量：727.39kg =0.727t				
	钢筋类型	钢筋直径	单根长度（m）	根数	总长度（m）	理论重量（kg/m）	重量（kg）
1	上部通常钢筋	Φ22	8.4 ×2 +3 −0.12 ×2 + max（38 ×0.022，0.4 ×38 ×0.022 +15 ×0.022，0.6 −0.025 +15 ×0.022） ×2 =21.37	2	42.74	2.984	127.54
2	一跨左支座负筋	Φ22	（8.4 −0.12 −0.48）/3 + max（38 ×0.022，0.4 ×38 ×0.022 +15 ×0.022，0.6 −0.025 +15 ×0.022） =3.505	1	3.505	2.984	10.46
3	一跨右支座负筋	Φ22	2 ×（8.4 −0.12 −0.48）/3 +0.48 ×2 +3 =9.16	2	18.32	2.984	54.67

续表 5-13

序号	构件名称：KL1	构件数量：1	构件钢筋重量：727.39kg=0.727t				
	钢筋类型	钢筋直径	单根长度（m）	根数	总长度（m）	理论重量（kg/m）	重量（kg）
4	一跨下部钢筋	⌀22	8.4-0.12-0.48+max（38×0.022，0.4×38×0.022+15×0.022，0.6-0.025+15×0.022）×2=9.61	4	38.44	2.984	114.70
5	二跨下部钢筋	⌀16	3-0.12-0.12+max（38×0.016，0.4×38×0.016+15×0.016，0.6-0.025+15×0.016）×2=4.39	3	13.17	1.578	20.78
6	三跨左支座负筋	⌀22	（8.4-0.12-0.48）/3+max（38×0.022，0.4×38×0.022+15×0.022，0.6-0.025+15×0.022）=3.505	2	7.01	2.984	20.92
7	三跨下部钢筋	⌀22	8.4-0.12-0.48+max（38×0.022，0.4×38×0.022+15×0.022，0.6-0.025+15×0.022）×2=9.61	2	48.05	2.984	143.38
8	构造钢筋	⌀12	8.4+3+8.4-0.12×2+15×0.012×2=19.92	6	119.52	0.888	106.13
9	一跨箍筋	ϕ8	2×（0.3+0.6）-8×0.025+1.9×0.008×2+max（10×0.008，0.075）×2=1.79	58	103.82	0.395	41.01
10	二跨箍筋	ϕ8	2×（0.3+0.4）-8×0.025+1.9×0.008×2+max（10×0.008，0.075）×2=1.386	23	31.88	0.395	12.59
11	三跨箍筋	ϕ8	2×（0.3+0.6）-8×0.025+1.9×0.008×2+max（10×0.008，0.075）×2=1.79	58	103.82	0.395	41.01
12	拉筋	ϕ6	0.3-0.025×2+11.9×0.006×2=0.39	（60+34+60）/2×3=231	90.09	0.395	34.20

要点11：某屋面框架梁钢筋工程量计算

【例5-12】 已知某屋面框架梁WKL3，抗震等级为二级，混凝土强度等级为C35，保护层厚度为25mm。钢筋接头：直径≤18mm为绑扎连接，直径>18mm为机械连接。锚固长度为38d，搭接长度为35d。框架梁KL3的平法表示图如图5-22所示。试计算屋面框架梁钢筋工程量。

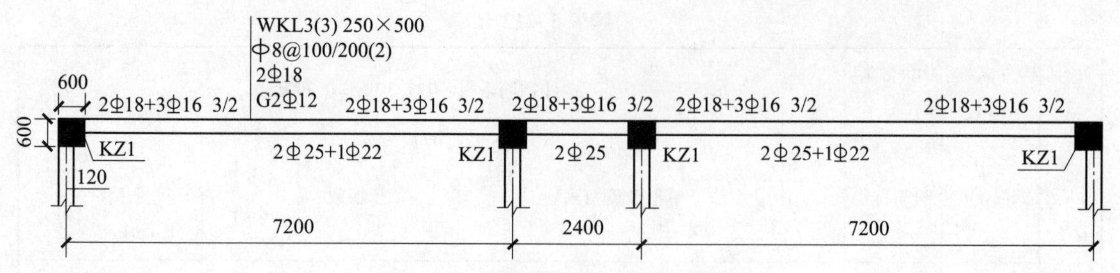

图 5－22 框架梁 KL3 平法表示图

【解】

二级抗震梁箍筋加密区长度为 $1.5h_b$（梁高），箍筋距离柱边 50mm。箍筋根数：[（1.5×0.5－0.05）×2＋（7.2－0.48×2）]/0.2－1＝38（根）。

二级抗震梁箍筋加密区长度为 $1.5h_b$，全跨加密，箍筋距离柱边 50mm。箍筋根数：（2.4－0.3×2－0.05×2）/0.1＋1＝18（根）。

二级抗震梁箍筋加密区长度为 $1.5h_b$，箍筋距离柱边 50mm。箍筋根数：[（1.5×0.5－0.05）×2＋（7.2－0.48×2）]/0.2－1＝38（根）。

屋面框架梁钢筋计算表见表 5－14。

表 5－14 屋面框架梁钢筋计算表

序号	构件名称：KL1	构件数量：1	构件钢筋重量：377.706kg＝0.378t				
	钢筋类型	钢筋直径	单根长度（m）	根数	总长度（m）	理论重量（kg/m）	重量（kg）
1	上部通常钢筋	Φ18	7.2×2＋2.4－0.12×2＋（0.6－0.025）×2＋（0.5－0.025）×2＝18.66	2	37.32	1.998	74.57
2	一跨下部钢筋	Φ25	7.2－0.48－0.3＋max（38×0.025，0.4×38×0.025＋15×0.025，0.6－0.025＋15×0.025）＝7.37	2	14.74	3.853	56.79
3	一跨下部钢筋	Φ22	7.2－0.48－0.3＋max（38×0.022，0.4×38×0.022＋15×0.022，0.6－0.025＋15×0.022）＝7.325	1	7.325	2.984	21.86
4	一跨左支座负筋	Φ16	（7.2－0.48－0.3）/3＋（0.5－0.025）＝2.615	1	2.615	1.578	4.13
5	一跨左支座第二排负筋	Φ16	（7.2－0.48－0.3）/4＋（0.5－0.025）＝2.08	2	5.16	1.578	8.14
6	一跨右支座第一排负筋	Φ16	（7.2－0.48－0.3）/3＋2.4＋（7.2－0.48－0.3）/3＝6.68	1	6.68	1.578	10.54
7	一跨右支座第二排负筋	Φ16	（7.2－0.48－0.3）/4＋2.4＋（7.2－0.48－0.3）/3＝5.61	2	11.22	1.578	17.71

续表 5－14

序号	构件名称：KL1	构件数量：1	构件钢筋重量：377.706kg＝0.378t				
	钢筋类型	钢筋直径	单根长度（m）	根数	总长度（m）	理论重量（kg/m）	重量（kg）
8	二跨下部钢筋	Φ25	2.4－0.3×2＋max（38×0.025，0.4×38×0.025＋15×0.025，0.6－0.025＋15×0.025）＝2.75	2	5.5	3.853	21.19
9	三跨右部支座第一排负筋	Φ116	（7.2－0.48－0.3）/3＋（0.5－0.025）＝2.615	1	2.615	1.578	4.13
10	三跨右支座第二排负筋	Φ16	（7.2－0.48－0.3）/4＋（0.5－0.025）＝2.08	2	5.16	1.578	8.14
11	三跨跨下部钢筋	Φ25	7.2－0.48－0.3＋max（38×0.025，0.4×38×0.025＋15×0.025，0.6－0.025＋15×0.025）＝7.37	2	14.74	3.853	56.79
12	构造钢筋	Φ12	7.2×2＋2.4＋0.25×2－0.025×2＋15×0.012×2＋12.5×0.012＋3×35×0.012＝19.02	2	38.04	0.888	33.78
13	一跨箍筋	φ8	2×（0.25＋0.5）－8×0.025＋1.9×0.008×2＋max（10×0.008，0.075）×2＝1.490	39	58.11	0.394	22.895
14	一跨箍筋	φ8	2×（0.25＋0.5）－8×0.025＋1.9×0.008×2＋max（10×0.008，0.075）×2＝1.490	18	26.82	0.394	10.567
15	一跨箍筋	φ8	2×（0.25＋0.5）－8×0.025＋1.9×0.008×2＋max（10×0.008，0.075）×2＝1.490	39	58.11	0.394	22.895
16	拉筋	φ6	0.25－0.025×2＋11.9×0.006×2＝0.343	38＋18/2＝47	16.121	0.222	3.579

要点 12：某住宅楼框架梁钢筋工程量计算

【例 5－13】 某住宅楼的“3.550～10.750 层梁平法施工图”中的框架梁 KL6（2A）平法标注图如图 5－23 所示，抗震等级为三级，混凝土强度等级为 C30，保护层厚度为 25mm，直径不大于 22mm 的钢筋为绑扎连接，8m 一个接头，直径大于 22mm 的钢筋为机械连接，吊筋采用 2Φ16。试计算其钢筋工程量。

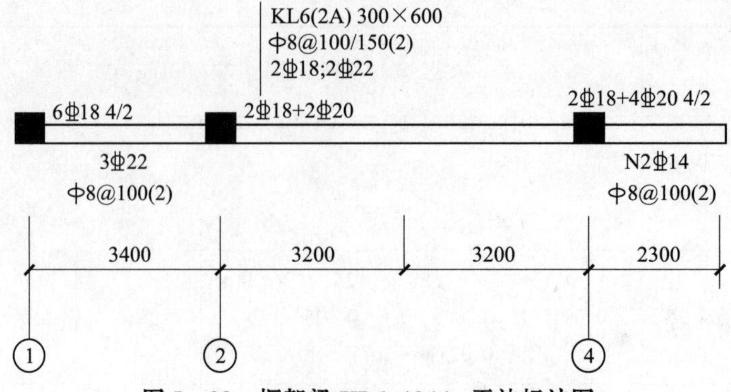

图 5－23　框架梁 KL6（2A）平法标注图

【解】

1. 框架梁 KL6（2A）通长筋工程量计算

净跨长＝3400＋6400＋2300－250－25＝11825（mm）。

弯直锚判断：端支座宽度 h_c＝500mm，锚固长度 $l_{aE}=37d=37\times18=666$（mm）。

端支座宽度＝h_c－保护层（500－25＝475）≤锚固长度 l_{aE}（666mm），所以梁纵向钢筋采用弯锚构造。

上部通长筋左支座锚固长度＝h_c－保护层＋$15d=500-25+15\times18=745$（mm），

上部通长筋右支座锚固长度＝$12d=12\times18=216$（mm），

上部通长筋简图：270 ⌊ 12300 ⌋ 216，

上部通长筋长度＝11825＋745＋216＝12786（mm）＝12.786（m），

下部通长筋左支座锚固长度＝h_c－保护层＋$15d=500-25+15\times22=805$（mm），

下部通长筋简图：330 ⌊ 12300，

下部通长筋长度＝11825＋805＝12630（mm）＝12.630（m），

框架梁 KL6（2A）通长筋工程量＝（2×12.786）×1.998＋（2×12.630）×2.984＝126.47（kg）。

2. 框架梁 KL6（2A）支座负筋工程量计算

1 跨左支座第一排负筋＝（3400－500）÷3＋500－25＋15×18＝1712（mm）＝1.71（m），

1 跨左支座第一排负筋简图：270 ⌊ 1442，

1 跨左支座第二排负筋＝（3400－500）÷4＋500－25＋15×18＝1470（mm）＝1.47（m），

1 跨左支座第二排负筋简图：270 ⌊ 1200。

2 跨左支座第一排负筋＝2×（6400－500）÷3＋500＝4433（mm）＝4.43（m），

2 跨左支座第一排负筋简图：4433，

框架梁 KL6（2A）支座负筋工程量＝2×（1.71＋1.47）×1.998＋2×4.43×2.466＝34.56（kg）。

3. 框架梁 KL6（2A）悬臂跨跨中筋工程量计算

悬臂跨第一排跨中筋长度＝（2300－250－25）＋500＋（6400－500）÷3＋（12×

20）=4732（mm）=4.73（m），

悬臂跨第一排跨中筋简图：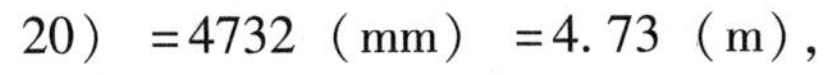，

悬臂跨第二排跨中筋长度 = 0.75 ×（2300 − 250）+500 +（6400 − 500）÷4 = 3513（mm）=3.51（m），

悬臂跨第二排跨中筋简图：3513，

框架梁 KL6（2A）悬臂跨跨中筋工程量 =（2 ×4.73 +2 ×3.51）×2.466 = 40.64（kg）。

4. 框架梁 KL6（2A）下部非贯通钢筋工程量计算

左锚固长度弯锚，锚固长度 = 支座宽度 − 保护层 +15d，

右锚固长度直锚，锚固长度 = Max（l_{aE}，$0.5h_c+5d$）= Max（$41d$，$0.5h_c+5d$），

1 跨下部非贯通钢筋长度 =（3400 − 500）+（500 − 25 + 15 ×22）+（41 ×22）= 4607（mm），

1 跨下部非贯通钢筋简图：330 4277，

1 跨下部非贯通钢筋工程量 =4.61 ×2.98 =13.74（kg）。

5. 框架梁 KL6（2A）侧面纵向抗扭钢筋工程量计算

悬臂跨侧面纵向抗扭钢筋直锚，锚固长度 = Max（l_{aE}，$0.5h_c+5d$）= Max（$41d$，$0.5h_c+5d$），

悬臂跨侧面纵向抗扭钢筋长度 =（2300 −250 −25）+41 ×14 =2599（mm），

悬臂跨侧面纵向抗扭钢筋简图：2599，

框架梁 KL6（2A）侧面纵向抗扭钢筋工程量 =2 ×2.60 ×1.208 =6.28（kg）。

悬臂跨拉筋长度 =（300 −2 ×25）+2 ×1.9 +2 ×75 +2 ×6 =415.8（mm），

悬臂跨拉筋简图：250，

悬臂跨拉筋根数 = [（2300 −250 −25 −50）÷（100 ×2）+1] ×1 =11（根），

框架梁 KL6（2A）悬臂跨拉筋工程量 =11 ×0.42 ×0.222 =1.03（kg）。

6. 框架梁 KL6（2A）吊筋工程量计算

查"3.550m ~10.750m 层梁平法施工图"，框架梁 KL6（2A）2 跨上的次梁 L6 梁宽为 250（mm），

吊筋长度 =250 +2 ×50 +2 ×（600 −2 ×25）÷0.851 +2 ×20 ×16 =2283（mm），

吊筋计算简图：320 45.00 350 550，

吊筋工程量 =2 ×2.28 ×1.578 =7.20（kg）。

7. 框架梁 KL6（2A）次梁加筋工程量计算

次梁加筋长度 =（300 −2 ×25 +8 ×2）×2 +（600 −2 ×25 +8 ×2）×2 +1.9 ×8 ×2 +80 ×2 =1854（mm），

次梁加筋简图：550 250，

框架梁 KL6（2A）次梁加筋工程量 =1.85 ×6 ×0.395 =4.38（kg）。

8. 框架梁 KL6（2A）箍筋工程量计算

1 跨、2 跨、3 跨的箍筋长度相同。

箍筋长度 = （300 − 2 × 25 + 8 × 2） × 2 + （600 − 2 × 25 + 8 × 2） × 2 + 1.9 × 8 × 2 + 80 × 2 = 1854（mm）

箍筋简图：550 250，

1 跨的箍筋全加密，箍筋根数 = （3400 − 500 − 2 × 50） ÷ 100 + 1 = 29（根），

2 跨箍筋根数 = 2 × ［（1.5 × 600 − 50） ÷ 100 + 1］ + ［6400 − 2 × （1.5 × 600）］ ÷ 150 − 1 = （48 根），

3 跨（悬挑跨）的箍筋全加密，箍筋根数 = （2300 − 250 − 50） ÷ 100 + 1 = 21（根），

框架梁 KL6（2A）箍筋工程量 = 1.85 × （29 + 48 + 21） × 0.395 = 71.61（kg）。

9. 框架梁 KL6（2A）钢筋工程量总计

框架梁 KL6（2A）钢筋工程量 = 126.47 + 34.56 + 40.64 + 13.74 + 6.28 + 1.03 + 7.20 + 4.38 + 71.61 = 305.91（kg）。

第6章　板的平法计价

要点1：有梁楼盖板的平法标注

现浇混凝土有梁楼盖板是指以梁为支座的楼面与屋面板。有梁楼盖板的制图规则同样适用于梁板式转换层、剪力墙结构、砌体结构、有梁地下室的楼面与屋面板的设计施工图。有梁楼盖板平法施工图，是在楼面板和屋面板布置图上，采用平面注写的表达方式。板平面注写主要包括板块集中标注和板支座原位标注。

1. 板块集中标注

板块集中标注的内容包括板块编号、板厚、贯通纵筋，以及当板面标高不同时的标高高差。

（1）板块编号

首先来介绍下板块的定义。板块：对于普通楼盖，两向均以一跨为一板块；对于密肋楼盖，两向主梁（框架梁）均以一跨为一板块（非主梁密肋不计）。板块编号的表达方式见表6－1。

表6－1　板块编号

板类型	代　号	序　号
楼板	LB	××
屋面板	WB	××
悬挑板	XB	××

所有板块应逐一编号，相同编号的板块可择其一做集中标注，其他仅注写置于圆圈内的板编号，以及当板面标高不同时的标高高差。

（2）板厚

板厚的注写方式为 h = ××× （为垂直于板面的厚度）；当悬挑板的端部改变截面厚度时，用斜线分隔根部与端部的高度值，注写方式为 h = ×××/×××；当设计已在图注中统一注明板厚时，此项可不注。

（3）贯通纵筋

板构件的贯通纵筋，按板块的下部和上部分别注写（当板块上部不设贯通纵筋时则不注），并以 B 代表下部，以 T 代表上部，B&T 代表下部与上部；*X* 向贯通纵筋以 X 打头，*Y* 向贯通纵筋以 Y 打头，两向贯通纵筋配置相同时则以 X&Y 打头。当为单向板时，分布筋可不必注写，而在图中统一注明。当在某些板内（例如悬挑板 XB 的下部）配置有构造钢筋时，则 *X* 向以 Xc、*Y* 向以 Yc 打头注写。当 *Y* 向采用放射配筋时（切向为 *X* 向，径向

为 *Y* 向)，设计者应注明配筋间距的定位尺寸。

当贯通筋采用两种规格钢筋“隔一布一”方式时，表达为Φ xx/yy@ xxx，表示直径为 xx 的钢筋和直径为 yy 的钢筋二者之间间距为 xxx，直径 xx 的钢筋的间距为 xxx 的 2 倍，直径 yy 的钢筋的间距为 xxx 的 2 倍。

(4）板面标高高差

板面标高高差是指相对于结构层楼面标高的高差，应将其注写在括号内，且有高差则注，无高差不注。

【例 6－1】 有一楼面板块注写为：LB5　$h=110$

B：*X* Φ12@ 120；*Y* Φ10@ 110

表示 5 号楼面板，板厚 110mm，板下部配置的贯通纵筋，*X* 向为Φ12@ 120，*Y* 向为Φ10@ 110，板上部未配置贯通纵筋。

2. 板支座原位标注

板支座原位标注的内容为：板支座上部非贯通纵筋和悬挑板上部受力钢筋。

板支座原位标注的钢筋，应在配置相同跨的第一跨表达（当在梁悬挑部位单独配置时则在原位表达)。在配置相同跨的第一跨（或梁悬挑部位)，垂直于板支座（梁或墙）绘制一段适宜长度的中粗实线（当该筋通长设置在悬挑板或短跨板上部时，实线段应画至对边或贯通短跨)，以该线段代表支座上部非贯通纵筋，并在线段上方注写钢筋编号（如①、②等)、配筋值、横向连续布置的跨数（注写在括号内，且为一跨时可不注)，以及是否横向布置到梁的悬挑端。板支座上部非贯通筋自支座中线向跨内的伸出长度，注写在线段的下方位置。当中间支座上部非贯通纵筋向支座两侧对称伸出时，可仅在支座一侧线段下方标注伸出长度，另一侧不注，如图 6－1 所示。当向支座两侧非对称伸出时，应分别在支座两侧线段下方注写伸出长度，如图 6－2 所示。

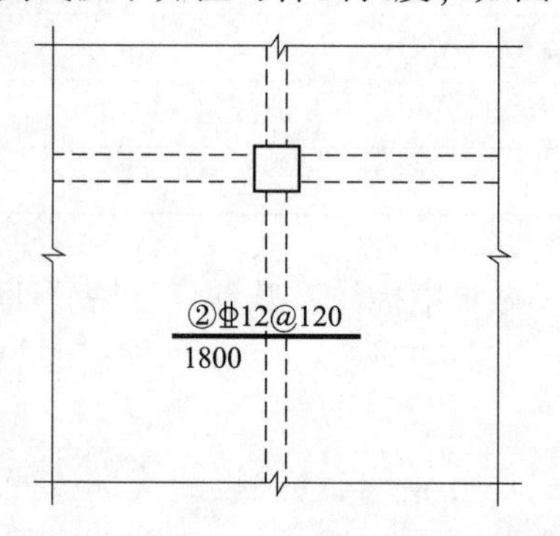

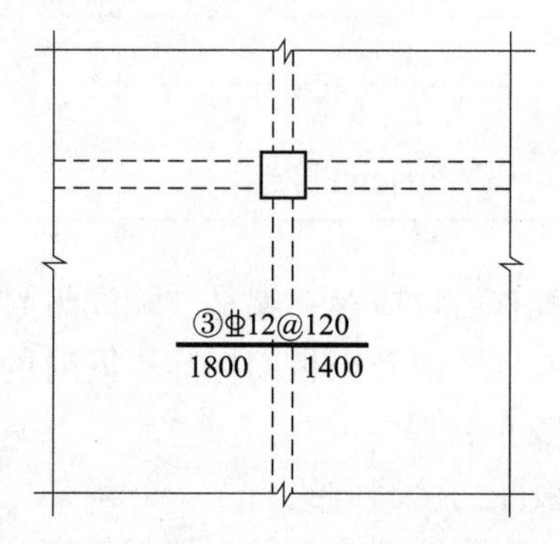

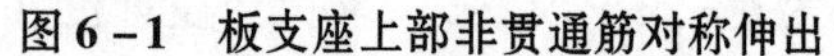

图 6－1　板支座上部非贯通筋对称伸出

图 6－2　板支座上部非贯通筋非对称伸出

对线段画至对边贯通全跨或贯通全悬挑长度的上部通长纵筋，贯通全跨或伸出至全悬挑一侧的长度值不注，只注明非贯通筋另一侧的伸出长度值，如图 6－3 所示。

当板支座为弧形，支座上部非贯通纵筋呈放射状分布时，设计者应注明配筋间距的度量位置并加注“放射分布”四字，必要时应补绘平面配筋图，如图 6－4 所示。

关于悬挑板的注写方式，如图 6－5 所示。当悬挑板端部厚度不小于 150mm 时，设计者应指定板端部封边构造方式，当采用 U 形钢筋封边时，尚应指定 U 形钢筋的规格、直径。

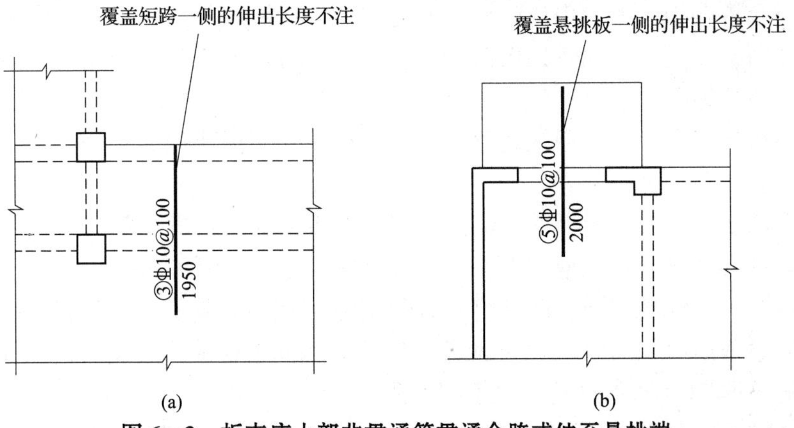

图6-3　板支座上部非贯通筋贯通全跨或伸至悬挑端

（a）板支座上部非贯通筋贯通全跨；（b）板支座上部非贯通筋伸至悬挑端

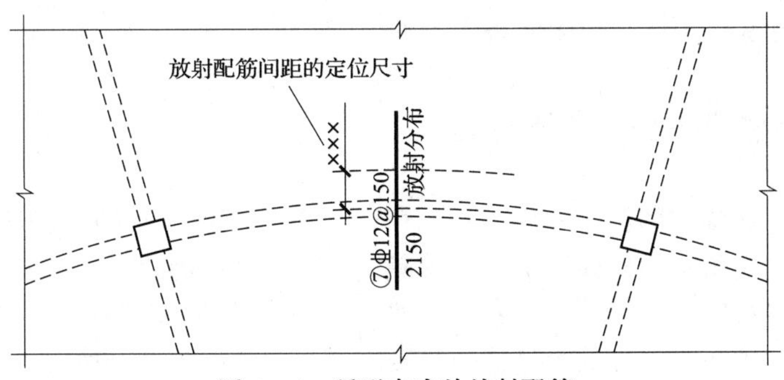

图6-4　弧形支座处放射配筋

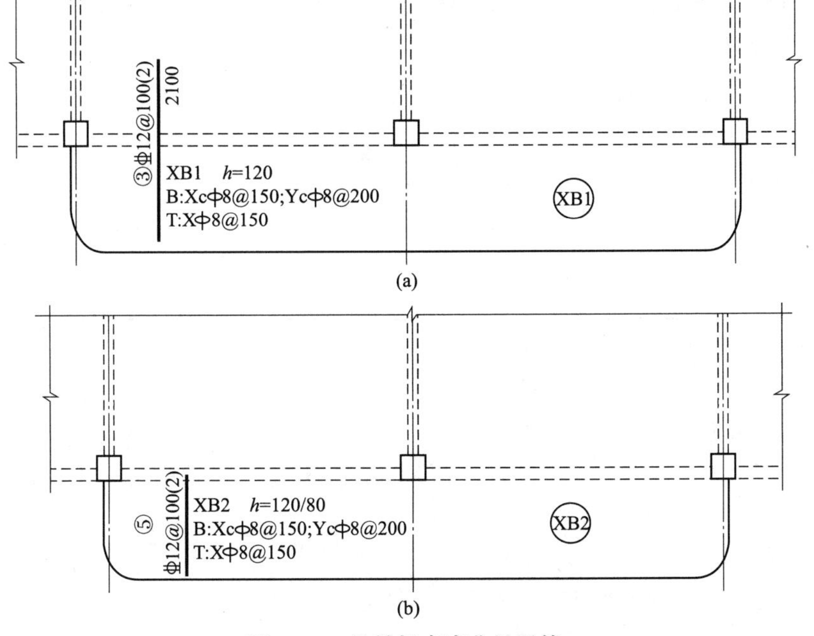

图6-5　悬挑板支座非贯通筋

（a）悬挑板的注写方式（一）；（b）悬挑板的注写方式（二）

在板平面布置图中，不同部位的板支座上部非贯通纵筋及悬挑板上部受力钢筋，可仅在一个部位注写，对其他相同者则仅需在代表钢筋的线段上注写编号及按本条规则注写横向连续布置的跨数即可。

此外，与板支座上部非贯通纵筋垂直且绑扎在一起的构造钢筋或分布钢筋，应由设计者在图中注明。

当板的上部已配置有贯通纵筋，但需增配板支座上部非贯通纵筋时，应结合已配置的同向贯通纵筋的直径与间距采取“隔一布一”方式配置。“隔一布一”方式，为非贯通纵筋的标注间距与贯通纵筋相同，两者组合后的实际间距为各自标注间距的1/2。当设定贯通纵筋为纵筋总截面面积的50%时，两种钢筋应取相同直径；当设定贯通纵筋大于或小于总截面面积的50%时，两种钢筋则取不同直径。

【例6－2】 板上部已配置贯通纵筋⌀12@250，该跨同向配置的上部支座非贯通纵筋为⑤⌀12@250，表示在该支座上部设置的纵筋实际为⌀12@125，其中1/2为贯通纵筋，1/2为⑤号非贯通纵筋（伸出长度值略）。

要点2：无梁楼盖板的平法标注

无梁楼盖板平法施工图，是在楼面板和屋面板布置图上，采用平面注写的表达方式。板平面注写主要有板带集中标注、板带支座原位标注两部分内容。

1. 板带集中标注

集中标注应在板带贯通纵筋配置相同跨的第一跨（X向为左端跨，Y向为下端跨）注写。相同编号的板带可择其一做集中标注，其他仅注写板带编号（注在圆圈内）。

板带集中标注的具体内容为：板带编号、板带厚及板带宽和贯通纵筋。

（1）板带编号

板带编号的表达形式见表6－2。

表6－2 板带编号

板带类型	代　号	序　号	跨数及有无悬挑
柱上板带	ZSB	××	(××)、(××A) 或 (××B)
跨中板带	KZB	××	(××)、(××A) 或 (××B)

注：1 跨数按柱网轴线计算（两相邻柱轴线之间为一跨）。
2 (××A) 为一端有悬挑，(××B) 为两端有悬挑，悬挑不计入跨数。

（2）板带厚及板带宽

板带厚注写为 $h=×××$，板带宽注写为 $b=×××$。当无梁楼盖整体厚度和板带宽度已在图中注明时，此项可不注。

（3）贯通纵筋

贯通纵筋按板带下部和板带上部分别注写，并以B代表下部，T代表上部，B&T代表下部和上部。当采用放射配筋时，设计者应注明配筋间距的度量位置，必要时补绘配筋平面图。

【例6－3】　设有一板带注写为：ZSB2（5A）　$h=300$　$b=3000$

B＝⚻16@100；T⚻18@200

表示2号柱上板带，有5跨且一端有悬挑，板带厚300mm，宽3000mm，板带配置贯通纵筋下部为⚻16@100，上部为⚻18@200。

（4）板面标高高差及分布范围

当局部区域的板面标高与整体不同时，应在无梁楼盖的板平法施工图上注明板面标高高差及分布范围。

2. 板带支座原位标注

板带支座原位标注的具体内容为：板带支座上部非贯通纵筋。

以一段与板带同向的中粗实线段代表板带支座上部非贯通纵筋；对柱上板带，实线段贯穿柱上区域绘制；对跨中板带，实线段横贯柱网轴线绘制。在线段上注写钢筋编号（如①、②等）、配筋值及在线段的下方注写自支座中线向两侧跨内的伸出长度。

当板带支座非贯通纵筋自支座中线向两侧对称伸出时，其伸出长度可仅在一侧标注；当配置在有悬挑端的边柱上时，该筋伸出到悬挑尽端，设计不注。当支座上部非贯通纵筋呈放射分布时，设计者应注明配筋间距的定位位置。

不同部位的板带支座上部非贯通纵筋相同者，可仅在一个部位注写，其余则在代表非贯通纵筋的线段上注写编号。

【例6－4】　设有平面布置图的某部位，在横跨板带支座绘制的对称线段上注有⑦⚻18@250，在线段一侧的下方注有1500，表示支座上部⑦号非贯通纵筋为⚻18@250，自支座中线向两侧跨内的伸出长度均为1500mm。

当板带上部已经配有贯通纵筋，但需增加配置板带支座上部非贯通纵筋时，应结合已配同向贯通纵筋的直径与间距，采取“隔一布一”的方式配置。

要点3：楼板相关构造类型及直接引注

1. 楼板相关构造类型与表达方法

楼板相关构造的平法施工图设计，是在板平法施工图上采用直接引注方式表达。楼板相关构造类型与编号见表6－3。

表6－3　楼板相关构造类型与编号

构造类型	代号	序号	说　明
纵筋加强带	JQD	××	以单向加强筋取代原位置配筋
后浇带	HJD	××	有不同的留筋方式
柱帽	ZMx	××	适用于无梁楼盖
局部升降板	SJB	××	板厚及配筋所在板相同；构造升降高度≤300mm
板加腋	JY	××	腋高与腋宽可选注
板开洞	BD	××	最大边长或直径＜1m；加强筋长度有全跨贯通和自洞边锚固两种

续表 6-3

构造类型	代号	序号	说　明
板翻边	FB	××	翻边高度≤300mm
角部加强筋	Crs	××	以上部双向非贯通加强钢筋取代原位置的非贯通配筋
悬挑阳角放射筋	Ces	××	板悬挑阳角上部放射筋
抗冲切箍筋	Rh	××	通常用于无柱帽无梁楼盖的柱顶
抗冲切弯起筋	Rb	××	通常用于无柱帽无梁楼盖的柱顶

2. 楼板相关构造直接引注

（1）纵筋加强带

纵筋加强带的平面形状及定位由平面布置图表达，加强带内配置的加强贯通纵筋等由引注内容表达。

纵筋加强带设单向加强贯通纵筋，取代其所在位置板中原配置的同向贯通纵筋。根据受力需要，加强贯通纵筋可在板下部配置，也可在板下部和上部均设置。纵筋加强带的引注如图 6-6 所示。

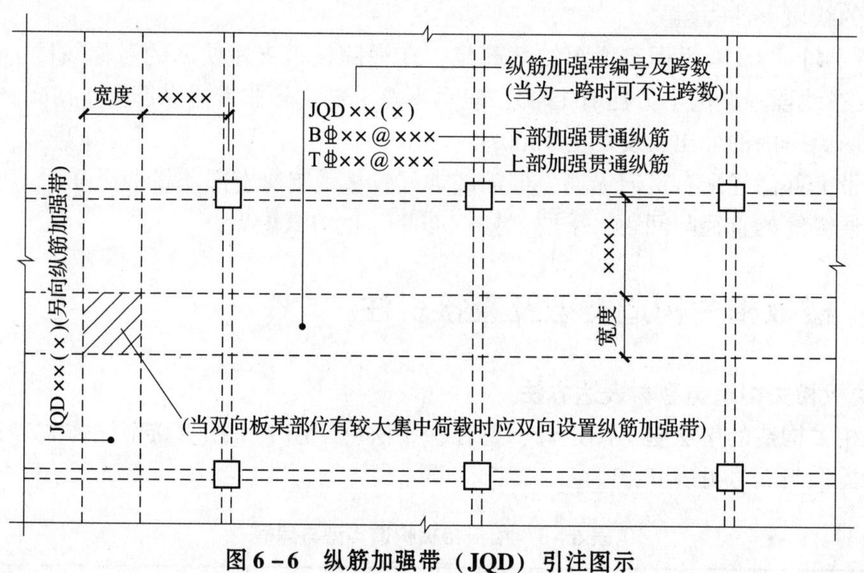

图 6-6　纵筋加强带（JQD）引注图示

当板下部和上部均设置加强贯通纵筋，而板带上部横向无配筋时，加强带上部横向配筋应由设计者注明。

当将纵筋加强带设置为暗梁形式时应注写箍筋，其引注如图 6-7 所示。

（2）后浇带

后浇带的平面形状及定位由平面布置图表达，后浇带留筋方式等由引注内容表达，包括：

1）后浇带编号及留筋方式代号。后浇带的两种留筋方式，分别为：贯通留筋（代号 GT），100%搭接留筋（代号 100% DT）。

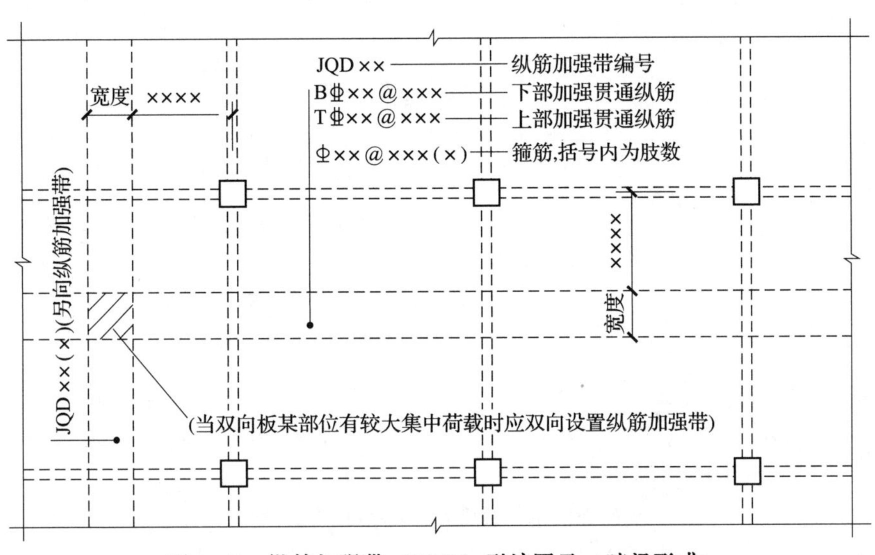

图6-7　纵筋加强带（JQD）引注图示（暗梁形式）

2）后浇混凝土的强度等级C××。宜采用补偿收缩混凝土，设计应注明相关施工要求。

3）留筋方式或后浇混凝土强度等级不一致时，设计者应在图中注明与图示不一致的部位及做法。后浇带引注如图6-8所示。贯通留筋的后浇带宽度通常取大于或等于800mm；100%搭接留筋的后浇带宽度通常取800mm与（l_l+60mm）中的较大值（l_l为受拉钢筋的搭接长度）。

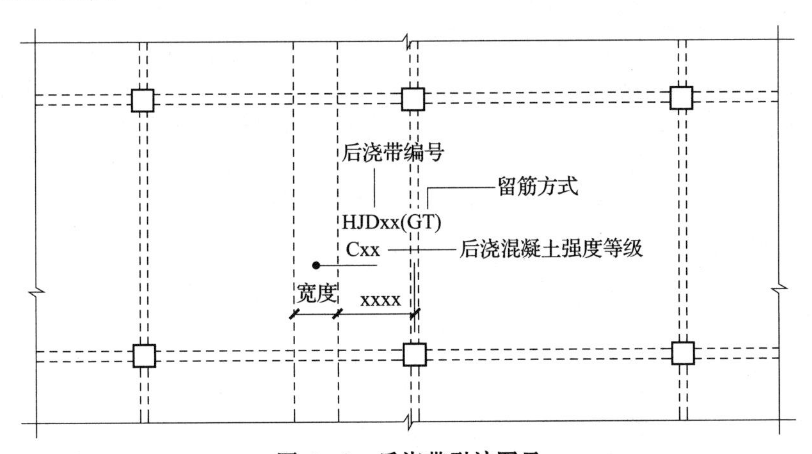

图6-8　后浇带引注图示

（3）柱帽

柱帽引注如图6-9~图6-12所示。柱帽的平面形状有矩形、圆形或多边形等，其平面形状由平面布置图表达。柱帽的立面形状有单倾角柱帽（ZMa）如图6-9所示，托板柱帽（ZMb）如图6-10所示，变倾角柱帽（ZMc）如图6-11所示和倾角托板柱帽（ZMab）如图6-12所示等，其立面几何尺寸和配筋由具体的引注内容表达。图中c_1、$c2$当X、Y方向不一致时，应标注（$c_{1,x}$，$c_{1,Y}$）、（$c_{2,x}$，$c_{2,Y}$）。

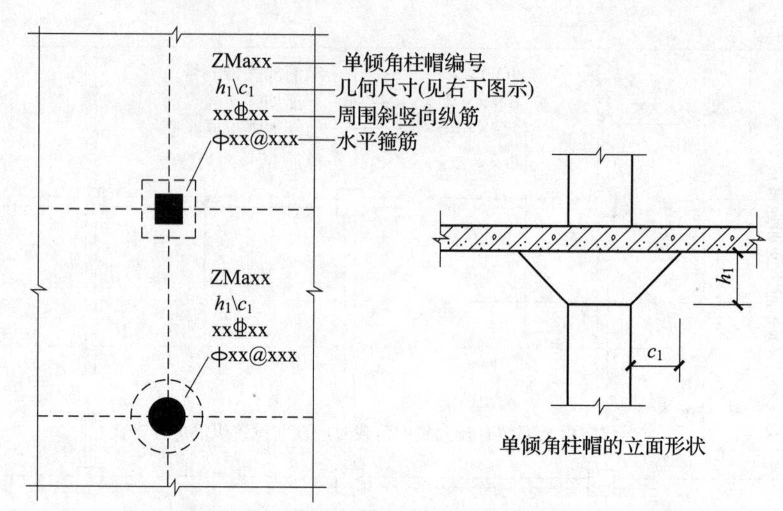

图 6-9 单倾角柱帽（ZMa）引注图示

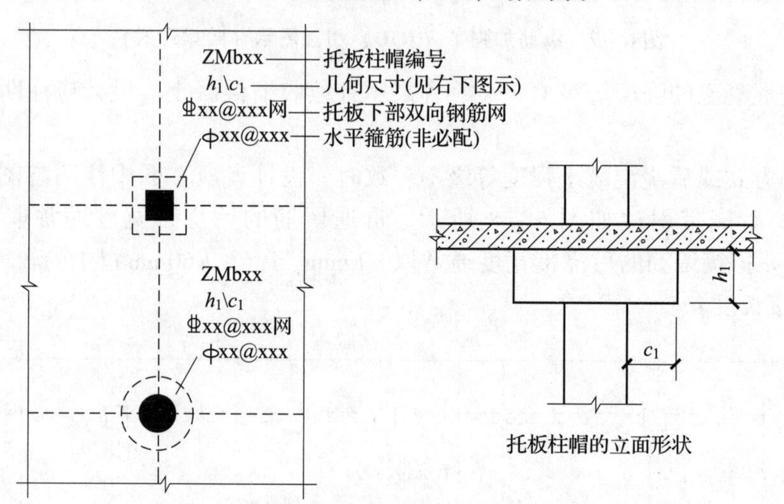

图 6-10 托板柱帽（ZMb）引注图示

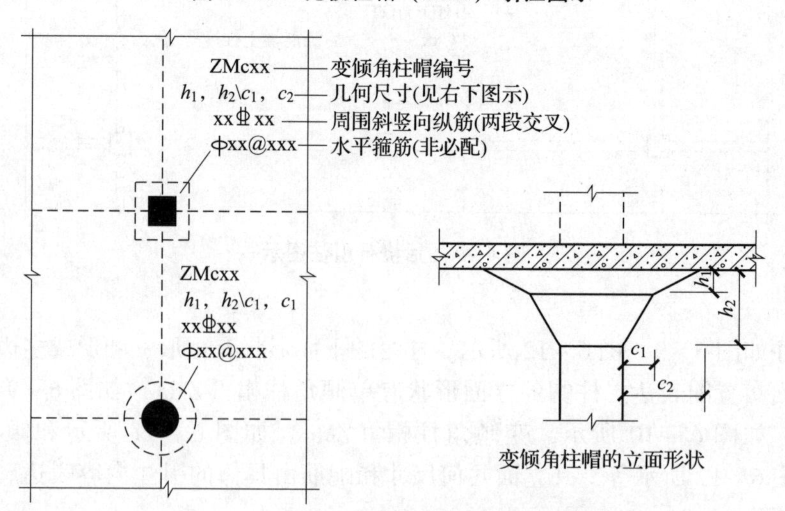

图 6-11 变倾角柱帽（ZMc）引注图示

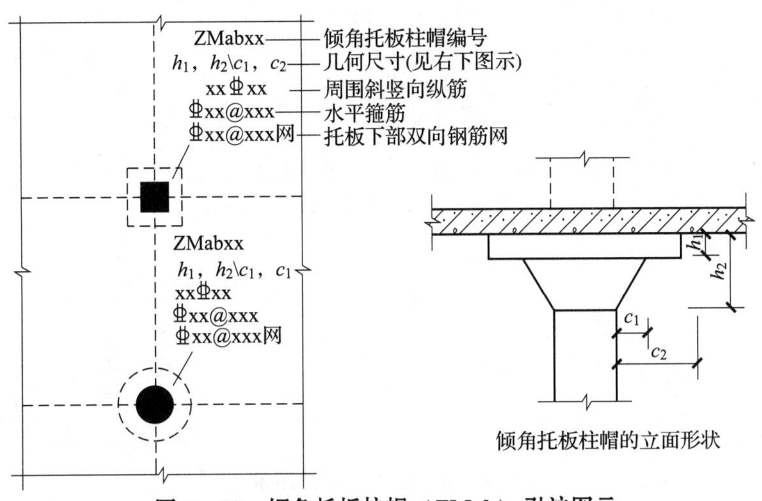

图6-12　倾角托板柱帽（ZMab）引注图示

(4) 局部升降板

局部升降板的引注如图6-13所示。局部升降板的平面形状及定位由平面布置图表达，其他内容由引注内容表达。

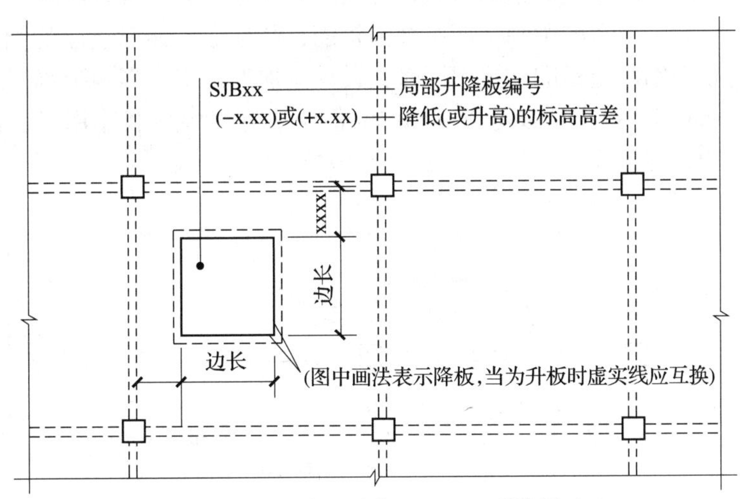

图6-13　局部升降板（SJB）引注图示

局部升降板的板厚、壁厚和配筋，在标准构造详图中取与所在板块的板厚和配筋相同，设计不注；当采用不同板厚、壁厚和配筋时，设计应补充绘制截面配筋图。局部升降板升高与降低的高度限定为小于或等于300mm，当高度大于300mm时，设计应补充绘制截面配筋图。

应注意：局部升降板的下部与上部配筋均应设计为双向贯通纵筋。

(5) 板加腋

板加腋的引注如图6-14所示。板加腋的位置与范围由平面布置图表达，腋宽、腋高及配筋等由引注内容表达。当为板底加腋时腋线应为虚线，当为板面加腋时腋线应为实线；当腋宽与腋高同板厚时，设计不注。加腋配筋按标准构造，设计不注；当加腋配筋与标准构造不同时，设计应补充绘制截面配筋图。

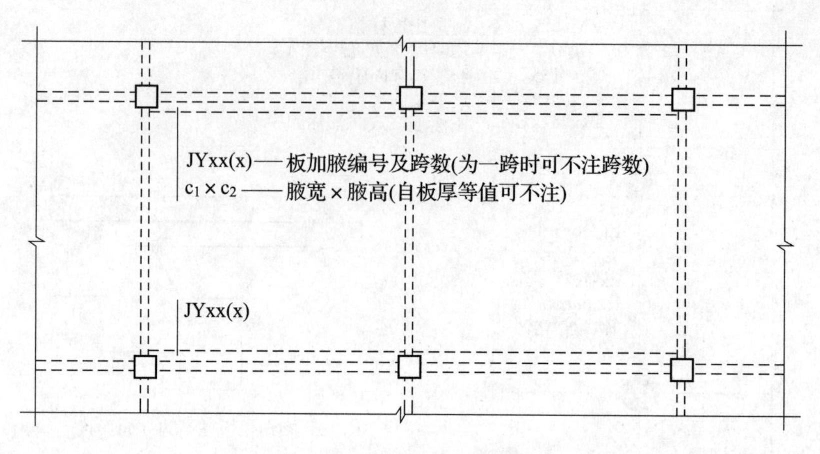

图 6-14　板加腋引注图示

（6）板开洞

板开洞的引注如图 6-15 所示。板开洞的平面形状及定位由平面布置图表达，洞的几何尺寸等由引注内容表达。当矩形洞口边长或圆形洞口直径小于或等于 1000mm，且当洞边无集中荷载作用时，洞边补强钢筋可按标准构造的规定设置，设计不注；当洞口周边加强钢筋不伸至支座时，应在图中画出所有加强钢筋，并标注不伸至支座的钢筋长度。当具体工程所需要的补强钢筋与标准构造不同时，设计应加以注明。当矩形洞口边长或圆形洞口直径大于 1000mm，或虽小于或等于 1000mm 但洞边有集中荷载作用时，设计应根据具体情况采取相应的处理措施。

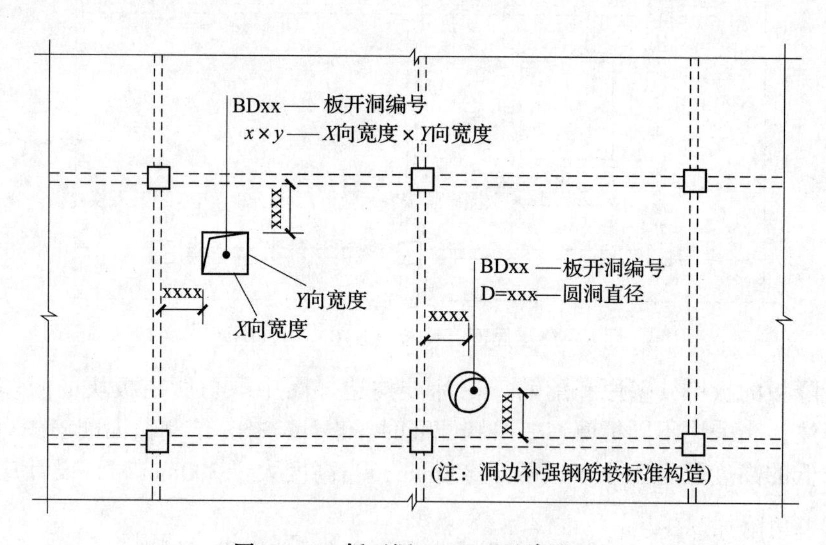

图 6-15　板开洞（BD）引注图示

（7）板翻边

板翻边的引注如图 6-16 所示。板翻边可为上翻也可为下翻，翻边尺寸等在引注内容中表达，翻边高度在标准构造详图中为小于或等于 300mm。当翻边高度大于 300mm 时，由设计者自行处理。

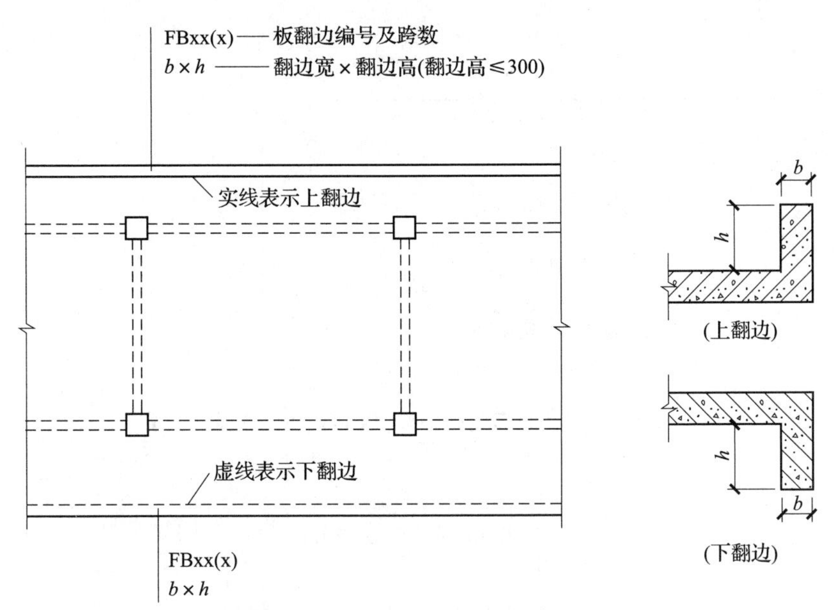

图6-16 板翻边（FB）引注图示

(8) 角部加强筋

角部加强筋的引注如图6-17所示。角部加强筋通常用于板块角区的上部，根据规范规定的受力要求选择配置。角部加强筋将在其分布范围内取代原配置的板支座上部非贯通纵筋，且当其分布范围内配有板上部贯通纵筋时则间隔布置。

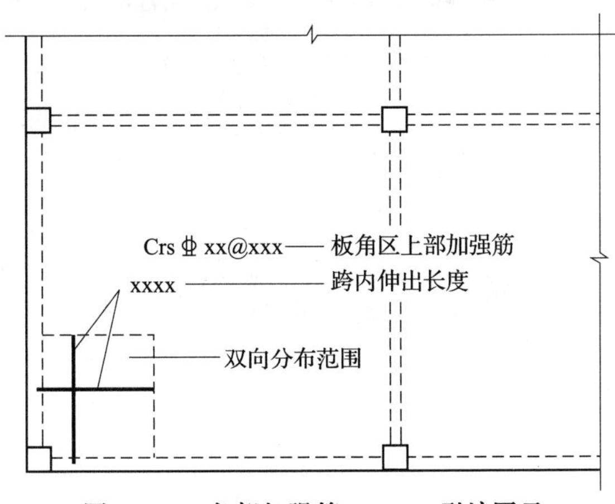

图6-17 角部加强筋（Crs）引注图示

(9) 悬挑板阳角附加筋

悬挑板阳角附加筋的引注如图6-18、图6-19所示。

(10) 抗冲切箍筋

抗冲切箍筋的引注如图6-20所示。抗冲切箍筋通常在无柱帽无梁楼盖的柱顶部位设置。

(11) 抗冲切弯起筋

抗冲切弯起筋的引注如图6-21所示。抗冲切弯起筋通常在无柱帽无梁楼盖的柱顶部位设置。

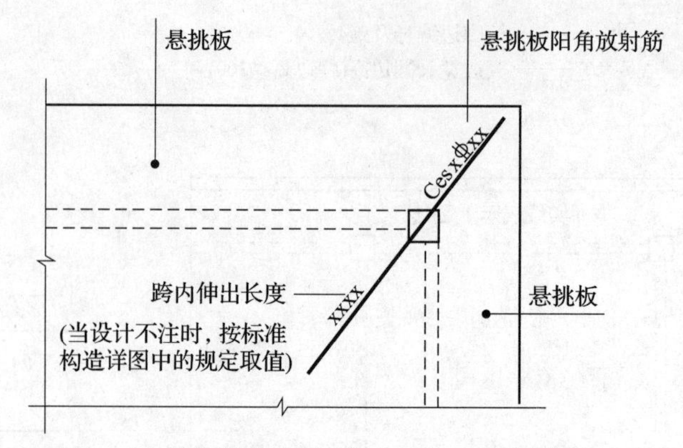

图 6-18　悬挑板阳角附加筋（Ces）引注图示（一）

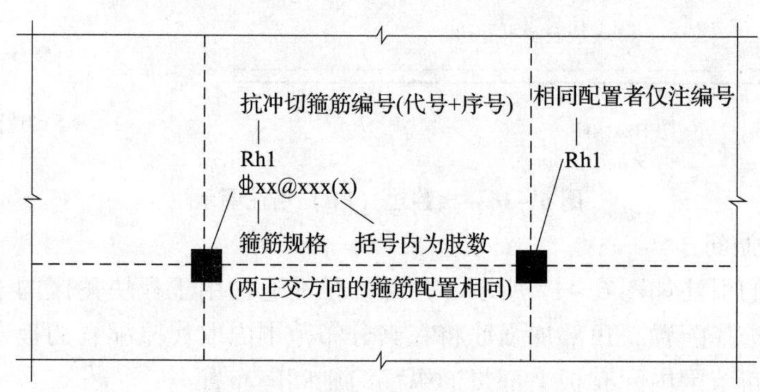

图 6-19　悬挑板阳角附加筋（Ces）引注图示（二）

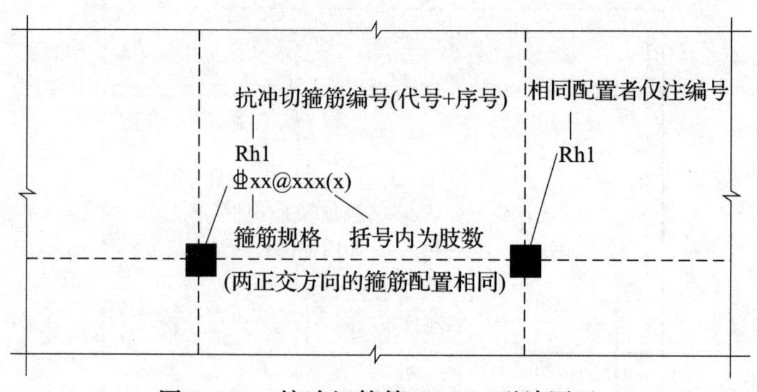

图 6-20　抗冲切箍筋（Rh）引注图示

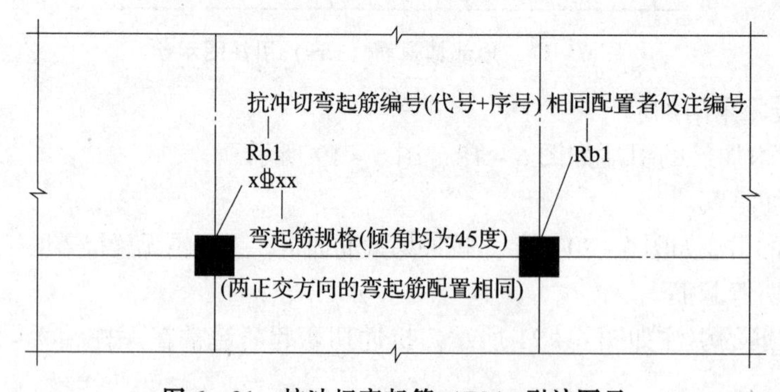

图 6-21　抗冲切弯起筋（Rb）引注图示

要点4：板的工程量计算规则

《房屋建筑与装饰工程工程量计算规范》GB 50854—2013附录E.5给出了现浇混凝土板的工程量计算规则，见表6－4。

表6－4 现浇混凝土板

<table>
<tr><th>项目编码</th><th>项目名称</th><th>项目特征</th><th>计量单位</th><th>工程量计算规则</th><th>工作内容</th></tr>
<tr><td>010505001</td><td>有梁板</td><td rowspan="10">1. 混凝土种类；
2. 混凝土强度等级</td><td rowspan="10">m³</td><td rowspan="6">按设计图示尺寸以体积计算，不扣除单个面积≤0.3m²的柱、垛以及孔洞所占体积。
压形钢板混凝土楼板扣除构件内压形钢板所占体积。
有梁板（包括主、次梁与板）按梁、板体积之和计算，无梁板按板和柱帽体积之和计算，各类板伸入墙内的板头并入板体积内，薄壳板的肋、基梁并入薄壳体积内计算</td><td rowspan="10">1. 模板及支架（撑）制作、安装、拆除、堆放、运输及清理模内杂物、刷隔离剂等；
2. 混凝土制作、运输、浇筑、振捣、养护</td></tr>
<tr><td>010505002</td><td>无梁板</td></tr>
<tr><td>010505003</td><td>平板</td></tr>
<tr><td>010505004</td><td>拱板</td></tr>
<tr><td>010505005</td><td>薄壳板</td></tr>
<tr><td>010505006</td><td>栏板</td></tr>
<tr><td>010505007</td><td>天沟（檐沟）、挑檐板</td><td>按设计图示尺寸以体积计算</td></tr>
<tr><td>010505008</td><td>雨篷、悬挑板、阳台板</td><td>按设计图示尺寸以墙外部分体积计算。包括伸出墙外的牛腿和雨篷反挑檐的体积</td></tr>
<tr><td>010505009</td><td>空心板</td><td>按设计图示尺寸以体积计算。空心板［（GBF）高强薄壁蜂巢芯板等］应扣除空心部分体积</td></tr>
<tr><td>010505010</td><td>其他板</td><td>按设计图示尺寸以体积计算</td></tr>
</table>

注：现浇挑檐、天沟板、雨篷、阳台与板（包括屋面板、楼板）连接时，以外墙外边线为分界线；与圈梁（包括其他梁）连接时，以梁外边线为分界线。外边线以外为挑檐、天沟、雨篷或阳台。

要点5：某混凝土现浇板工程量计算及清单计价表编制

【例6－5】 某工程局部现浇板施工图如图6－22所示，板厚100mm，C30混凝土现浇板，根据企业情况确定管理费率为5.1%，利润率为3.2%，不考虑风险因素。试计算②～③和C轴～D轴的现浇板的工程量，并编制其工程量清单。

【解】

②～③和C轴～D轴的现浇板的工程量 $V=5\times3.15\times0.1=1.575$（m³）。

工程量清单编制见表6－5。

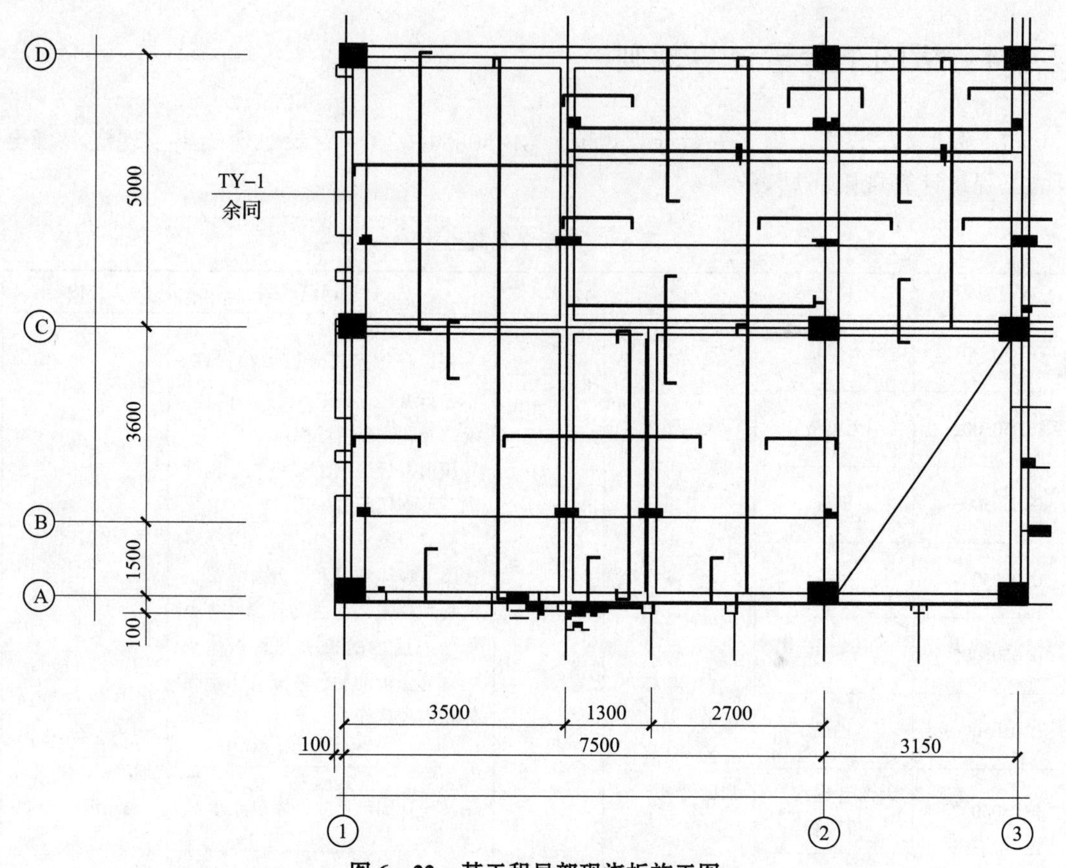

图 6-22 某工程局部现浇板施工图

表 6-5 分部分项工程量清单

工程名称：××工程　　　　第 1 页　共 1 页

序号	项目编码	项目名称	项目特征	计量单位	工程数量
1	010505001001	有梁板	混凝土强度等级 C30	m^3	1.575

混凝土现灌板的计价考虑混凝土制作、运输、浇筑、振捣、养护全部施工内容。本题中，工程量清单项目人工、材料、机械费用分析表见表 6-6。

表 6-6 工程量清单项目人工、材料、机械费用分析表

工程名称：××工程　　　　第 1 页　共 1 页

清单项目名称	工程内容	定额编号	计量单位	数量	费用组成	
					基价（元）	合价（元）
有梁板	现场搅拌混凝土	4-4-16	$10m^3$	0.1575	154.87	24.39
	C30 混凝土梁	4-2-36	$10m^3$	0.1575	1927.57	303.59
合计	327.98 元					

合价：327.98×（1+5.1%+3.2%）=355.20（元），

综合单价：355.50÷1.575=225.52（元/m^3）。

分部分项工程和单价措施项目清单与计价表见表6-7。

表6-7　分部分项工程和单价措施项目清单与计价表

工程名称：××工程　　　　标段：　　　　第1页　　共1页

序号	项目编号	项目名称	项目特征描述	计量单位	工程量	金额（元）		
						综合单价	合价	其中 暂估价
1	010505001001	有梁板	混凝土强度等级C30	m^3	1.575	225.52	355.19	—

综合单价分析表略。

要点6：某单跨板B-1钢筋工程量计算及清单编制

【例6-6】　某单跨板B-1钢筋，抗震等级为四级，混凝土强度等级为C25，板厚为100mm，保护层厚度为15mm，柱截面尺寸为400mm×400mm，负筋分布筋为ф6@250。

图6-23中的负筋长度均为水平净长度，包含伸入梁中水平长度，工程中根据图中所示计算。板的平法表示如图6-23所示。

试计算单跨板B-1钢筋工程量，并编制工程量清单。

【解】

①号钢筋板负筋锚固方式选择：左净长+弯折+支座宽/2+板厚-2×保护层。

①号钢筋板负筋根数计算：(6.62-0.33×2+6.62-0.34+3.6-0.28-0.12-0.05×2)/0.15+1=104（根）。

②号钢筋板负筋根数计算：（3.6-0.28-0.12-0.05×2）/0.15+1=22（根）。

③号钢筋受力筋根数计算：(6.62-0.12×2-0.05×2）/0.15+1=43（根）。

④号钢筋受力筋根数计算：（3.6-0.12×2-0.05×2）/0.15+1=23（根）。

负筋分布筋分布在负筋布设范围内的板顶部位置，长度取与负筋垂直方向的相邻负筋间净距，且与相邻负筋搭接长度为150mm。

负筋分布筋1根数计算：3+5=8（根）。

负筋分布筋2根数计算：5+5=10（根）。

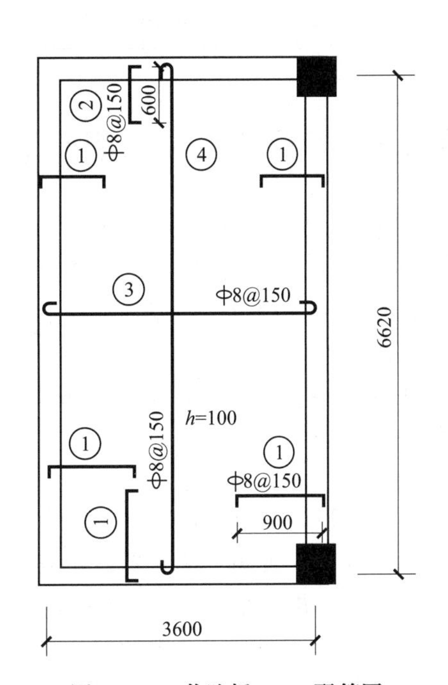

图6-23　单跨板B-1配筋图

钢筋计算见表6-8。

表6-8 单跨板钢筋计算表

构件名称：B-1	构件数量：1	构件钢筋重量：187.42kg=0.187t				
钢筋类型	钢筋直径	单根长度（m）	根数	总长度（m）	理论重量（kg/m）	重量（kg）
①号钢筋板负筋	ф8	0.9+（0.1-0.015×2）×2=1.04	104	108.16	0.394	42.62
②号钢筋板负筋	ф8	0.6+（0.1-0.015×2）×2=0.74	22	16.28	0.394	6.41
③号钢筋受力筋	ф8	3.36+max（0.24/2，5×0.008）×2+12.5×0.008=3.7	43	159.1	0.394	62.69
④号钢筋受力筋	ф8	6.38+max（0.24/2，5×0.008）×2+12.5×0.008=6.72	23	154.56	0.394	60.90
负筋分布筋1	ф6	3.6-0.12×2-0.9×2+0.15×2=1.86	8	14.88	0.222	3.30
负筋分布筋2	ф6	6.62-0.12×2-0.6-0.9+0.15×2=5.18	10	51.8	0.222	11.50

工程量清单编制见表6-9。

表6-9 分部分项工程量清单

项目编码	项目名称	项目特征描述	计量单位	工程量
010515001001	现浇构件钢筋	ф8	t	0.1726
010515001002	现浇构件钢筋	ф6	t	0.0148

要点7：某现浇有梁板钢筋工程量计算及清单编制

【例6-7】 某现浇有梁板施工图如图6-24所示，该现浇有梁板板厚为100mm，混凝土强度等级为C30，保护层厚度为15mm，四周梁的设计尺寸是250mm×550mm，试计算板内钢筋的工程量，并编制工程量清单。

【解】

板筋主要有：受力筋（单向或双向，单层或双层）、支座负筋、分布筋、附加钢筋（角部附加放射筋、洞口附加钢筋）、撑脚钢筋（双层钢筋时支撑上下层）。本题仅计算双向受力筋、支座负筋。

1. ①号、②号受力筋

由图8-23可知，板内受力筋是：*X*&*Y* ф12@150。

受力筋长度=轴线尺寸+左锚固+右锚固+两端弯钩（指HPB300级筋），

根数=（轴线长度-扣减值）/布筋间距+1，

端部支座为梁，其锚固长度是l_a，$l_a=30d$，即360mm。

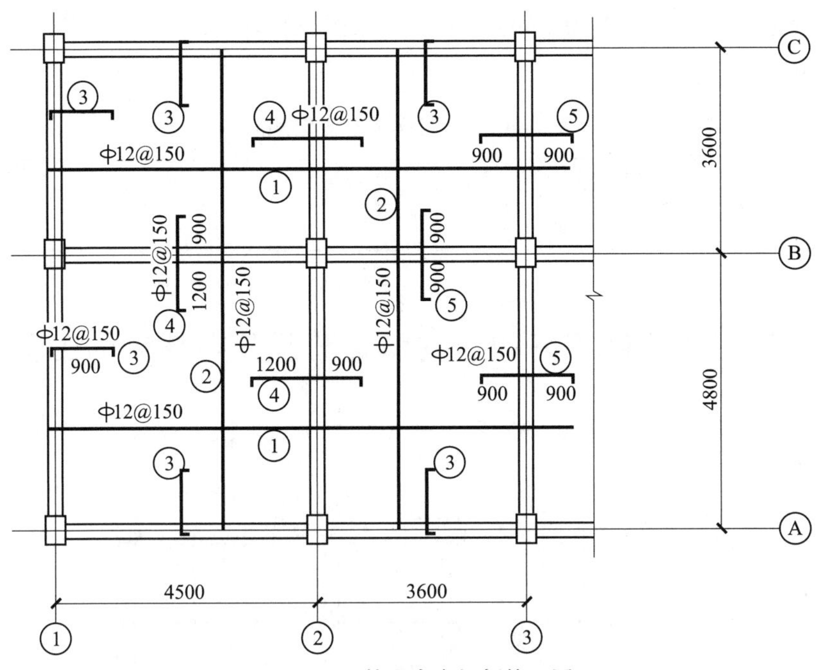

图 6－24　某现浇有梁板施工图

X 向单根受力筋长度 $L_1=4500+3600+360\times2+2\times6.25d$（180°弯钩）$=8970$（mm），

Y 向单根受力筋长度 $L_2=4800+3600+360\times2+2\times6.25d$（180°弯钩）$=9270$（mm），

X 向受力筋根数 $n_1=(4800+3600-250)\div150+1=56$（根），

Y 向受力筋根数 $n_2=(4500+3600-250)\div150+1=54$（根），

所以，受力筋的长度 $L=56\times8970+54\times9270=1002900$（mm）$=1002.9$（m），

$G=1002.9\times0.888=890.58$（kg）$=0.891$（t）。

2. ③号、④号、⑤号支座负筋

③号筋Φ 12@ 150，$L=900$mm，

④号筋Φ 12@ 150，$L=2100$mm，

⑤号筋Φ 12@ 150，$L=1800$mm，

负筋长度＝负筋长度＋左弯折＋右弯折，

单根③号筋长度 $L_3=900+(100-15)\times2+2\times6.25d$（180°弯钩）$=1220$（mm），

单根④号筋长度 $L_4=2100+(100-15)\times2+2\times6.25d$（1800 弯钩）$=2420$（mm），

单根③号筋长度 $L_3=1800+(100-15)\times2+2\times6.25d$（1800 弯钩）$=2120$（mm），

负筋根数＝（布筋范围－扣减值）/布筋间距＋1，

③号筋根数 $n_3=[2\times(4500+3600-250)+(4800+3600-250)]\div150+1=160$（根），

④号筋根数 $n_4=(4800+3600-250)\div150+1=56$（根），

⑤号筋根数 $n_5=(4800+3600-250)\div150+1=56$（根）。

所以，负筋的长度 $L=160\times1220+56\times2420+56\times2120=449440$（mm）$=449.44$（m），

$G=449.44\times0.888=399.1$（kg）$=0.399$（t）。

小计：

现浇板内钢筋：ф12，$G=0.399+0.891=1.29$（t）。

工程量清单编制见表6－10。

表6－10　分部分项工程量清单

项目编码	项目名称	项目特征描述	计量单位	工程量
010515001001	现浇构件钢筋	ф12	t	1.29

要点8：某工程板下部钢筋和板支座负筋及分布筋钢筋工程量计算

【例6－8】　某工程的楼板钢筋布置如图6－25所示，试计算板下部钢筋和板支座负筋及分布筋的钢筋工程量。

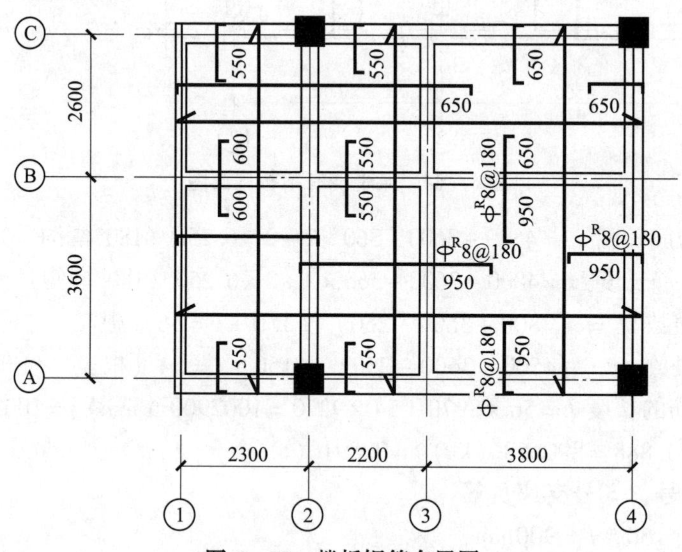

图6－25　楼板钢筋布置图

说明：（1）未标注的现浇板厚均为100mm。

（2）图中已画出但未标注的现浇板受力钢筋均为ф^{R}8@200。

（3）未绘出分布钢筋为ф6@200。

（4）板标高为$H-0.050$。

（5）下部筋伸至梁中线不小于$10d$，且不小于100mm。

（6）板边跨负筋伸至梁边不小于L_a；板边跨支座负筋锚入支座L_a，并且支座外皮留保护层厚度下弯。

【解】

1．板下部钢筋工程量

x方向：$\underline{\quad 8300 \quad}$

板下部钢筋长度＝Max（200÷2，5×8）＋（2300＋2200＋3800－250）＋Max（300÷2，5×8）＝100＋8050＋150＝8300（mm）

板下部钢筋根数 = ［（3600 + 2600 − 300）− 50 × 2］÷ 200 + 1 = 30（根）

y 方向：6200

板下部钢筋长度 = Max（300 ÷ 2，5 × d）+（3600 + 2600 − 300）+ Max（300 ÷ 2，5 × d）= 150 + 5900 + 150 = 6200（mm）

板下部钢筋根数 = ［（2300 + 2200 + 3800 − 250）− 50 × 2］÷ 200 + 1 = 41（根）

板下部钢筋工程量 =（8.30 × 30 + 6.20 × 41）× 0.395 = 198.76（kg）= 0.199（t）

2. 板支座负筋及分布筋工程量

（1）Ⓑ轴线 3800 跨边支座负筋

边支座负筋长度 = 30d + 950 +（100 − 15 × 2）= 30 × 8 + 950 + 70 = 1260（mm）

边支座负筋简图：70 1190

边支座负筋根数 =（3800 − 250 − 50 × 2）÷ 180 + 1 = 21（根）

（2）Ⓑ轴线 3800 跨边支座负筋分布筋

边支座负筋分布筋长度 =（3800 − 300 − 950 × 2）+ 150 + 150 = 1900（mm）

边支座负筋分布筋简图：1900

边支座负筋分布筋根数：950 ÷ 200 = 5（根）

（3）Ⓑ轴线 2200 跨边支座负筋

边支座负筋长度 = 30d + 550 +（100 − 15 × 2）= 30 × 8 + 550 + 70 = 860（mm）

边支座负筋简图：70 790

边支座负筋根数 =（2200 − 250 − 50 × 2）÷ 180 + 1 = 12（根）

Ⓑ轴线 2200 跨不设边支座负筋分布筋

（4）Ⓑ轴线 2300 跨边支座负筋

边支座负筋长度 = 30d + 550 +（100 − 15 × 2）= 30 × 8 + 550 + 70 = 860（mm）

边支座负筋简图：70 790

边支座负筋根数 =（2300 − 250 − 50 × 2）÷ 180 + 1 = 12（根）

Ⓑ轴线 2300 跨不设边支座负筋分布筋

（5）Ⓒ轴线 3800 跨边支座负筋

边支座负筋长度 = 30d + 650 +（100 − 15 × 2）= 30 × 8 + 650 + 70 = 960（mm）

边支座负筋简图：70 890

边支座负筋根数 =（3800 − 250 − 50 × 2）÷ 180 + 1 = 21（根）

（6）Ⓒ轴线 3800 跨边支座负筋分布筋

边支座负筋分布筋长度 =（3800 − 250 − 650 × 2）+ 150 + 150 = 2550（mm）

边支座负筋简图：2550

边支座负筋分布筋根数 = 650 ÷ 200 = 4（根）

（7）Ⓒ轴线 2200 跨边支座负筋

边支座负筋长度 = 30d + 550 +（100 − 15 × 2）= 30 × 8 + 550 + 70 = 860（mm）

边支座负筋简图：70 790

边支座负筋根数 =（2200 − 250 − 50 × 2）÷ 180 + 1 = 12（根）

Ⓒ轴线 2200 跨不设边支座负筋分布筋

(8) Ⓒ轴线 2300 跨支座负筋

边支座负筋长度 = $30d + 550 +(100 - 15 \times 2) = 30 \times 8 + 550 + 70 = 860$(mm)

边支座负筋简图：70 | 790

边支座负筋根数 = $(2300 - 250 - 50 \times 2) \div 180 + 1 = 12$(根)

Ⓒ轴线 2300 跨不设边支座负筋分布筋

(9) Ⓑ、Ⓒ之间轴线 3800 跨中间支座负筋

中间支座负筋长度 = $650 + 950 +(100 - 15 \times 2) \times 2 = 1600 + 70 \times 2 = 1740$(mm)

中间支座负筋简图：70 | 1600 | 70

中间支座负筋根数 = $(3800 - 250 - 50 \times 2) \div 180 + 1 = 21$(根)

(10) Ⓑ、Ⓒ之间轴线 3800 跨中间支座负筋分布筋 1

中间支座负筋分布筋长度 = $(3800 - 250 - 650 \times 2) + 150 + 150 = 2550$(mm)

中间支座负筋分布筋简图：2550

中间支座负筋分布筋根数 = $650 \div 200 = 4$(根)

(11) Ⓑ、Ⓒ之间轴线 3800 跨中间支座负筋分布筋 2

中间支座负筋分布筋长度 = $(3800 - 300 - 950 \times 2) + 150 + 150 = 1900$(mm)

中间支座负筋分布筋简图：1900

中间支座负筋分布筋根数 = $950 \div 200 = 5$(根)

(12) Ⓑ、Ⓒ之间轴线 2200 跨中间支座负筋

中间支座负筋长度 = $550 + 550 +(100 - 15 \times 2) \times 2 = 1100 + 70 \times 2 = 1240$(mm)

中间支座负筋分布筋简图：70 | 1100 | 70

中间支座负筋根数 = $(2200 - 250 - 50 \times 2) \div 180 + 1 = 12$(根)

Ⓑ、Ⓒ之间轴线 2200 跨不设中间支座负筋分布筋

(13) Ⓑ、Ⓒ之间轴线 2300 跨中间支座负筋

中间支座负筋长度 = $600 + 600 +(100 - 15 \times 2) \times 2 = 1200 + 70 \times 2 = 1340$(mm)

中间支座负筋分布筋简图：70 | 1200 | 70

中间支座负筋根数 = $(2300 - 250 - 50 \times 2) \div 180 + 1 = 12$(根)

Ⓑ、Ⓒ之间轴线 2300 跨不设支座负筋分布筋

(14) Ⓒ轴线 3600 跨边支座负筋

边支座负筋长度 = $(2300 - 250) + 30d + 30d = 2050 + 240 + 240 = 2530$(mm)

边支座负筋简图：65 | 2465

边支座负筋根数 = $(3600 - 250 - 50 \times 2) \div 180 + 1 = 20$(根)

(15) Ⓒ轴线 3600 跨边支座负筋分布筋

边支座负筋分布筋长度 = $(3600 - 150 - 550 - 600) + 150 + 150 = 2300 + 150 + 150 = 2600$(mm)

边支座负筋分布筋简图：2600,

边支座负筋分布筋根数 = $(2300 - 250) \div 200 = 11$(根)

(16) Ⓒ轴线 2600 跨边支座负筋

边支座负筋长度 = $(2300 + 2200 + 650 - 300) + 30d + 70 = 4850 + 240 + 70 = 5160$(mm)

边支座负筋简图：65 ⌊ 5025 ⌋ 70

边支座负筋根数 =（2600 - 250 - 50 × 2）÷180 + 1 = 14（根）

（17）Ⓒ轴线 2600 跨边支座负筋分布筋 1

边支座负筋分布筋长度 =（2600 - 150 - 550 - 600）+ 150 + 150 = 1300 + 150 + 150 = 1600（mm）

边支座负筋分布筋简图：1600

边支座负筋分布筋根数 =（2300 - 250）÷200 = 11（根）

（18）Ⓒ轴线 2600 跨边支座负筋分布筋 2

边支座负筋分布筋长度 =（2600 - 150 - 550 - 550）+ 150 + 150 = 1350 + 150 + 150 = 1650（mm）

边支座负筋分布筋简图：1650

边支座负筋分布筋根数 =（2200 - 250）÷200 = 10（根）

（19）Ⓒ轴线 2600 跨边支座负筋分布筋 3

边支座负筋分布筋长度 =（2600 - 150 - 650 - 650）+ 150 + 150 = 1150 + 150 + 150 = 1450（mm）

边支座负筋分布筋简图：1450

边支座负筋分布筋根数 = 650 ÷ 200 = 4（根）

（20）①轴线 3600 跨边支座负筋

边支座负筋长度 =（2200 + 950）+ 30d + 70 = 3150 + 240 + 70 = 3460（mm）

中间支座负筋简图：70 ⌊ 3390

边支座负筋根数 =（3600 - 250 - 50 × 2）÷180 + 1 = 20（根）

（21）①轴线 3600 跨边支座负筋分布筋 1

边支座负筋分布筋长度 =（3600 - 150 - 550 - 550）+ 150 + 150 = 2350 + 150 + 150 = 2650（mm）

边支座负筋分布筋简图：2650

边支座负筋分布筋根数 =（2200 - 250）÷200 = 10（根）

（22）①轴线 3600 跨边支座负筋分布筋 2

边支座负筋分布筋长度 =（3600 - 150 - 950 - 950）+ 150 + 150 = 1550 + 150 + 150 = 1850（mm）

边支座负筋分布筋简图：1850

边支座负筋分布筋根数 = 950 ÷ 200 = 5（根）

（23）②轴线 3600 跨边支座负筋

边支座负筋长度 = 950 + 30d + 70 = 950 + 240 + 70 = 1260（mm）

边支座负筋简图：70 ⌊ 1190

边支座负筋根数 =（3600 - 250 - 50 × 2）÷180 + 1 = 20（根）

（24）②轴线 3600 跨边支座负筋分布筋

边支座负筋分布筋长度 =（3600 - 150 - 950 - 950）+ 150 + 150 = 1550 + 150 + 150 = 1850（mm）

边支座负筋分布筋简图：1850

边支座负筋分布筋根数 = 950 ÷ 200 = 5（根）

（25）②轴线 2600 跨边支座负筋

边支座负筋长度 = 650 + 30d + 70 = 650 + 240 + 70 = 960（mm）

边支座负筋简图：70 890

边支座负筋根数 =（2600 − 250 − 50 × 2）÷ 180 + 1 = 14（根）

（26）②轴线 2600 跨边支座负筋分布筋

边支座负筋分布筋长度 =（2600 − 150 − 650 − 650）+ 150 + 150 = 1150 + 150 + 150 = 1450（mm）

边支座负筋分布筋简图：1450

边支座负筋分布筋根数 = 650 ÷ 200 = 4（根）

板支座负筋及分布筋工程量 =（1.260 × 21 + 0.860 × 12 + 0.860 × 12 + 0.960 × 21 + 0.860 × 12
+ 0.860 × 12 + 1.740 × 21 + 1.240 × 12 + 1.340 × 12 + 2.530 × 20
+ 5.160 × 14 + 3.460 × 20 + 1.260 × 20 + 0.960 × 14）× 0.395
+（1.900 × 5 + 2.550 × 4 + 2.550 × 4 + 1.900 × 5 + 2.600 × 11
+ 1.600 × 11 + 1.650 × 10 + 1.450 × 4 + 2.650 × 10 + 1.850 × 5
+ 1.850 × 5 + 1.450 × 4）× 0.222
= 152.50 + 35.23 = 187.73（kg）
= 0.188（t）

要点 9：某平法板钢筋工程量计算

【例 6 − 9】 某平法板如图 6 − 26 所示，试计算其钢筋工程量。

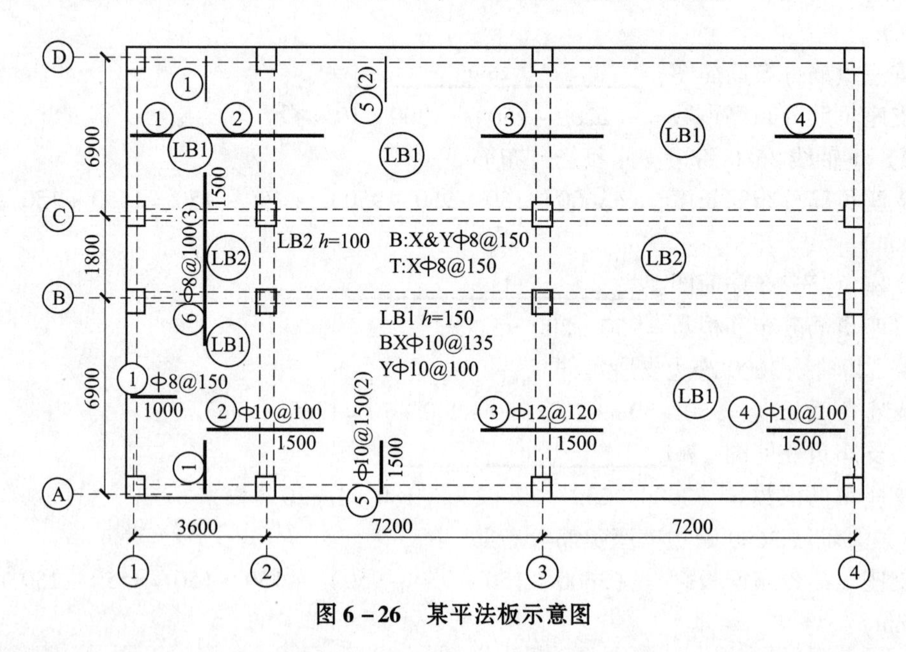

图 6 − 26　某平法板示意图

【解】

1. 板支座钢筋

板支座钢筋计算见表6－11。

表6－11　板支座钢筋计算

序号	构件信息	个数	总质量（kg）	单根质量（kg）	根数	钢筋直径	单根长度（mm）	备注
1	支座钢筋		176.871					
1－1a	ф8@150		1.926					
1－1－1	D－C/1－2	1	1.926	1.926				
1－1－1－1	1		1.488	0.496	3	ф8	(1000－15)＋(135)＋(135)＋(0×135)＋(0)－(0)＝1255 135 ⌐985¬ 135	@150
1－1－1－2	2		0.438	0.073	6	ф6.5	(280)＋(0×350)＋(0)－(0)＝280 280	@200
1－1b	ф8@150		5.856					
1－1－2	B－A/1外	1	5.856	5.856				
1－1－2－1	1		3.978	0.442	9	ф8	(1000－15)＋(135)＋(0)＋(0×135)＋(0)－(0)＝1120 135 ⌐985¬ 0	@150
1－1－2－2	2		1.878	0.313	6	ф6.5	(1205)＋(0×350)＋(0)－(0)＝1205 1205	@200
1－1c	ф8@150		5.594					
1－1－3	1－2/D外	1	5.594	5.594				
1－1－3－1	1		3.968	0.496	8	ф8	(1000)＋(－15)＋(135)＋(135)＋(0×350)＋(0)－(0)＝1255 135 ⌐985¬ 135	@150
1－1－3－2	2		1.626	0.271	6	ф6.5	(1042)＋(0×350)＋(0)－(0)＝1042 1042	@200

续表 6－11

序号	构件信息	个数	总质量（kg）	单根质量（kg）	根数	钢筋直径	单根长度（mm）	备注
1－1d	Φ8@150		4.230					
1－1－4	1－2/A－B	1	4.230	4.230				
1－1－4－1	1		2.976	0.496	6	Φ8	（1000）＋（－15）＋（135）＋（135）＋（0×350）＋（0）－（0）＝1255 135 ┌ 985 ┐ 135	@150
1－1－4－2	2		1.254	0.209	6	Φ6.5	（804）＋（0×350）＋（0）－（0）＝804 804	@200
1－2a	Φ10@100		39.452					
1－2－1	D－C/2－1	1	39.452	39.452				
1－2－1－1	1		32.288	2.018	16	Φ10	（1500＋1500）＋（135）＋（135）＋（0×135）＋（0）－（0）＝3270 135 ┌ 3000 ┐ 135	@100
1－2－1－2	2		7.164	0.398	18	Φ6.5	（1532）＋（0×350）＋（0）－（0）＝1532 1532	@200
1－2b	Φ10@100		17.276					
1－2－2	B－A/2－3	1	17.276	17.276				
1－2－2－1	1		14.126	2.018	7	Φ10	（1500＋1500）＋（135）＋（135）＋（0×135）＋（0）－（0）＝3270 135 ┌ 3000 ┐ 135	@100
1－2－2－2	2		3.150	0.175	18	Φ6.5	（673）＋（0×350）＋（0）－（0）＝673 673	@200
1－2c	Φ10@100		13.011					
1－2－3	C－D/4－3	1	13.011	13.011				

续表 6－11

序号	构件信息	个数	总质量（kg）	单根质量（kg）	根数	钢筋直径	单根长度（mm）	备注
1－2－3－1	1		11.913	1.083	11	ф10	（1500）＋（－15）＋（135）＋（135）＋（0×350）＋（0）－（0）＝1755 135 1485 135	@100
1－2－3－2	2		1.098	0.122	9	ф6.5	（469）＋（0×350）＋（0）－（0）＝469 469	@200
1－2d	ф10@100		10.167					
1－2－4	B－A/4－3	1	10.167	10.167				
1－2－4－1	1		8.664	1.083	8	ф10	（1500）＋（－15）＋（135）＋（135）＋（0×350）＋（0）－（0）＝1755 135 1485 135	@100
1－2－4－2	2		1.503	0.167	9	ф6.5	（643）＋（0×350）＋（0）－（0）＝643 643	@200
1－3a	ф12@120		13.380					
1－3－1	D－C/3－2	1	13.380	13.380				
1－3－1－1	1		11.616	2.904	4	ф12	（1500＋1500）＋（135）＋（135）＋（0×33.6×12）＋（0）－（0）＝3270 135 3000 135	@120
1－3－1－2	2		1.764	0.098	18	ф6.5	（378）＋（0×350）＋（0）－（0）＝378 378	@200
1－3b	ф12@120		16.950					
1－3－2	B－A/3－2	1	16.950	16.950				
1－3－2－1	1		14.520	2.904	5	ф12	（1500＋1500）＋（135）＋（135）＋（0×33.6×12）＋（0）－（0）＝3270 135 3000 135	@120

续表 6 - 11

序号	构件信息	个数	总质量（kg）	单根质量（kg）	根数	钢筋直径	单根长度（mm）	备注
1-3-2-2	2		2.430	0.135	18	Φ6.5	(518) + (0×350) + (0) - (0) = 518 518	@200
1-4a	Φ10@150		13.881					
1-4-1	2-3/D外	1	13.881	13.881				
1-4-1-1	1		10.830	1.083	10	Φ10	(1500) + (-15) + (135) + (135) + (0×350) + (0) - (0) = 1755 135 1485 135	@150
1-4-1-2	2		3.051	0.339	9	Φ6.5	(1303) + (0×350) + (0) - (0) = 1303 1303	@200
1-4b	Φ10@150		9.912					
1-4-2	3-4/D外	1	9.912	9.912				
1-4-2-1	1		7.581	1.083	7	Φ10	(1500) + (-15) + (135) + (135) + (0×350) + (0) - (0) = 1755 135 1485 135	@150
1-4-2-2	2		2.331	0.259	9	Φ6.5	(998) + (0×350) + (0) - (0) = 998 998	@200
1-4c	Φ10@150		9.786					
1-4-3	2-3/A-B	1	9.786	9.786				
1-4-3-1	1		7.581	1.083	7	Φ10	(1500) + (-15) + (135) + (135) + (0×350) + (0) - (0) = 1755 135 1485 135	@150
1-4-3-2	2		2.205	0.245	9	Φ6.5	(942) + (0×350) + (0) - (0) = 942 942	@200

续表 6－11

序号	构件信息	个数	总质量（kg）	单根质量（kg）	根数	钢筋直径	单根长度（mm）	备注
1－4d	ф10@150		15.450					
1－4－4	3－4/A－B	1	15.450	15.450				
1－4－4－1	1		11.913	1.083	11	ф10	（1500）＋（－15）＋（135）＋（135）＋（0×350）＋（0）－（0）＝1755 135 1485 135	@150
1－4－4－2	2		3.537	0.393	9	ф6.5	（1513）＋（0×350）＋（0）－（0）＝1513 1513	@200

2. 板底筋

板底筋计算见表 6－12。

表 6－12　板底筋计算

序号	构件信息	个数	总质量（kg）	单根质量（kg）	根数	钢筋直径	单根长度（mm）	备注
2	底筋		2937.507					
2－1a	ф8@150		74.672					
2－1－1	2－3/B－C	2	74.672	37.336				
2－1－1－1	1		37.336	2.872	13	ф8	（7200.0－15－15）＋（0×350）＋（2×6.25×8）－（0）＝7270 7170	1排～13排
2－1b	ф8@150		72.422					
2－1－1	2－3/B－C	2	72.422	36.211				
2－1－1－2	1		36.211	0.739	49	ф8	（1800.0－15－15）＋（0×350）＋（2×6.25×8）－（0）＝1870 1770	1排～49排
2－1c	ф8@150		18.850					
2－1－2	1－2/B－C	1	18.850	18.850				
2－1－2－1	1		18.850	1.450	13	ф8	（3600.0－15－15）＋（0×350）＋（2×6.25×8）－（0）＝3670 3570	1排～13排

续表 6－12

序号	构件信息	个数	总质量（kg）	单根质量（kg）	根数	钢筋直径	单根长度（mm）	备注
2－1d	ф8@150		18.475					
2－1－2	1－2/B－C	1	18.475	18.475				
2－1－2－2	1		18.475	0.739	25	ф8	(1800.0－15－15) ＋ (0×350) ＋ (2×6.25×8) － (0) ＝1870 1770	1 排～25 排
2－2a	ф10@135		936.208					
2－2－1	2－3/A－B	4	936.208	234.052				
2－2－1－1	1		234.052	4.501	52	ф10	(7200.0－15－15) ＋ (0×350) ＋ (2×6.25×10) － (0) ＝7295 7170	1 排～52 排
2－2b	ф10@135		118.560					
2－2－2	1－2/A－B	1	118.560	118.560				
2－2－2－1	1		118.560	2.280	52	ф10	(3600.0－15－15) ＋ (0×350) ＋ (2×6.25×10) － (0) ＝3695 3570	1 排～52 排
2－2c	ф10@135		118.664					
2－2－3	1－2/C－D 外	1	118.664	118.664				
2－2－3－1	1		118.664	2.282	52	ф10	(3602.9－15－15) ＋ (0×350) ＋ (2×6.25×10) － (0) ＝3698 3573	1 排～52 排
2－3a	ф10@100		1260.272					
2－3－1	2－3/A－B	4	1260.272	315.068				
2－3－1－1	1		315.068	4.316	73	ф10	(6900.0－15－15) ＋ (0×350) ＋ (2×6.25×10) － (0) ＝6995 6870	1 排～73 排
2－3b	ф10@100		319.384					
2－3－2	1－2/A－B	2	319.384	159.692				
2－3－2－1	1		159.692	4.316	37	ф10	(6900.0－15－15) ＋ (0×350) ＋ (2×6.25×10) － (0) ＝6995 6870	1 排～37 排

3. 板负筋

板负筋计算见表6－13。

表6－13 板负筋计算

序号	构件信息	个数	总质量（kg）	单根质量（kg）	根数	钢筋直径	单根长度（mm）	备注
3	负筋		96.135					
3－1	Φ8@150		76.414					
3－1－1	2－3/B－C	2	76.414	38.207				
3－1－1－1	1		38.207	2.939	13	Φ8	（7200.0－15－15）＋（135.0）＋（135.0）＋（0×350）＋（0）－（0）＝7440 135 ⌐7170¬ 135	1排～13排
3－1	Φ8@150		19.721					
3－1－2	1－2/B－C	1	19.721	19.721				
3－1－2－1	1		19.721	1.517	13	Φ8	（3600.0－15－15）＋（135.0）＋（135.0）＋（0×350）＋（0）－（0）＝3840 135 ⌐3570¬ 135	1排～13排

4. 板跨板负筋

板跨板负筋计算见表6－14。

表6－14 板跨板负筋计算

序号	构件信息	个数	总质量（kg）	单根质量（kg）	根数	钢筋直径	单根长度（mm）	备注
4	跨板负筋		448.318					
4－1a	Φ8@100（3）		179.915					
4－1－1	2－3/B－C	1	179.915	179.915				
4－1－1－1	1		146.219	2.003	73	Φ8	（4800.0）＋（135.0）＋（135.0）＋（0×350）＋（0）－（0）＝5070 135 ⌐4800¬ 135	1排～73排
4－1－1－2	2		16.848	1.872	9	Φ6.5	（7200.0）＋（0×350）＋（0）－（0）＝7200 7200	1排～9排

续表 6-14

序号	构件信息	个数	总质量（kg）	单根质量（kg）	根数	钢筋直径	单根长度（mm）	备注
4-1-1-3	3		16.848	1.872	9	ф6.5	(7200.0) + (0×350) + (0) - (0) = 7200 7200	1排~9排
4-1b	ф8@100 (3)		177.444					
4-1-2	3-4/B-C	1	177.444	177.444				
4-1-2-1	1		146.219	2.003	73	ф8	(4800.0) + (135.0) + (135.0) + (0×350) + (0) - (0) = 5070 135 4800 135	1排~73排
4-1-2-2	2		3.038	1.519	2	ф6.5	(5694.0 + 150.0) + (0×350) + (0) - (0) = 5844 5844	1排~2排
4-1-2-3	3		13.104	1.872	7	ф6.5	(7200.0) + (0×350) + (0) - (0) = 7200 7200	3排~9排
4-1-2-4	4		7.488	1.872	4	ф6.5	(7200.0) + (0×350) + (0) - (0) = 7200 7200	1排~4排
4-1-2-5	5		7.595	1.519	5	ф6.5	(5693.0 + 150.0) + (0×350) + (0) - (0) = 5843 5843	5排~9排
4.1c	ф8@100 (3)		90.959					
4-1-3	1-2/B-C	1	90.959	90.959				
4-1-3-1	1		74.111	2.003	37	ф8	(4800.0) + (135.0) + (135.0) + (0×350) + (0) - (0) = 5070 135 4800 135	1排~37排
4-1-3-2	2		8.424	0.936	9	ф6.5	(3600.0) + (0×350) + (0) - (0) = 3600 3600	1排~9排
4-1-3-3	3		8.424	0.936	9	ф6.5	(3600.0) + (0×350) + (0) - (0) = 3600 3600	1排~9排

合计：

平法板钢筋工程量 = 176.871 + 2937.507 + 96.135 + 448.318 = 3658.831（kg）= 3.659（t）。

参 考 文 献

[1] 中华人民共和国住房和城乡建设部. 建设工程工程量清单计价规范（GB 50500—2013）[S]. 北京：中国计划出版社，2013.
[2] 中华人民共和国住房和城乡建设部. 房屋建筑与装饰工程工程量计算规范（GB 50854—2013）[S]. 北京：中国计划出版社，2013.
[3] 中国建筑标准设计研究院. 11G101—1 混凝土结构施工图平面整体表示方法制图规则和构造详图（现浇混凝土框架、剪力墙、梁、板）[S]. 北京：中国计划出版社，2011.
[4] 王全杰，张冬秀. 钢筋工程量计算实训教程 [M]. 重庆：重庆大学出版社，2012.
[5] 赵荣. G101 平法钢筋识图与算量 [M]. 北京：中国建筑工业出版社，2010.